热带南亚热带栽培园林植物

苏雪痕 主 编
袁 涛 罗 乐 副主编

中国林业出版社
China Forestry Publishing House

图书在版编目（CIP）数据

热带南亚热带栽培园林植物 / 苏雪痕主编；袁涛，

罗乐副主编. -- 北京：中国林业出版社，2024.3

ISBN 978-7-5219-2194-6

Ⅰ．①热… Ⅱ．①苏… ②袁… ③罗… Ⅲ．①热带植

物 – 园林植物 – 栽培技术 Ⅳ．①S688

中国国家版本馆CIP数据核字(2023)第079641号

策划编辑：贾麦娥
责任编辑：贾麦娥
装帧设计：刘临川　张丽

出版发行：中国林业出版社
　　　　　（100009，北京市西城区刘海胡同7号，电话83143562）
电子邮箱：cfphzbs@163.com
网址：www.forestry.gov.cn/lycb.html
印刷：河北京平诚乾印刷有限公司
版次：2024年3月第1版
印次：2024年3月第1次
开本：889mm×1194mm　1/16
印张：40.25
字数：1233千字
定价：398.00元

前言

  植物景观在风景园林中的作用举足轻重，具有改善环境的生态效益，赏心悦目的景观效应以及深邃细腻的文化艺术内涵。植物景观的基础是掌握植物种类的数量，了解植物个体、群体的生态习性及科学的组成。

  我国地域辽阔，横跨各个气候带，从寒温带至亚热带植物景观种类、数量及群落组成众多，加上山川、地形和海拔变化，自然植物景观及其组成的种类也更加丰富多彩。改革开放以来，世界各国植物资源交流频繁，我国也引入不少原产国外的优良植物种类以丰富我国风景园林的植物景观。

  本书以教学为目的，注重物种科学的描述并与其景观应用相结合。结合多年来收集国内及部分国外的热带及南亚热带植物园、公园、风景区、酒店、自然雨林和季雨林等的观赏植物，本书共记录了1244种（含品种）。书中各科的排列，蕨类植物采用秦仁昌系统，裸子植物按郑万钧系统，被子植物采用克朗奎斯特系统。在本书附录中，列出地被植物、彩叶植物、热带水果和珍奇植物以便景观设计时应用。书中收集的每一种植物均尽可能展现株形、叶、花和果及少量园林应用等内容，便于风景园林专业的学生及植物景观设计者学习和应用参考。

苏雪痕

2022 年 8 月 12 日

目录

被子植物门

景观设计推荐名录

蕨类植物门

常绿小型蕨类植物。主茎伏地蔓生，有棱，分枝处常生不定根。叶交互排列，草质，表面光滑，具虹彩；主茎上叶排列稀疏，分枝上叶平展，紧密排列。孢子叶卵状三角形。

我国特有。喜温暖、潮湿、半阴；叶色独特而泛蓝光；可作林下地被或盆栽。

多年生常绿草本，高可达40cm。具根茎和游走茎，主茎下部不分枝。叶疏生，卵状三角形；中上部羽状分枝，叶二型，草质或纸质，光滑，边缘白色、膜质；孢子叶穗紧密，四棱柱形，单生小枝顶，孢子叶卵状三角形，龙骨状，边缘具齿。

原产我国秦岭以南各地至西南东部，越南、柬埔寨也有。生于林下或溪边，常作下层地被，全草入药。

观音座莲 *Angiopteris evecta*　　莲座蕨科观音座莲属

大型陆生蕨类。植株高可达1.8m。叶宽阔，二回羽状，羽片长圆形，向基部稍变狭；小羽片15～25对，互生，有短柄；叶脉二叉。孢子囊群长圆形。

我国台湾特产。喜温暖环境，耐一定低温；植株高大肥硕，充满热带风情；叶羽片丰满，终年鲜绿色；是园林观赏、居室绿化的优良植物材料。

华南紫萁 （华南羽节紫萁） *Osmunda vachelliii / Plenasium vachellii*

株高达1m。叶簇生顶部，叶柄长20～40cm；叶片厚纸质，长40～90cm，宽20～30cm，披针形或线状披针形，顶生羽片全缘、有柄，叶脉明显。深棕色孢子囊着生于下部数对羽片。

我国亚热带常见，印度、缅甸等地也有分布。常生于草坡和溪边阴处，耐火烧；喜光，忌直射，宜湿润、通风良好的环境。要求疏松、肥沃的酸性土。叶姿优雅，可庭园栽植或作高档盆栽布置厅堂。

金毛狗 *Cibotium barometz*

大型树状陆生蕨。高可达3m。根状茎粗大直立，密被金黄色长绒毛。叶片三回羽裂，末端裂片镰状披针形，具浅锯齿。孢子囊群生于叶脉顶端，囊群盖两瓣，形如蚌壳。

产我国云南、贵州、四川、广东、广西和福建等地；印度、缅甸和泰国等地也有分布。喜温暖、湿润、半阴，酸性土指示植物；株型高大，叶姿优美；可林下配植或用作盆栽。

国家二级保护植物。

笔筒树 （多鳞白桫椤） *Sphaeropteris lepifera*

大型蕨类。茎干高可达6m，胸径约15cm，其上可见大而密的近圆形叶痕。叶柄密被鳞片，有疣突；鳞片苍白色，质薄；叶轴和羽轴密被显著的疣突，突头亮黑色。孢子囊群近主脉着生，无囊群盖。

产我国台湾，菲律宾、琉球群岛等地也有。耐阴，喜温暖、湿润；茎干挺拔，树姿优美，叶痕颇具观赏价值；可应用于庭园。

国家二级保护植物。

白桫椤 *Sphaeropteris brunoniana*

大型蕨类。茎干高达20m。叶柄常被白粉，边缘有刺毛；叶片被白粉，叶轴和羽轴光滑；羽轴上裂片有孢子囊群7～9对。

产我国西藏、云南、海南，尼泊尔等地也有。性喜温暖至高温，生长适温18～28℃。忌干燥、通风不良，空气湿度越高，生长越旺盛。性耐阴，株型飒爽优雅，为庭园美化的首选。嫩芽可食用。

黑桫椤 *Gymnosphaera podophylla*

株高1～3m，主干短。羽状复叶大型，聚生枝端；叶柄红棕色，略光亮，基部略膨大；叶长2～3m，羽片互生，斜展，叶脉两边均隆起，孢子囊群圆形，着生小脉背面近基部处，无囊群盖。

为古老的子遗种，分布于我国、日本南部、越南、老挝、泰国及柬埔寨；生于海拔95～1100m的山坡林中、溪边灌丛。可作观叶园景树，在风景区孤植、丛植；具自然山野风情，也可群植作风景林。

澳大利亚桫椤 *Cyathea australis*

株高15m，皮色近黑色。羽状复叶大型，长2~4m，淡绿色，叶背淡蓝色；叶基多刺，粗糙，周围有橙棕色的软鳞片。孢子生于叶下部。

原产澳大利亚南部。喜肥沃潮湿、有一定郁闭度的环境。园林应用与黑桫椤类似。

黄桫椤 *Cyathea cooperi*

中大型速生树蕨。干高12m。叶长3~4m，宽达1m；叶柄可长达50cm，基部鳞片白色至浅棕色；小叶背较苍白。孢子囊位于脉腋，圆形，径约1mm。

原产澳大利亚，园林应用同澳大利亚桫椤。

　　株型在同属中较矮。根状茎长而粗壮，横卧地下，被棕色绒毛。树干较矮。叶革质，叶背银白色，二至四回羽状复叶，长60~150cm，宽30~60cm。孢子囊棕色，集生成线形孢子囊群。

　　常见于新西兰雨林区，生于林缘。喜温、不耐寒，喜肥沃湿润土壤，不耐旱。庭园栽植观赏。茎皮纤维可用作造纸原料，也可作蔬菜。

银脉凤尾蕨 *Pteris cretica var. nervosa*　　　　　　　　**凤尾蕨科凤尾蕨属**

　　中小型蕨类。株高20~40cm，丛生。根状茎匍匐状。叶二型，孢子叶直立，具叶柄，羽片狭长；营养叶羽状开展，矮而质薄；羽片中央沿主脉两侧灰白色。

　　产我国海南，也产于印度北部、中南半岛及马来半岛。喜温暖湿润和半阴环境，耐寒性较强，稍耐旱；叶丛小巧细柔，叶脉银白色，姿态清秀，素雅美丽。适宜作盆栽。

卤蕨 *Acrostichum aureum*　　　　　　　　**卤蕨科卤蕨属**

　　植株高达2m，根茎发达。叶簇生，叶柄基部褐色，被钻状披针形鳞片，羽片多，基部1对对生，长舌状披针形。叶厚革质，干后黄绿色，光滑。孢子囊满布能育羽片下面，无盖。

　　分布于我国、日本等亚洲热带地区以及非洲、美洲热带。生于海岸边泥滩或河岸边。卤蕨为浅水湿地杂草，在水中蔓延后，可密集生长；可用于红树生态林。

附生蕨类。植株高1～1.2m。根状茎直立，粗短。叶簇生，阔披针形，渐尖，边全缘并有软骨质的狭边，叶厚纸质或薄革质，两面均无毛，中脉突起，棕色。孢子囊群线形，生于小脉的上侧。

分布较广，著名蕨类观叶植物，株丛紧凑呈鸟巢状，叶色终年碧绿光亮，常吊盆观赏，我国各地温室可见。

苏铁蕨 *Brainea insignis*

乌毛蕨科苏铁蕨属

株型高大，可达1.5m。根茎短粗，木质，主轴直立圆柱状，顶部与叶柄基部均密被线形鳞片。一回羽状复叶簇生于主轴顶部，羽片30～50对，对生或互生。孢子囊群着生主脉两侧。

广布于我国广东、广西、云南、海南和台湾等地，以及亚洲热带地区。喜温暖气候，不耐寒，宜种植于阳光充足、排水良好的地方；姿态优美，形似苏铁，颇具观赏价值，可盆栽。

肾蕨 *Nephrolepis cordifolia*

多年生附生或地生中小型蕨类。根状茎短而直立，匍匐茎长，棕褐色、粗铁丝状。叶丛生，长披针形，一回羽状分裂。孢子囊群成行位于主脉两侧，肾形，褐棕色。

广布全世界热带及亚热带地区。喜光，喜温暖、湿润，稍耐寒；叶片翠绿，叶形优美，常作插叶；可作庭园地被、切花、盆栽，也可装饰水边、林下的石缝和树干。

圆盖阴石蕨 *Humata tyermannii*

常绿小型蕨类。植株高20cm。根状茎长而横走，密被蓬松的鳞片，鳞片淡棕色。叶柄棕色或深禾秆色，叶片革质，长三角状卵形，羽片有短柄，裂片近三角形，全缘，叶脉上面隆起。孢子囊群生于小脉顶端；囊群盖近圆形，全缘，浅棕色。

广布于我国华东和华南，生长在海拔300～1760m的林中树干上或石头上。根状茎粗长，十分突出，常附生于乔木枝干上，也可作盆栽供观赏。

崖姜 *Pseudodrynaria coronans / Drynaria coronans*

大型附生蕨类。根状茎横卧，肉质，盘结成为垫状，由此生出无柄开展的叶丛。叶大型，长80～120cm，中部宽20～30cm；叶脉粗而明显，侧脉斜展，隆起，通直；叶硬革质，两面均无毛。孢子囊群位于小脉交叉处。

分布于我国福建、台湾、广东、广西等地，越南、缅甸、印度等地也有分布。附生于雨林或季雨林中生树干上或石头上。抗旱，喜温暖、潮湿和半阴。植株高大挺拔，可垂吊，装点大型空间。

槲蕨 （槲叶蕨）*Drynaria roosii*

　　附生蕨类。根状茎密被盾状着生的鳞片。营养叶基生，圆形，枯黄色，厚干膜质；孢子叶深羽裂，裂片互生。孢子囊群于叶下表面排列成2～4行。

　　分布于我国和东南亚。附生于岩石或树干上，偶生于墙缝。性喜温暖阴湿环境，抗旱。畏寒，适合生长于排水良好之处；可用于装饰热带风情的植物景观。

与圆盖阴石蕨（左）混生于树干上的槲蕨（右）

二歧鹿角蕨 *Platycerium bifurcatum*

常绿附生蕨类。株高和冠径均可达1m。营养叶宽，碟状；孢子叶长，叉状，灰绿色，拱形下垂，背面具天鹅绒状褐色孢子囊。

原产澳大利亚亚热带森林及新几内亚岛、爪哇等地。喜温暖、湿润环境，耐最低温度5℃；叶形奇特，可作盆栽。

女王鹿角蕨 *Platycerium wandae*

鹿角蕨属体型最大，可以超过2m。营养叶盾状，高耸开展，孢子叶带状，下垂或斜伸，不对称2裂，短裂片上平展，长裂片下垂。孢子囊群生于孢子叶基部。

原产澳大利亚东部沿海。温度高于15℃的环境生长良好，可耐受短时低温，4℃以下受害。喜湿，不喜阳光直射。一般种在园区或者庭院中，观赏价值高。

象耳鹿角蕨 *Platycerium elephantotis*

营养叶和孢子叶均不分裂，扇形或长椭圆形，形似象耳；营养叶长可达1m，上缘波浪状，孢子叶两片，下垂不分裂；营养叶过冬后于春末枯萎，夏末初秋再度成长；孢子叶于秋冬枯萎，翌年春天成长，生长期与营养叶明显错开。侧芽多。

原产南美洲、非洲、东南亚、澳大利亚和新几内亚的热带和温带地区。喜有明亮散射光、阴凉通风处，喜湿忌涝。可点缀园林景致，还可吸收有害气体，净化空气。

巨大鹿角蕨 （超大鹿角蕨） *Platycerium superbum*

根状茎短而横卧，粗肥。营养叶冠状，宽可达1m。孢子叶仅两个分支，长可达2m，夏季可见大量孢子。

原产澳大利亚的低地雨林。常附生于大树，偶见于岩石上。大型附生植物，株型奇特。适于温室或大型室内空间栽植观赏。

三角鹿角蕨 *Platycerium stemaria*

营养叶高大近直立，边缘波浪状，2枚，左右排列成"V"字形。营养叶春夏绿色，秋冬枯萎成褐色；孢子叶被灰白色绒毛，短而宽、下垂并向外斜伸，二至四回二叉状分裂，裂片近等大，侧芽多。

原产非洲中西部。喜明亮有散射光之处，适宜较潮湿而略阴的环境。优良的室内装饰植物，常用于悬挂或壁饰，叶片也常用于花艺作品。

裸子植物门

茎柱状，高2～5m。雌雄异株。叶集生茎顶，羽状复叶厚革质而坚硬，边缘反卷。雄花序长椭圆形，黄褐色；雌花浅黄色，紧贴于茎顶。种子卵圆形，熟时红色。花期6～8月。

　　原产我国福建沿海，九州岛和琉球群岛也有分布，同属中栽培应用最广的一种，喜暖热湿润的环境，不耐寒冷，寿命长。我国长江流域及以南地区常作庭院栽培，北方盆栽观赏。

茎柱状，高2~4m。雌雄异株，羽状叶之叶柄常具三钝棱，两侧有短刺；裂片长披针状条形，革质有光泽；雄球花有短梗，椭圆状矩圆形。大孢子叶下部柄长，常具4棱。种子扁圆形或卵圆形，有两条棱脊。

原产东南亚、澳大利亚北部及非洲等地，我国华南各地有栽培。庭院观赏。幼叶可食，髓部含淀粉，可食用。

篦齿苏铁 *Cycas pectinata*　　　　　　　　　　　　　　　　苏铁科苏铁属

茎柱状，高可达15m，上部常二叉状分枝。羽状裂片直或微弯，背面散生短柔毛或渐变无毛，中脉隆起。雄球花长圆锥状圆柱形；大孢子叶上端篦齿状深裂，顶裂片比侧裂片明显长。种子卵圆形，熟时暗红褐色，外种皮常分离。

产于亚洲热带及我国云南西南部。云南、四川有栽培，作庭园观赏树。

越南篦齿苏铁 *Cycas elongata*

茎柱状，有分枝；茎干高3～15m，灰白色。羽状裂片中脉隆起。雄球花长圆锥状；大孢子叶顶裂片比侧裂片短。种子卵状球形，熟时红色。

原产越南中部，我国广东地区有引种栽培。常用于园林绿化，幼株盆栽可用于卧室、阳台、客厅等处栽培观赏。

德保苏铁 *Cycas debaoensis*

茎圆柱形，粗壮、低矮，高约40cm，褐灰色。三回羽状复叶顶生，革质，羽片带形。胚珠常4枚；大孢子叶裂片丝状，多达50。

德保苏铁仅产于我国广西壮族自治区德保县。枝叶保留着苏铁属最原始形态，叶形似蕨、似竹，是观赏苏铁类中的珍品。

葫芦苏铁 *Cycas chanjiangensis*

　　落叶型苏铁。地下块茎圆盘或葫芦状，地上茎的下部近光滑。羽状叶，羽状裂片条形，平展，中脉明显隆起。大孢子叶鸡爪状，密被黄褐色绒毛。种子成熟时黄褐色。

　　原产我国海南西部。生长于季节性干旱的林区砂壤土或火烧迹地。其地下块茎苍劲古朴，是理想的盆景材料。

叉叶苏铁 *Cycas bifida*

　　茎柱形。叶呈2叉状二回羽状深裂，叶柄两侧具宽短的尖刺；羽片间距离约4cm，2叉状分裂；裂片条状披针形，边缘波状，基部不对称。雄球花圆柱形，黄色，大孢子叶橘黄色。种子成熟后变黄，长约2.5cm。

　　零星分布于我国云南、广西等地，在东南亚地区也有分布。叶片常绿，可作绿化观赏。苏铁属植物中比较罕见的一种，对物种保护和研究苏铁属分类有一定的科研意义。

宽叶苏铁 *Cycas platyphylla*

茎矮小，基部膨大成盘状，上部圆柱形或卵状圆柱形。羽状叶之叶柄两侧具刺。雄球花卵状圆柱形，大孢子叶花密被红褐色绒毛，成熟后渐脱落。种子卵圆形，顶端具尖头，熟时黄褐色或浅褐色。

原产东南亚和我国云南西南部；广西、广东有栽培。常生于雨林下。除作观赏植物外，髓部含淀粉，可供食用。

大果苏铁 *Cycas megacarpa*

中小型苏铁。雌雄异株。茎干高可达8m，直径8~14cm。幼叶蓝绿色；成熟叶片中绿色至深绿色，横截面呈龙骨形。种子卵形，绿色至浅棕色。本种新芽绿色，种子较大。以龙骨状的绿叶和较大的种子区别于同属其他种。

原产澳大利亚昆士兰东南部，是本属分布最南的一种，濒危。常生长在山顶、陡坡和雨林边缘。可作观赏栽培。

石山苏铁 *Cycas sexseminifera / Cycas miaquelii*

茎矮小，地下部分膨大成卵状或盘状，地上部分圆柱形或卵状圆柱形。雌雄异株。叶长120~250cm或更长，裂片条状披针形，直或微弯，基部楔形，中脉隆起。花期3~4月，种子成熟期8~10月。

原产我国广西、云南和广东，越南有分布。茎奇特，生长缓慢，观赏价值高，可作盆景。根、茎、叶、花和种子入药，有小毒。茎富含淀粉，可食用，营养丰富。

国家一级保护植物。

摩瑞大泽米 （摩耳大泽米） *Macrozamia moorei*

茎干粗壮，高2～7m，径50～80cm。大型羽状复叶多达百余枚，集生茎端，小叶线形，先端尖，浅灰绿色，有光泽。雌球果卵形，长40～80cm，大孢子叶顶端具尖刺。种子卵状，红色。

原产澳大利亚昆士兰州中部和新南威尔士州北部。喜光，耐高温和干旱。茎干雄伟，羽叶蓬松舒展，可庭院观赏。

马克多奈尔大泽米 *Macrozamia macdonnellii*

落叶型，茎干高0.4～3m。羽状叶长1.5～2.2m，蓝绿色，羽状叶之小叶120～170片。雄株球果细长。种子硕大，黄褐色。

原产澳大利亚，我国华南有少量引种。可作园林绿化。

米氏大泽米 *Macrozamia miquelii*

　　茎干矮小，基部膨大成卵状或盘状，茎高约50cm，株型中等。羽状叶长80~210cm。雄球花卵状圆柱形，长40cm；雌球花长20cm。种子2~3cm，黄褐色；种皮硬质，平滑，有光泽。成熟期8~10月。

　　原产澳大利亚，我国福建、广东地区有引种。茎富含淀粉，可食用。茎如菠萝，可作盆景和庭院盆栽，观赏价值高。

短刺叶非洲铁 *Encephalartus cupidus*

　　植株较矮小，有地下茎。叶片蓝绿色，坚硬，长0.5~1m，叶顶端卷曲；中部小叶长100~150mm，革质；基部小叶缩小为刺状。雌雄异株；雄株球果成熟时呈淡黄色，长180~300mm。雌株球果5~7月成熟。

　　原产非洲中南部。耐霜冻且耐旱，对土壤和环境要求不高。可盆栽或庭园栽植。

大型苏铁，高可超过6m，干径超过30cm。叶片深绿色；小叶50～70对，硬，边缘具二叉或三叉状刺；基部小叶刺状。球果成熟时红色。

原产肯尼亚、坦桑尼亚和莫桑比克北部等地，我国云南西双版纳地区有引进。除观赏外，其髓部含有淀粉，可食。

阔叶美洲苏铁（鳞秕泽米 / 南美苏铁）*Zamia furfuracea*　　　泽米铁科泽米铁属

茎单生或丛生。羽状复叶常外卷，叶柄有刺，密被褐色绒毛；小叶宽大，长椭圆形，硬革质，全缘。雌雄异株，雌球果茶褐色至深褐色，卵状圆柱形，直立，具长柄。种子红色至粉红色。

原产墨西哥及哥伦比亚；世界各地广泛栽培观赏。适应性强，喜光，也耐半阴，耐干旱瘠薄，萌芽力强。在华南地区生长良好，是优良的园林景观及盆栽观赏植物。

植株高大，高4~7m。大型羽状复叶，长可达3m，幼叶柔软，棕色，带绒毛；成熟叶片硬质，绿色，平展有光泽。雌球果灰绿色，雄性球果长圆柱形。种子近方形，红色。

原产澳大利亚新南威尔士州东北部和昆士兰州东南部，我国华南地区有引种。可作园林绿化。

常绿乔木。树干通直，高达50m。树皮棕色或灰棕色，粗糙，有片状凸起。叶质硬，线形至椭圆形，长2~9cm，宽0.5~2.5cm，叶脉近平行，叶柄长1~2mm。中型球果球状到卵球形，鳞片顶端通常被白霜。种子心形，具翅。

近危物种，原产澳大利亚。

常绿乔木。树干通直，高达40m。树皮灰色，不规则斑块状剥落；内部树皮微红色。小枝近四棱形，光滑。叶对生于短而扁平的叶柄上，革质，平行脉，淡绿色至白霜；幼树之叶形宽披针状，先端尖；大树之叶卵形，先端钝圆。球果成熟时棕色。种子具翅。

原产斐济、所罗门群岛、瓦努阿图。不耐寒，树姿雄壮、优美，优良的庭院树种。

昆士兰贝壳杉 *Agathis robusta*

常绿大乔木。树皮厚,含树脂。雌雄同株。树高25～30（43）m,笔直。枝灰白色。主枝之叶螺旋状排列,侧枝之叶近对生,长圆状披针形。球果圆筒状,通常腋生于纤细的多叶小枝上。种子狭心形,具翅。木材乳白色至浅棕色。

原产澳大利亚昆士兰东部。树形高大雄壮,优良的庭院树种。

凤尾杉（瓦勒迈松）*Wollemia nobilis*

常绿乔木。树姿雄伟,高25～40m。雌雄同株。树干深褐色,具海绵状瘤突节。叶二型:嫩叶扁平,二列状排列,暗绿色,背面蜡质;老叶狭长,黄绿色,坚硬,排成4列。花顶生枝端,雄球花狭长圆柱形,下垂;雌球花球形。种子具翅。花期5～6月。

产澳大利亚沃勒国家公园。该属为新发现的濒危单种属,被称为活化石树种,自然生长于峡谷风化形成的土壤中。可作庭院观赏栽培。

大叶南洋杉 *Araucaria bidwillii*

常绿乔木。高达50m。树冠塔形，树皮暗灰褐色，薄条片脱落；大枝轮生、平展，侧生小枝绿色，羽状排列、常下垂。叶卵状披针形，无主脉，具平行细脉。雄球花圆柱形。球果大，宽椭圆形，具明显的锐脊。种子长椭圆形，无翅。

原产澳大利亚沿海地区。耐寒性差，我国华南地区用于庭园绿化，长江流域及以北地区可温室盆栽。

南洋杉 （异叶南洋杉） *Araucaria heterophylla*

常绿乔木。高可达50m以上。树干通直，树皮薄片状脱落；树冠塔形，大枝平伸，侧生小枝羽状，常呈"V"字形。幼树及侧生小枝之叶钻形，4棱；大树及花果枝之叶宽卵形。雄球花圆柱形。球果近圆球形。种子椭圆形，具翅。

原产大洋洲福诺克群岛。喜光、喜暖热气候，生长速度快。树姿态优美，呈层叠的树形，著名观赏树种，可用作园景树、行道树。

肯氏南洋杉 *Araucaria cunninghamii*

常绿乔木。高可达60～70m，树皮暗灰色，粗糙。幼树尖塔形，老树平顶状，大枝形似鸡毛掸，幼树之叶钻形、微弯，微具4棱。大树及花果枝上之叶排列紧密而叠盖，卵形，上面灰绿色。雄球花圆柱形。球果卵形。种子椭圆形，两侧具翅。

原产澳大利亚东南沿海地区。喜光，喜温暖湿润气候。著名观赏树种，可作园景树、行道树、室内盆栽。

鲁莱南洋杉 *Araucaria rulei*

常绿乔木。树冠卵球形，在贫瘠高山灌木丛中生长矮小。叶密集，三角状卵形，向上斜伸，呈鳞片状紧密着生于枝上。

原产新喀里多尼亚岛。本种为纪念墨尔本植物学家约翰·鲁尔（John Rule）而命名。可庭院观赏。

'蓝叶'北非雪松 *Cedrus atlantica* 'Glauca'

　　北非雪松品种。常绿乔木。高达30m；枝平展或斜展，不下垂。针叶较短，长1.5～3.5cm，横切面四角状，被白粉，呈蓝色。球果长5～7cm。

　　原产非洲西北部阿特拉斯山区，我国南京等地有引种栽培。还有'金叶''垂叶'及'窄冠'等品种。优美的庭院观赏树种。

矮欧洲山松 *Pinus mugo* var. *pumilio*

　　常绿灌木。生长缓慢，树型紧凑，半匍匐状，冠幅常大于树高。针叶2针1束，深绿色，叶长2.5～5cm；基部叶鞘宿存。

　　原产欧洲中部和南部。喜砂质土及凉爽湿润、排水良好、阳光充足之处，可耐受城市环境。但易受风害，每年冬末修剪以保持株型。宜作盆景或容器栽培，也可用于岩石园。

常绿大型乔木。湿生环境下树干基部膨大，主干附近可见膝状呼吸根；树皮软，褐色，裂成长条状。大枝近平展。鳞形叶螺旋状着生，条形叶扁平而薄，2列。球果倒卵圆形，种鳞木质。种子椭圆形。花期1～2月，球果秋后成熟。

我国特有种。极耐水湿，可布置水景园。

北美红杉 （红杉 / 长叶世界爷） *Sequoia sempervirens*

常绿大乔木。原产地高可达112m，干径8~10m；干皮松软，红褐色。侧枝之叶排成2列，条形，背面具2条白色气孔带；主枝上之叶卵状长椭圆形，螺旋状排列。球果当年成熟，果鳞盾状。

原产美国西海岸，我国杭州、上海等地有引种栽培。喜温凉湿润气候及排水良好的土壤，弱喜光树种；根易萌蘖、易扦插。树干端直，树体高大，寿命长，是世界著名树种。

墨西哥落羽杉 *Taxodium mucronatum*

常绿或半常绿乔木。树冠宽圆锥形。树干基部膨大；树皮裂成长条片；大树的小枝微下垂；侧生小枝螺旋状散生，不呈二列。叶条形，扁平，在一个平面上排成羽状二列。球果卵圆形。

原产墨西哥及美国南部。喜温暖湿润气候，耐水湿，耐寒性差，对碱性土适应性强。长江流域及以南地区可用于水边、湿地绿化。

落羽杉 （落羽松） *Taxodium distichum*

落叶乔木，原产地高达50m。树干基部常膨大，具膝状呼吸根。树皮赤褐色，长条片状开裂。大枝近水平。叶扁线形，互生，羽状排列，淡绿色，冬季与小枝俱落。球果圆球形，幼时紫色。花期3月，球果10月成熟。

原产美国密西西比河两岸，多生于排水不良的沼泽地区。喜光，耐水湿，有一定耐寒能力；生长较快。播种或扦插繁殖。树形美丽，秋叶变为红褐色，是我国长江流域及其以南地区优良绿化用材及观赏树种，水边栽植亦生长良好。

‘千头’柏 *Platycladus orientalis* ‘Sieboldii’

　　侧柏品种。常绿丛生灌木。树冠卵圆形或球形，紧密；枝密集上伸；小枝片明显直立。鳞叶绿色。球果卵形，褐色。花期3~4月，果期9~10月。

　　原种产我国北部。喜光、耐干旱瘠薄和盐碱。寿命长。本品种可作绿篱树或庭园栽培观赏。

‘密叶鹿角’桧 *Sabina chinensis* ‘Pfitzeriana Compacta’

　　圆柏栽培品种。丛生灌木。大枝自地面向上斜展，小枝端下垂。全鳞叶，灰绿色，枝叶紧凑密集。

　　原种产我国北部和中部。耐寒耐瘠薄，也较耐水湿，对土壤适应性广，本品种可庭院栽培。

‘金叶’鹿角桧 *Sabina chinensis* ‘Aureo Pfitzeriana’

　　圆柏栽培品种。嫩枝叶金黄色。

　　多于庭院栽培观赏，可作地被。

'金线'柏 *Chamaecyparis pisifera* 'Filifera Aurea'

日本花柏品种。常绿灌木或小乔木。树冠卵状球形或近球形，宽常大于高。树皮红褐色，薄片状脱落。小枝细长下垂。鳞叶金黄色，先端锐尖，小枝下面之叶具明显的白粉。球果圆球形，熟时暗褐色。

原产日本。国内杭州、上海及青岛等地有引种。优美的庭园树种，生长良好，常作观赏栽培。

恩得利美丽柏 *Callitris endlicheri*

常绿乔木。树形直立，有时分枝。树皮坚韧，深纵裂。叶深绿色，常簇生。球果单生或多生。

原产澳大利亚昆士兰、新南威尔士和维多利亚。可作庭院观赏植物。

陆均松 （卧子松） *Dacrydium pectinatum*

常绿乔木。大枝轮生，小枝细长下垂，绿色。叶互生，螺旋状排列；幼树及大树下部之叶针状钻形；老树及大树上部枝条的叶鳞状钻形。雌雄异株。种子卵圆形，假种皮杯状，熟时红或褐红色；无肉质种托。花期3月，种子10～11月成熟。

产我国海南，当地主要乔木树种之一；东南亚有分布。喜光，喜暖热气候及酸性土壤。树姿优美，叶色翠绿，种子红色鲜艳，可供观赏，也是优良的用材树种。

罗汉松 *Podocarpus macrophyllus*

常绿乔木。叶线状披针形，全缘，中肋明显，螺旋状着生。种子核果状，种托肉质膨大，紫色。花期4~5月，种子9~10月成熟。

产我国长江以南地区；日本也有分布。果形奇特，如披着袈裟的罗汉。稍耐阴，长江流域及以南地区可植于庭院观赏。

百日青 *Podocarpus neriifolius*

常绿乔木。树皮灰褐色，片状纵裂。枝条开展或斜展。叶螺旋状着生，披针形，厚革质，常微弯。雄球花穗状，单生或2~3个簇生，基部有多数螺旋状排列的苞片。种子卵圆形，顶端圆钝，肉质假种皮紫红色，种托肉质，橙红色。

百日青树姿优美，四季常青，果实奇特有趣，可用于园林观赏。

垂叶罗汉松 *Podocarpus grayei*

常绿乔木。树高可达30m。树皮薄，深灰色。叶下垂，螺旋状着生呈二列状，叶深绿色，中脉稍隆起。球果腋生，肉质假种皮深红色，果托肉质膨大。

产澳大利亚。可作室内盆栽植物或庭院栽培。

澳洲罗汉松 *Podocarpus elatus*

中型至大型常绿乔木。高30～36m。叶披针形，长5～15cm，宽6～18mm，中脉突出。种子椭圆形或球形，种托肉质，深蓝紫色。

原产澳大利亚东海岸、新南威尔士州东部和昆士兰州东部。树姿雄伟，树干挺拔。可庭院栽培观赏。

鸡毛松 *Podocarpus imbricatus*

常绿乔木。树皮灰褐色。枝条开展或下垂；小枝纤细。老枝及果枝上之叶呈鳞形或钻形，覆瓦状排列，长急尖；幼树之叶呈钻状条形，近扁平，微急尖。雄球花穗状；雌球花单生或成对生。种子红色，种托肉质，无柄。

喜温暖湿润气候。树干通直，枝叶秀丽，生长慢，园林绿化或用材树种。

布朗松（蕨叶异罗汉松） *Prumnopitys ladei*

常绿乔木。雌雄异株。叶芽小，芽鳞三角形紧密排列；叶螺旋状二列着生，扁平带形，基部渐窄，近茎处扭曲，故小枝及其上叶片排列类似蕨类植物。种子球形，肉质假种皮蓝灰色。雄球花穗状，长而下垂，褐色。

原产澳大利亚东部、新喀里多尼亚、新西兰和南美洲。

竹柏 *Nageia nagi*

常绿乔木。高达20m。叶对生，卵状长椭圆形，厚革质，有光泽，无中肋，平行脉细；叶基部楔形，窄成扁平的短柄。种子球形，成熟时假种皮暗紫色，有白粉，生于干瘦木质种托上。花期3~4月，种子10月成熟。

我国台湾特有。喜温暖湿润气候及深厚疏松土壤，耐阴，不耐寒。播种或扦插繁殖。材质优良，种子可榨油，树形优美；为南方用材、油料及园林观赏树种，也可栽作行道树。

长叶竹柏 *Nageia fleuryi*

常绿乔木。叶较竹柏之叶明显长且宽。

产我国华南、台湾及云南，越南及柬埔寨有分布。长叶竹柏叶色鲜亮，四季常青，树形优美，是良好的园林观赏树种。

南方红豆杉 *Taxus wallichiana* var. *mairei*

常绿乔木。树皮灰褐色或暗褐色，纵裂。叶二列状着生条形，微弯或较直，下面淡黄绿色，具两条气孔带，雄球花淡黄色。种子卵圆形，生于红色肉质假种皮或盘状种托（即未发育成肉质假种皮的珠托）上。

产我国长江流域及以南地区。喜温暖湿润气候，耐阴。南方红豆杉枝叶繁茂，种子成熟时观赏价值高，可孤植或丛植于庭园中。

千岁兰（百岁兰）*Welwitschia mirabilis*

矮壮木本植物。倒圆锥状，高很少超过50cm，直径可达1.2m；树干上端或多或少呈二浅裂，沿裂边各具一枚巨大的革质叶片，叶片长带状。球花形成复杂分枝的总序，单性，异株。种子有纸状翼，种子具内胚乳和外胚乳，子叶2枚。

产非洲，我国有少量引种。极耐高温、耐干旱，具有较好的生态价值，固沙保土，也可作盆栽观赏。

被子植物门

白玉兰 *Magnolia denudata*

落叶乔木。树形宽阔，树皮深灰色；冬芽密被灰白色长毛。叶纸质，倒卵形，托叶痕为叶柄长的1/4～1/3。花先叶开放，芳香；花被片9，白色，基部常带粉红色。聚合蓇葖果。种子具红色肉质假种皮。早春2～3月开花，果期夏秋。

喜阳光，稍耐阴，有一定耐寒性。树姿优美，生长迅速，适应性强，我国传统早春花木，是良好的行道树、庭荫树。对有毒气体抵抗力较强，也是厂矿企业常用的绿化树种。

二乔玉兰 （朱砂玉兰） *Magnolia × soulangeana*

落叶乔木。小枝无毛。叶互生，倒卵形，先端短急尖，托叶痕约为叶柄长的1/3。花先叶开放，白色、浅红色至深红色，花被片6～9，外轮3枚略短于内轮。聚合蓇葖果。早春2～3月叶前开花，果期夏秋。

白玉兰和紫玉兰杂交育成。喜光，喜温暖，不耐积水，不耐旱。著名的早春观花树种，花大色艳，广泛用于公园、绿地作园景树、行道树和庭荫树等。

大叶木兰 *Magnolia henryi*

常绿乔木。嫩枝被平伏毛，后脱落。叶大，革质，倒卵状长圆形，先端圆钝或急尖，托叶痕几达叶柄顶端。花被片9，外轮3片绿色，中、内两轮乳白色，内轮3片较狭小。聚合果卵状椭圆形。花期5月，果期8～9月。

生境湿热，喜温暖气候。叶大浓绿，花大芳香，适合用作热带城乡庭园观赏绿化树种。

山玉兰 （优昙花） *Magnolia delavayi*

常绿乔木。树皮灰色或灰黑色，粗糙。叶厚革质，卵状长圆形，先端圆钝，叶背灰白。托叶痕几达叶柄全长。花芳香，杯状，花被片9～10，外轮3片淡绿色，外卷，内两轮乳白色，较狭。聚合果卵状长圆形。花期4～6月，果期8～10月。

产我国云南、贵州、四川山区。幼苗喜阴，成株喜光也较耐阴，喜温暖湿润气候。叶色常绿，花奶油白色，微香，是产地著名的观赏树种。

常绿灌木。树皮灰色，全株无毛。小枝绿色。叶革质，椭圆形，托叶痕达叶柄顶端。花梗弯垂，花被片9，肉质，倒卵形，外面3片带绿色，有5条纵脉纹，内2轮纯白色，芳香。聚合蓇葖果近木质。花期夏季，广州几乎全年持续开花，果期秋季。

产我国浙江、福建、广东、广西等地，越南也有分布，现广栽植于亚洲东南部。枝叶婆娑，花入夜香气浓郁。为我国华南传统庭园观赏树种。花可提取香精，或作熏香剂。

落叶大灌木。常丛生，小枝常带紫色。叶椭圆状倒卵形，托叶痕约为叶柄长之半。单花顶生，花叶同放，稍有香气；花被片9～12，外轮3片萼片状，紫绿色，常早落，内2轮肉质，外面紫色或紫红色，内面白色，花瓣状。聚合蓇葖果深紫褐色。花期3～4月，果期8～9月。

产我国福建、湖北、四川、云南西北部。为我国传统花卉，各大城市都有栽培。常植于庭院观赏，或作嫁接玉兰的砧木。花蕾称作辛夷，可入药。

常绿乔木。小枝、叶背、叶柄、托叶、果柄和苞片均密被锈褐色长毛。叶革质，长倒卵形；托叶痕为叶柄长的1/3~2/3。苞片佛焰苞状，花被片厚，肉质，外轮倒卵状长圆形，内2轮较狭小。聚合果卵球形。花期6月，果期9~10月。

产我国云南东南及广西西部。中性树种，喜温暖湿润，不耐寒，生长快。本种叶大而茂密，花大、色白而芳香，宜作行道树或庭园观赏树。

常绿乔木。小枝粗壮，淡灰色，无毛。叶革质，椭圆状长圆形，下面灰白色；托叶无毛，托叶痕约为叶柄的1/4。花红色或白色，花被片12，外轮3片较薄，长9~11cm，内3轮肉质，倒卵状匙形。聚合果长圆状卵圆形，长10~17cm，果柄粗壮。花期5月，果期9~10月。

产我国广西、云南。喜光，喜温暖湿润气候。大花木莲树形优美，叶绿花艳，花大果大且芳香怡人，可用于南方城市庭园、道路绿化。

毛桃木莲 *Manglietia moto*

常绿乔木。小枝、幼叶及果梗均密被锈褐色线毛。叶革质，倒卵状椭圆形至倒披针形；托叶痕约为叶柄的1/3。花被片9枚，乳白色，芳香；外轮3片薄，中轮3片厚肉质，倒卵状匙形。雄蕊鲜红色。聚合果卵球形。花期5～6月，果期8～9月。

产我国福建、湖南和广东、广西等地。耐半阴，喜湿润肥沃土壤。树干通直，树形美观，枝叶茂密，花芳香而美丽，聚合果熟时鲜红夺目，是优良的绿化观赏树种。

乐昌含笑 *Michelia chapensis*

常绿乔木。叶薄革质，倒卵形或长圆状倒卵形，叶背浅绿色，叶柄无托叶痕。花被片仅2轮，6枚，淡黄色，芳香。聚合果，蓇葖顶端具短细弯尖头，开裂后露出具红色假种皮的种子。花期3～4月，果期8～9月。

产我国江西、湖南及广东、广西等地，越南有分布。本种适应性强，耐高温，抗污染，病虫害少。生长势强，枝叶茂密，花秀丽、芬芳，红色果实悬垂于树冠，是优良的园林绿化和观赏树种，长江流域绿化带中广泛使用。

深山含笑 *Michelia maudiae*

常绿乔木。芽、嫩枝被白粉。叶革质，长圆状椭圆形，背面灰绿色，被白粉；无托叶痕。花被片9，纯白色，基部稍呈淡红色，外轮的倒卵形，内2轮渐狭小，芳香。花期2～3月，果期9～10月。

产我国浙江南部、广西等地。喜温暖湿润，可耐-9℃低温。喜光，幼时耐阴。花色洁白，花期长，花量大，是优良的园景树、庭荫树或行道树。

常绿乔木。树皮灰色；芽密被淡黄白色柔毛。叶薄革质，长椭圆形；托叶痕不及叶柄中部。花白色，极香；花被片10，披针形。花期4～9月，夏季盛花，常不结实。

原产印度尼西亚爪哇。喜光，喜温暖湿润，不耐寒。白兰花色洁白而清香，花期长，深受百姓喜爱，可作行道树、园景树、庭荫树。北方可盆栽。

白兰 *Michelia × alba*

常绿乔木。芽、嫩枝、嫩叶和叶柄均被淡黄色的平伏毛。叶薄革质，长卵形，托叶痕几达叶柄2/3处。花淡黄色，芳香；花被片15～20，倒披针形。聚合蓇葖果，被疣状突起。4～9月陆续开花。

产我国西南部，广植于亚热带地区。著名观赏兼香花树种，对有毒气体抗性强，习性、栽培及功用与白兰花近似。材质优良，可作华南地区造林、用材树种。

左为黄兰叶，右为白兰叶

醉香含笑 （火力楠） *Michelia macclurei*

常绿乔木。树皮灰白色，光滑；芽、嫩枝、叶柄及花梗等被贴伏、光泽的红褐色绒毛。叶倒卵形；叶柄处无托叶痕。花被片白色或淡黄色，通常9，花香浓郁。蓇葖果长圆形，疏生皮孔。花期3～4月。

原产我国福建、广东及贵州东南部。喜温暖湿润的气候，喜光稍耐阴。本种树形美观，枝叶繁茂，是优良的观花乔木。适宜用作广场绿化、庭院绿化及道路绿化，单植、丛植、群植和列植均宜。也是建筑、家具的优质用材。

展毛含笑 *Michelia macclurei var. sublanea*

常绿乔木。与原种醉香含笑区别在于芽、幼枝、叶柄、托叶、苞片及花梗均被展开的红褐色短毛。

产我国广东、广西。本种树冠宽广、整齐壮观，是美丽的庭园观赏和行道树树种。木材美观耐用，是优质用材。花芳香，可提取香精油。

壮丽含笑 *Michelia lacei*

常绿乔木。小枝粗壮，具椭圆形白色皮孔。叶革质，长圆状椭圆形，叶柄处无托叶痕。花白色，花梗粗壮，具佛焰苞状苞片约5枚，苞片脱落后可见环状痕迹，花被片9枚，外轮倒卵状匙形。心皮具花柱。花期2月。

我国特产，分布于云南西南部。本种花梗具苞片，心皮具花柱等特征较原始而特殊，易与其他种区别。

金叶含笑 *Michelia foveolata*

常绿乔木。幼枝及芽密被褐色绒毛。叶厚革质，长椭圆形至广披针形，叶背具红褐色绒毛；叶柄处无托叶痕。花被片9～12，白色，稍带黄绿色，基部带紫色。花期3～5月。

产我国长江流域及东岸沿海。喜温暖气候，较耐阴；生长较快。叶背的褐色绒毛在阳光下闪耀着金属般的光泽，观赏价值高，庭院栽培或作行道树均可。

常绿乔木。芽圆柱形，被褐色绒毛；小枝深褐色或黄褐色。叶革质，倒卵状长圆形，中脉下凹，叶被有短柔毛，叶柄被毛而无托叶痕。花被片白，12枚，狭倒卵形。聚合蓇葖果卵圆形。花期3月，果期7月。

产我国云南。树姿优美，花朵洁白，花香宜人，果成熟时，成串悬垂的红色果实十分美丽，优良的庭院观赏树种。

'晚春含笑' （毛果含笑 × 云南含笑） *Michelia* × 'Wanchun Hanxiao' 　　　木兰科含笑属

常绿小乔木至灌木。分枝多而密，树形呈塔形；芽和叶柄、幼叶被棕色短绒毛。叶革质，倒长卵形，叶背面残留棕色绒毛；托叶痕为叶柄长的1/3。花钟形，乳白色，花被片3轮，（7）11～12枚。聚合蓇葖果鲜红色。花期长，3～4个月。

中国科学院昆明植物研究所从毛果含笑（*M. sphaerantha*）和云南含笑（*M. yunnanensis*）的杂交群体中选育，是我国首个木兰科常绿植物新品种。宜于庭院绿化，亦可盆栽。

常绿灌木。芽、枝和花梗均密被绒毛。叶互生，革质，狭椭圆形，托叶痕长达叶柄顶端。花腋生，花被片6，肉质，淡黄色，边缘紫晕，浓香。聚合蓇葖果。花期3～5月，果期7～8月。

原产我国华南南部，现广植于长江流域，北方常于温室盆栽观赏，是重要的芳香观赏花木。可制花茶，亦可提取芳香油和供药用。因花开放时花瓣不完全展开，故称"含笑"。

常绿灌木或小乔木。芽、枝和花梗密被绒毛。叶革质互生，狭长圆形；下表面脉上被毛，托叶痕达叶柄顶端。单花腋生，花被片6，紫红色或深紫色，浓香，花梗粗短。聚合蓇葖果穗状，被毛。花期4～5月，果期8～9月。

产我国广东北部、湖南南部、广西东北部。是南方优良的园林绿化及观赏树种。

常绿灌木。枝叶茂密；芽、嫩枝、嫩叶上表面及叶柄、花梗密被深红色平伏毛。叶互生，革质，倒卵形，下表面常残留平伏毛；托叶痕为叶柄长的2/3或达顶端。单花腋生，花梗粗短；花被片6~12（17）枚。白色，极芳香，花期3~4月。

产我国云南中部、南部。花、叶芳香，为优良的观赏植物；花可提取浸膏，叶磨粉可作香面。

观光木 *Tsoongiodendron odorum/ Michelia odora*

常绿乔木。树皮淡灰褐色；小枝、芽、叶柄、叶面中脉、叶背和花梗均被黄棕色糙伏毛。叶厚革质，倒卵状椭圆形，托叶痕达叶柄中部。花被片9，3轮，象牙黄色，有红色小斑点，芳香。聚合果大，悬垂，成熟后木质，深棕色，具显著黄色斑点。种子悬垂于丝状假珠柄上，外种皮红色肉质。花期3月，果期10~12月。

我国特有古老孑遗树种。树冠宽广、浓密，花美丽而芳香，果实独特，是优良的庭园观赏和行道树树种。

云南拟单性木兰 *Parakmeria yunnanensis*

常绿乔木。小枝被星状短柔毛。幼叶紫红色；叶卵状长椭圆形，先端渐尖，基部广楔形，薄革质。雄花、两性花异株，两性花和雄花形、色相似，花被片12，4轮，外轮红色，内3轮肉质，白色。花期5~6月；果期10月。

产我国云南、贵州东南部及广西北部。适应性较强，生长快，病虫害少。树干通直，树形紧凑，叶浓绿有光泽，嫩叶美丽，花多而大，艳丽芳香。亚热带地区适宜的造林和园林绿化树种。

鹰爪 *Artabotrys hexapetalus*

常绿木质藤本。叶互生，长圆形，叶背被疏毛。花着生于木质、钩状的总花梗上，花瓣6，2轮，淡绿色或淡黄色，披针形，近基部缢缩，芳香。果卵球形。花期5~8月，果期5~12月。

产我国浙江、台湾、广西和云南等地，印度、斯里兰卡等地也有分布。喜光，稍耐阴，喜温暖至高温、高湿，不耐寒，忌涝，耐瘠薄；树形优美，花极香，适合作垂直绿化，常栽培于公园或宅院。

番荔枝 *Annona squamosal*

落叶小乔木。树皮薄，灰白色。叶薄纸质，椭圆状披针形或长圆形，有叶柄。花单生或簇生，绿黄色，下垂。浆果球形或心状圆锥形，黄绿色，被白霜。花期5~6月，果期6~11月。

原产热带美洲，喜光耐阴，喜温暖气候。果味香甜，形似荔枝，可孤植、片植于庭院观赏，著名热带果树。

牛心番荔枝（牛心果）*Annona reticulata*

常绿小乔木或灌木。叶互生，长椭圆状披针形至披针形，侧脉在背面凸起。花淡黄色，内轮花瓣退化成鳞片状；总花梗有花2～10朵。聚合浆果心形或卵形，黄里带红或褐色，具网纹。花期冬末至早春，果期3～6月。

原产热带美洲；我国台湾及华南地区有栽培，著名的热带水果。

刺果番荔枝 （红毛榴莲） *Annona muricata*

常绿乔木。叶互生，倒卵状长圆形至椭圆形。花淡黄色。聚合浆果卵圆形，长10~30cm，幼时有弯刺，后逐渐脱落而残存小突起。花期4~7月，果期7~12月。

原产西印度群岛、热带美洲和我国台湾，华南地区有栽培。热带地区著名水果。喜光耐阴，光照充足植株生长健壮。可庭院栽培。

常绿小乔木。单叶互生，全缘，长椭圆形或倒卵状椭圆形，先端突尖，有光泽。花单生叶腋，下垂；花萼3枚，黄绿色；花被片6，肉质，橘黄色。聚合果卵球形或扁球形，表面密被刺状凸起，成熟时黄绿色。种子棕色。花期5～9月，果期9～12月。

原产西印度群岛和美洲热带，我国广东、广西、台湾和云南等地有栽培。喜光，喜温暖湿润的环境，稍耐寒，喜肥沃、疏松和排水良好的土壤。树姿优美整齐，叶色亮泽，花芳香美丽，为优良的庭园风景树、庭荫树和行道树。

常绿灌木。高1～3m。单叶互生，纸质，长椭圆形或长圆状披针形，顶端短渐尖或钝头，基部阔楔形，无毛。花黄绿色，单朵或双朵腋生。果多个聚生。花期7～9月，果期7～10月。

原产我国广东、广西。可栽培于庭院观赏。

长叶暗罗 *Polyalthia longifolia*

常绿乔木。高达18m；枝条稍下垂。单叶互生，长披针形，长可达18cm，边缘波状，亮绿色。花腋生，淡黄绿色，花冠2轮，花瓣6。聚合浆果，具柄，红色。花期5～6月，果期9～10月。

原产印度、巴基斯坦和斯里兰卡。喜光，喜高温多湿及排水良好的土壤，不耐寒。树形优美，株型奇特，主干挺直高耸，分枝细柔，树叶密集，优良的园林观赏树和行道树树种。

塔树（垂枝暗罗）*Polyalthia longifolia* 'Pendula'

长叶暗罗品种。主干挺直，枝叶密集而明显下垂。

树形窄柱状、塔形，叶色翠绿，观赏价值高，适于庭园观赏。

依兰香（依兰）*Cananga odorata*

常绿乔木或灌木。树皮灰色；幼枝被短柔毛，老时无毛，具皮孔。叶薄纸质，长椭圆形，下面疏被短柔毛。花黄绿色，芳香，倒垂。果近球形或卵圆形。花期4~8月，果期11月至翌年3月。

原产东南亚，现世界各热带地区均有栽培。喜高温潮湿环境。花可提制高级香精油；可庭院栽培。

矮依兰（小依兰）*Cananga odorata* var. *fruticosa*

常绿灌木。植株较矮小，高仅1~2m。叶互生，有叶柄，羽状脉。花单生腋内或腋外的总花梗上；花瓣6，绿色或黄色，长而扁平，花极张开；花香较淡。花期4~6月。

产东南亚，我国南方也有栽培，宜盆栽观赏。

常绿乔木。树皮光滑，灰褐色至黑褐色，内皮红色。叶互生或近对生，卵圆形，离基三出脉。圆锥花序腋生或近顶生，花绿白色。浆果状核果卵球形。花期10月至翌年2月，果期12月至翌年4月。

产亚洲东南部。喜阳光，喜暖热湿润气候。树姿优美整齐，枝叶浓密，可作庭院风景树、行道树。

常绿乔木。树皮黄褐色，不规则纵裂。叶互生，卵状椭圆形，离基三出脉，脉腋具腺窝。圆锥花序，花小。果卵圆形，紫黑色，果托杯状。花期4~5月，果期8~11月。

产我国南方及西南各地；越南、朝鲜、日本也有。喜光，稍耐阴；喜温暖湿润气候，耐寒性不强。树冠开展，枝叶繁茂，四季常绿，可用于行道树、庭荫树、风景林、防风林和隔音林带。

肉桂 *Cinnamomum cassia*

　　常绿乔木。树皮灰褐色。叶互生或近对生，长椭圆形，离基三出脉近平行。圆锥花序，花序梗与花序轴被黄色绒毛。果近似香樟。花期6~8月，果期10~12月。

　　原产我国，现热带及亚热带地区广为栽培。喜温暖，幼苗忌阳光直晒，成熟树喜光，也可盆栽室内观赏。树形美观，常年浓绿，是优良的园林绿化树种。

具虫瘿的肉桂果实

兰屿肉桂 *Cinnamomum kotoense*

　　常绿乔木。叶对生或近对生，卵圆形至长卵形，革质，两面无毛，离基三出脉，叶柄常红褐色。果卵球形。果期8~9月。

　　产我国台湾南部（兰屿）。喜高温，幼树较耐阴。庭院栽培或作大型盆栽于室内观赏。

钝叶桂 *Cinnamomum bejolghota*

　　常绿乔木。树皮青绿色，有香气；枝条常对生。叶椭圆状长圆形，先端钝，三出脉或离基三出脉，基生侧脉几直达叶缘；嫩叶粉红色，下垂。圆锥花序腋生，小花黄色。果椭圆形，果托黄，带紫红色。花期3~4月，果期5~7月。

　　产我国云南、广东，东南亚也产。叶形优美，春季下垂的粉色嫩枝是其典型特征之一，优良的庭院观赏树种。叶、根及树皮可提制芳香油。

天竺桂 *Cinnamomum japonicum*

常绿乔木。小枝暗褐色。叶近对生或在枝条上部互生，卵状长圆形或倒卵状披针形，下面灰绿色；中脉基部及叶柄不带红色。花序无毛，花具萼无花瓣。果长圆形，果托浅波状，果实基部无宿萼裂片。花期4～5月，果期7～9月。

产我国长江以南，至华南、西南和台湾；日本也有分布。可栽作园林绿化及行道树树种。

刻节润楠 *Machilus cicatricosa*

常绿乔木。树皮灰褐色；枝上有显著环纹。叶生于小枝末端，椭圆形至倒披针形，薄革质，下面疏生灰白色绢状毛。圆锥花序顶生，花绿色，淡香。果长圆形，深绿色。花期5月，果期7～10月。

产我国广东、海南。本种因枝条上明显的芽鳞痕得名。造林树种，亦可药用。

油丹（北油丹）*Alseodaphnopsis hainanensis*

常绿乔木。枝条带灰白色。叶长椭圆形，上面具蜂窠状小窝穴，边缘反卷。圆锥花序无毛，花被片长圆形。果球形或卵球形，黑色；果柄十分膨大，肉质。花期7月，果期10月至翌年2月。

产我国广东和海南及越南北部。著名用材树种，国家二级保护植物。本种果实奇特，可观赏。

常绿乔木。树皮灰绿色，纵裂。叶长椭圆形，叶背有绒毛。顶生圆锥花序，小花淡绿色，花被密被黄褐色柔毛。浆果梨形，黄绿色或红褐色，中果皮肉质。花期2~3月，果期8~9月。

原产热带美洲，我国有栽培。果实即牛油果，营养价值高，果仁含脂肪油，供医药和化妆工业用，也可栽作园景树。

山苍子 （山鸡椒 / 木姜子） *Litsea cubeba*

落叶灌木或小乔木。雌雄异株，枝绿色，无毛。叶互生，长椭圆形，无毛。花被片6，淡黄白色；伞形花序。浆果球形，熟时黑色。花期2～3月；果期6～8月。

广布于我国长江以南山地。喜光，稍耐阴，有一定的耐寒能力；浅根性，萌芽力强。春季开花繁密，可庭园栽种及作风景树，也是重要的芳香油及药用树种。

檫木 *Sassafras tzmu*

落叶乔木。枝绿色无毛。单叶互生，卵形至倒卵形，常3裂。花序顶生，黄色，有香气。核果球形，蓝黑色，有白粉；果柄、果托均橙红色。花期3～4月，花先叶开放，果期8～9月。

我国特产，分布于长江流域及其以南地区。喜光、喜温暖湿润及酸性土，不耐旱，忌水湿，不耐寒。深根性，萌蘖性强，生长快，果色艳丽，秋叶红黄色。是我国南方主要速生用材、造林树种；也可用于城市绿化。

常绿半灌木。高50～120cm，节膨大。叶对生，革质，椭圆形，齿尖具腺体，两面无毛。穗状花序顶生，花黄绿色。核果球形，亮红色。花期6月，果期8～10月。

在我国长江以南地区广泛分布。可作盆栽，也可用于室外庭院绿化点缀。

海南草珊瑚 *Sarcandra glabra* subsp. *brachystachys* /*Sarcandra hainanensis*　　　金粟兰科草珊瑚属

常绿直立亚灌木。高达1.5m。叶纸质，椭圆形，叶柄长。穗状花序稍呈圆锥花序状。核果卵形，橙红色。花期10月至翌年5月，果期3～8月。

原产我国广东、广西和云南。可用于园林、庭院的绿化点缀；全株可入药。

金粟兰 *Chloranthus spicatus*

半灌木。直立或稍平卧，茎圆柱形，无毛。叶对生，厚纸质，椭圆形或倒卵状椭圆形，顶端急尖或钝，基部楔形，边缘具圆齿状锯齿。花小，黄绿色，极芳香。

产我国云南、贵州、广东等地，野生者较少见，现各地多为栽培，日本也有栽培。可作观赏。花和根状茎可提取芳香油，鲜花极香，常用于熏茶叶。

三白草 *Saururus chinensis*

湿生草本。高可达1m。根茎白色，粗壮。叶纸质，密被腺点，宽卵形；上部叶较小，茎顶端2～3叶花期时常白色，呈花瓣状。总状花序花序白色，腋生或顶生，花序白色，苞片贴生于花梗上。果近球形，具疣状凸起。花期4～6月。

产我国华北、长江流域及以南地区。喜低湿，本种花瓣状白色叶片极为独特，可植于岸边观赏，全株药用。

大胡椒（树胡椒）*Piper umbellatum*

直立亚灌木。茎、枝有膨大的节，揉之有香气。叶互生，全缘，宽卵形，膜质，密被褐色腺点，深心形。穗状花序组成伞状，花两性，白色。核果倒卵圆形。花期11月。

原产我国台湾中南部，印度、斯里兰卡及非洲、美洲热带和亚热带地区，我国云南有引种。可园林观赏。

胡椒 *Piper nigrum*

攀缘木质藤本。节常生根。叶互生，卵形至宽卵形，基部稍偏斜。穗状花序与叶对生，短于叶或与叶等长，花序梗与叶柄等长；苞片匙状长圆形。核果球形。花期6~10月。

原产东南亚，现广植于热带地区，我国福建、台湾、广东、广西等地均有栽培。喜半阴，耐热、耐寒、耐旱，耐修剪，易移植。不耐水涝，喜肥沃、排水良好的砂质壤土。可用于布置专类园。

　　多年生草本。匍匐、逐节生根。小枝近直立。叶互生，全缘，近膜质，有细腺点，背面沿脉上被极细的粉状短柔毛。花单性，雌雄异株，穗状花序与叶对生。浆果近球形，具4角棱。花期4～11月。

　　产我国福建、广东、云南、贵州及西藏等地；印度、越南、马来西亚等地也有。喜温暖湿润的环境和富含腐殖质的酸性土壤，耐半阴，较耐湿，不耐干旱。可盆栽、水培、地植于光照强度较弱的区域，生态及观赏价值较高。

豆瓣绿 （圆叶椒草） *Peperomia obtusifolia*　　　　**胡椒科椒草属**

　　多年生草本。茎多分枝，节间有粗纵棱。叶密集，轮生，宽椭圆形，近肉质。花序轴和苞片基部外被毛。坚果近卵圆形，长约1mm，顶端尖。

　　产我国福建、台湾、广东、广西、云南、贵州等地；分布于美洲、大洋洲、非洲及亚洲热带和亚热带地区。喜半阴、散射光，冬季温度低可补充光照，喜温暖湿润，不耐干旱。常室内盆栽观赏。有花叶（*Peperomia obtusifolia* 'Variegata'）、镶边品种。

皱叶椒草 *Peperomia caperata*

常绿多年生草本。株形紧凑；茎短。叶近心形，主脉及侧脉凹陷，凹陷处色泽浓绿，叶背灰绿色。穗状花序细长而略弯、突出叶面，小花黄绿色，花序梗红褐色。

原产巴西。喜高温，忌直射光，适度遮光叶色更靓丽。5℃以下易受低温伤害，喜水分充足及深厚肥沃的酸性土，不耐贫瘠。叶、花奇特，观赏性强，常作盆栽。

山乌龟 *Stephania epigaea*

草质落叶藤本。全株无毛。块根硕大，通常扁球状。叶互生，叶柄两端肿胀，盾状着生于叶片中下部。聚伞花序丛生，花小，紫色。核果红色，倒卵形。花期春季，果期夏季。

云南传统中药。因暗灰褐色的块根暴露于地面形似乌龟而得名。各地温室常见，也可作盆景观赏。

天仙藤 （黄藤 / 藤黄连） *Fibraurea recisa*

木质大藤本。茎裂纹深沟状，木质部黄色。叶革质，长圆状卵形，基出掌状脉3~5，叶柄基部和顶端肿胀，稍盾状着生；雌雄异株，圆锥花序阔大而疏散，生于无叶之枝或老藤上。核果长圆状椭圆形。花期春夏，果期秋季。

原产我国云南东南部、广西南部和广东西南部，越南、老挝和柬埔寨有分布。可作藤架绿化、布置专类园。著名药用植物。

美丽马兜铃 *Aristolochia elegans*

多年生草质藤本。全株无毛。叶广卵形，互生。花单生叶腋，花柄下垂，花被向上弯曲，未开放前呈气囊状，开花时沿中缝裂开，布满深紫色斑点，喇叭口处有一半月形紫色斑块，开花时发出浓烈臭味。蒴果黑褐色，长圆柱形。花期5~9月，果期6~10月。

原产巴西。喜光，稍耐阴，喜温暖、潮湿，较耐寒。花叶繁茂，花形奇特，可应用于垂直绿化。

巨花马兜铃 *Aristolochia gigantea*

　　常绿木质大藤本。茎粗糙，具棱。叶互生，卵状心形。单花腋生，花被片基部膨大如淡绿色兜状物，颈部缢缩，顶部扩大如旗状，布满紫褐色斑点或条纹。花期6～11月。

　　原产巴西。性强健，喜温暖湿润环境，不耐寒；喜光，稍耐阴。花形奇特，适合大型花架、绿廊栽培观赏，是学校、公园、小区及庭院绿化的优良材料。

广西马兜铃 *Aristolochia kwangsiensis/ Isotrema kwangsiensis*

　　木质大藤本。块根纺锤形。嫩枝密被毛。总状花序腋生，具花1～3朵，花被筒中部膝状弯曲，檐部盘状，近圆三角形，上面蓝紫色，被暗红色棘状突起，喉部圆形，黄色。蒴果椭圆柱状，褐黄色。花期4～5月，果期8～9月。

　　产我国广西、云南和四川等地。喜温暖，适宜湿润、肥沃、腐殖质丰富的砂壤土。园林应用同美丽马兜铃。

长叶马兜铃 *Aristolochia championii/ Isotrema championii*

木质藤木。块根纺锤形。嫩枝密被黄褐色长柔毛。叶狭长披针形。总状花序，单生或2～5朵；花小，与广西马兜铃略似，但喉部半圆形；花有腐肉臭味。蒴果卵圆形，暗褐色。花期6～7月，果期9～11月。

产我国广东、广西、云南、贵州、四川。园林应用同美丽马兜铃。

杜衡 *Asarum forbesii*

马兜铃科细辛属

多年生草本。根状茎短。叶片阔心形，深绿色，中脉两侧常具白色云斑，叶柄基部常具肾形或心形、薄膜质芽苞叶。花单生叶腋，贴近地面，花梗常向下弯垂；花暗紫色，花被管钟状，喉部不缢缩，内壁格状网眼极明显；花被裂片卵形，无乳突皱褶；花柱2浅裂。蒴果浆果状，近球形。花期4～5月。

产我国江苏、安徽、浙江及四川东部等地。喜湿耐阴，可作地被。全草入药。

花脸细辛（青城细辛）*Asarum splendens*

马兜铃科细辛属

多年生草本。根状茎横走。叶卵状心形，中脉两侧具白斑，芽苞叶卵形，具睫毛。花绿紫色，花被筒浅杯状或半球形，内壁具格状网眼，喉部稍缢缩，喉孔宽大，花被片宽卵形，基部具半圆形乳突皱褶。花期4～5月。

产我国湖北及云南、贵州、四川等地。喜湿耐阴，可作地被。全草入药。

八角 （八角茴香） *Illicium verum*

常绿乔木。单叶互生，椭圆形或倒卵状长椭圆形，革质，全缘，表面有光泽和透明油点，背面疏生毛。花单生叶腋，略下垂；花萼、花瓣形色相似，粉红至深红色。蓇葖果8～10裂，先端钝或钝尖。春（3～5月）、秋（8～10月）两次开花。

产华南地区。我国栽培历史悠久，喜温暖湿润的南亚热带山地，宜土壤深厚肥沃、湿润且微酸性之处，不耐寒，耐阴。浅根性。枝叶茂密，树形美观，花娇小，红润可爱，可植于庭园供观赏。果也称"大料"，调味香料或药用。

大八角 （神仙果） *Illicium majus*

常绿乔木。叶互生或轮生，革质，长圆状披针形，侧脉6～9对。花腋生或近顶生于老枝，单生或2～4朵簇生；花被片红色，肉质。聚合果由10余个蓇葖组成，星状排列。

产我国湖南、广东、广西及云南、贵州等地。果、树皮均有毒，可毒鱼。

多年生挺水草本。根状茎肥厚，横生。叶盾状圆形，伸出水面，叶柄长而中空。花单生，红色、粉红色或白色，雄蕊花丝细长，心皮离生，花托倒圆锥形。坚果椭圆形，黑褐色。种子红色或白色。花期6~8月，果期8~10月。

我国传统名花，产南北各地，野生或人工栽培，全株入药。根状茎（藕）作蔬菜或提制淀粉（藕粉）。叶可代茶，干叶可作切叶或包装材料。荷花"出淤泥而不染，濯清涟而不妖"，莲池自古就是我国百姓夏季喜爱的消暑胜地。

多年生水生草本。根状茎肥厚。浮水叶心状卵形，基部具深弯缺；沉水叶薄膜质。花瓣白色，宽披针形或倒卵形。浆果球形，为宿存萼片包裹。种子椭圆形，黑色。花期5~8月，陆续开花，秋季叶片枯萎。

我国广泛分布。生在池沼中。俄罗斯、朝鲜等地也有分布。喜光，喜通风良好，花朵昼开夜合。园艺品种众多，花色花型各异，通常以盆栽和池栽相结合布置园林水景。

王莲 *Victoria amazonica*

大型浮叶水生草本。初生叶呈针状，成熟叶大，叶缘上翘呈圆盘状，直径可达2m；叶面皱褶，叶背紫红色，叶脉呈肋条状；叶背及叶柄、萼片具硬刺，内部通气组织发达。花径25～40cm；白色，芳香，开花次日枯萎。花期夏季。

原产南美洲热带地区。喜高温、高湿，耐寒性极差，海南省南部可露地过冬。王莲叶片奇特，1枚可承重数十千克，一株的叶片可覆盖十几乃至几十平方米水面，单株可成景，非常壮观。

日本小檗品种，原种叶绿色。落叶灌木。叶菱状卵形，先端钝，全缘；阳光充足处叶常年紫红色。花2～5朵组成具短总梗的伞形花序，花黄色；花瓣长圆状倒卵形。浆果红色，稍具光泽。花期4～6月，果期7～10月。

原种原产日本，我国各地广泛栽培，良好的观叶灌木。耐修剪，耐旱耐寒，北京等地常见栽培观赏，常作彩叶篱或修剪造型。

阔叶十大功劳 *Mahonia bealei*

常绿灌木或小乔木。奇数羽状复叶互生，小叶长圆形，厚硬革质，边缘每侧各具2～6粗锯齿，先端具硬尖。总状花序直立，簇生；花黄色。浆果卵形，深蓝色被白粉。花期9月至翌年1月，果期3～5月。

产我国中部和南部。长江流域及其以南地区常植于庭园观赏；北方城市则常于温室盆栽观赏。全株可供药用。

　　落叶乔木。单叶互生，3裂，叶缘具齿。花单性同株，无花瓣。蒴果集成球形果序，下垂，宿存花柱及萼齿针刺状。花期3~4月，果期10月。

　　产我国秦岭至华南、西南各地；越南、老挝及朝鲜南部也有分布。喜光，喜温暖湿润气候，耐干旱瘠薄，抗风；生长快，萌芽性强。秋叶变红色或黄色，鲜艳美观，是南方著名的秋色叶树种。宜在我国南方低山、丘陵营造风景林，也可栽作庭荫树。

　　常绿灌木或小乔木。嫩枝、叶片、芽及花、果均被锈色星状短柔毛。单叶互生，革质，长2~5cm，全缘，叶卵形，先端尖，基部歪斜。花3~8朵簇生，花梗短，花瓣4，黄白色，带状条形。蒴果木质，卵圆形，上半部2裂，裂片2浅裂，下部完全合生。花期3~4月，果期8月。

　　产我国华中、华南及西南各地，日本、印度也有分布。不耐寒，喜阳，稍耐阴，喜温暖气候及酸性土壤。庭园观赏。根、叶等入药。

红花檵木 *Loropetalum chinense f. rubrum*

金缕梅科檵木属

常绿灌木或小乔木。嫩枝红褐色，密被星状毛。叶互生，紫红色，卵圆形，基部偏斜，两面均有星状毛。花瓣4枚，紫红色，狭长条形，3~8朵簇生。蒴果褐色，近卵形。花期4~5月；果期8月。

原产我国湖南，特有种。长江中下游及以南地区常见。常用作彩叶篱或不同造型。

078

红花荷 （红苞木） *Rhodoleia championii*

常绿乔木。嫩枝粗壮。叶厚革质，卵形。头状花序常弯垂，外观像1朵花，内含有5朵以上小花，花瓣红色。蒴果。花期3～4月。

分布于我国广东中部及西部、贵州。中性偏阴树种，幼树耐阴，成年后较喜光。花期时红花满树，蔚为壮观，可在公园、景区等群植应用。

马蹄荷 （合掌木） *Exbucklandia populnea*

常绿大乔木。叶宽卵形，基部心形，全缘或3浅裂；托叶椭圆形，2个合生，包被冬芽，宿存于叶柄基部。头状花序腋生，花瓣有或无。蒴果椭圆形，果皮平滑。种子具翅。

原产于我国西藏、云贵等地，缅甸、泰国及印度亦有分布。喜光，稍耐阴，喜温暖湿润气候。树形高大美观，可用于园林绿化或材用。

虎皮楠 *Daphniphyllum oldhamii*

乔木或小乔木。高达10m，小枝暗褐色。叶纸质，披针形或长圆状披针形；侧脉7～12对，叶柄常红色。花具花萼，无花瓣。果实基部无宿存萼裂片。花期3～5月，果期8～11月。

产我国长江以南，至华南、西南和台湾；日本也有分布。可栽作园林绿化及行道树树种。种子可榨油。

榉树 *Zelkova schneideriana*

落叶乔木。树皮较光滑。叶卵状椭圆形，单锯齿近桃形，羽状脉整齐，叶背密生柔毛。坚果歪斜，无翅。花期3～4月，果期10～11月。

我国江南农村习见。喜光，稍耐阴，喜温暖气候及肥沃湿润土壤；耐烟尘，抗病虫害能力较强；深根性，抗风力强，寿命较长。树形、叶形优美，秋叶黄或红色，是良好的庭荫树、行道树，也可制作盆景。

滇朴 （四蕊朴／昆明朴） *Celtis kunmingensis / Celtis teterndra*

落叶乔木。单叶互生，卵状椭圆形或菱状卵形，基部偏斜，中上部有锯齿，三出脉。核果黄至橙黄色，果柄长约为叶柄长之2倍。花期3～4月，果期9～10月。

产我国云南和四川南部。宜作庭荫树、行道树及工矿区绿化树种。

朴树 （沙朴） *Celtis sinensis*

落叶乔木。小枝幼时有毛。叶卵形或卵状椭圆形，基部不对称，中部以上有浅钝齿，三出脉。核果黄色或橙红色，单生或2（3）个并生，果柄与叶柄近等长。花期4月，果期9～10月。

产我国淮河流域、秦岭及长江中下游至华南地区。喜光，稍耐阴，对土壤要求不严，耐轻盐碱土；深根性，抗烟尘及有毒气体；生长较慢，寿命长。本种冠大荫浓，秋叶黄，宜作庭荫树，也可防风护堤。也可作盆景材料。

桂木 *Artocarpus lingnanensis*

常绿乔木。高8～15m；小枝无环状托叶痕。叶椭圆形至倒卵状椭圆形，革质，全缘或疏生浅齿，两面无毛。聚花果近球形，肉质，黄色或红色。花期3～5月，果期5～9月。

原产泰国、柬埔寨等地，我国产广东、广西和海南。喜光，喜暖热多湿气候，对土壤适应性强；根系发达，生长快。可作园林风景树及行道树。

面包树 *Artocarpus altilis*

常绿乔木。高8～15m；无环状托叶痕。叶椭圆形至倒卵状椭圆形，革质，全缘或疏生不规则浅齿，两面无毛。聚花果近球形，肉质，黄色或红色。

原产泰国、柬埔寨等地，我国产广东、广西和海南。喜光，喜暖热多湿气候，对土壤适应性强；根系发达，生长快。可作园林风景树及行道树。果实是热带的主要食品之一。木材质轻软而粗，可作建筑用材。

尖蜜拉 *Artocarpus integer*

常绿乔木。有乳汁。形态特征与树菠萝近似，聚花果长椭圆形，较后者小而轻，表皮六角形瘤状凸体较柔软。

喜光，喜热带气候。可作庭荫树和行道树。也是热带水果之一。

树菠萝 （波罗蜜） *Artocarpus heterophyllus*

常绿乔木。具乳汁，老树有板根。小枝细，有环状托叶痕。叶互生，椭圆形或倒卵形，全缘（幼树叶有时3裂），两面无毛，厚革质。花单性同株，雌花序椭球形，生于树干或大枝上。聚花果椭圆形或球形，具坚硬六角形瘤状凸体和粗毛。花期2～3月。

喜光，喜热带气候，适生于无霜冻、降水充沛的地区。树形整齐，冠大荫浓，老干生花、老干结果，是优美的庭荫树和行道树，热带著名水果，我国栽培历史悠久。

榕树 （小叶榕／细叶榕） *Ficus microcarpa*

　　常绿乔木。树体高大，可见下垂的气生根。托叶早落，枝条上可见环状托叶痕。叶椭圆形至倒卵形，全缘。隐头花序多腋生枝端。本属植物之果实，由隐头花序发育而成，常称榕果。榕果成对腋生，熟时黄或微红色，扁球形。花期5～6月。

　　喜光，耐阴，喜暖热多雨气候及酸性土壤；耐涝，耐修剪，抗污染能力强；树冠广阔，可作行道树、园景树、生态林。是华南地区优良绿化树种；生长快，树冠扩大，可形成"独木成林"的景观。

厚叶榕 （金钱榕）

Ficus microcarpa var. *crassilolia*　　　桑科榕属

　　常绿乔木。全株具白色乳汁。单叶互生，阔椭圆形，全缘，两面光滑。榕果腋生枝端，成熟时鲜红色。

　　喜高温、湿润和阳光充足的环境，但不耐寒、不耐旱。可栽植为行道树、绿篱使用，也可作为盆栽。

'黄金' 榕 （'金叶' 小叶榕）

Ficus microcarpa 'Golden Leaves'　　　桑科榕属

　　小叶榕品种。新叶金黄色，日照愈强，叶色愈明亮，老叶或阴蔽处转为绿色。可作绿篱、色块或造型。

'乳斑' 榕　*Ficus microcarpa* 'Milky Stripe'　桑科榕属

　　小叶榕品种。叶缘具不规则的乳白色或乳黄色斑，枝条下垂。习性及园林应用同小叶榕。

高山榕　*Ficus altissima*　　　桑科榕属

　　常绿乔木。高25～30m。树冠开展，干皮银灰色。叶椭圆形或卵状椭圆形，先端钝，基部圆形，全缘，半革质。榕果红色或黄橙色，腋生。

　　喜光，喜高温多湿气候，生长迅速，移栽容易成活；冠大荫浓，果多而美丽，适宜作园景树、行道树。

高山榕品种，叶缘有不规则黄色、浅绿色或白色斑纹。

橡胶榕 （橡皮树） *Ficus elastica*

常绿乔木。高达20～30m，全体无毛。叶厚革质，长圆形至椭圆形，全缘，侧脉平行，多而细；托叶膜质，深红色，脱落后枝条可见环状托叶痕。榕果成对生于叶腋。

喜光，喜暖热气候，耐干旱；萌芽力强，移栽易成活。在长江流域和北方多为盆栽观赏，温室越冬；华南可露地栽培，作庭荫树和观赏树。

'斑叶' 橡皮树 *Ficus elastica* 'Variegata'

橡胶榕品种。叶面有黄或黄白色斑。习性和园林应用同橡胶榕。

'三色' 橡皮树 *Ficus elastica* 'Decora Tricolor'

橡胶榕品种。叶上有黄白色和粉红色斑，背面中肋红色。习性和园林应用同橡胶榕。

'黑紫' 胶榕 *Ficus elastica* 'Decora Burgundy'

橡胶榕品种。叶黑紫色。习性和园林应用同橡胶榕。

大叶榕 （黄葛树） *Ficus virens var. sublanceolata*

落叶乔木。叶卵状长椭圆形，坚纸质。榕果熟时紫红色。花期5~8月。

喜光，喜暖湿气候及肥沃土壤；生长快，萌芽力强，抗污染。冠大荫浓，是良好的庭荫树和行道树树种。

大果榕 *Ficus auriculata*

乔木或小乔木。雌雄异株，树冠广展。幼枝被柔毛，中空。叶互生，厚纸质，广卵状心形。榕果簇生于树干基部或短枝，较大，梨形或扁球形。花期8月至翌年3月，果期翌年5~8月。

原产海南、广西、云南等地，耐旱耐寒，对土壤和气候条件要求不严。树幅大，分枝多，枝条光滑而健壮，是优良的庭院绿化观赏植物。果可食。

美丽枕果榕 （毛果枕果榕） *Ficus drupacea* var. *pubescens*

常绿乔木，无气生根。叶革质，长椭圆形，初生叶密被黄褐色长柔毛，成长后渐脱落，倒卵状椭圆形。榕果圆锥状椭圆形，密被褐毛，熟时橙红至鲜红色，疏生斑点。花期初夏。

产东南亚地区，我国云南南部有分布。本种果色鲜艳，在叶片衬托下，十分美丽。可栽培观赏。

对叶榕 *Ficus hispida*

小乔木或灌木。枝被糙毛。叶常对生，厚纸质，卵状长椭圆形，两面及叶柄被糙毛。榕果腋生老枝或落叶枝上，扁球形，成熟时黄色。花果期6~7月。

产我国广东、广西及海南等地，东南亚及澳大利亚也有分布。喜潮湿，少数民族常用药用植物。可作庭园观赏。

钝叶榕 *Ficus curtipes*

乔木。高5~15m，幼时多附生，下部多分枝。叶厚革质，长椭圆形，先端钝圆，叶柄粗壮。榕果成对腋生，成熟时深红色至紫红色。花果期9~11月。

产南亚和东南亚地区，我国云南、贵州有分布。榕果在秋末冬初成熟，较为美丽，是庭园优良的观赏树。

斜叶榕 *Ficus tinctoria* subsp. *gibbosa*

乔木或附生。叶革质，叶变异较大，卵状椭圆形至近菱形，两侧极不对称，同株可见全缘叶、具角棱和角齿叶，叶大小相差较大。榕果腋生，扁球形。花果期6~7月。

产我国海南、广西、贵州及西藏东南等地，东南亚也有分布。喜温暖湿润气候，喜光耐半阴、耐旱、耐湿。庭院观赏，也可盆栽。

常绿乔木。通常无气生根，树冠广阔；树皮平滑；小枝及叶片常下垂，顶芽尖细。叶薄革质，卵状长椭圆形，全缘，侧脉平行且细而多。榕果球形或扁球形、光滑，熟时红色至黄色。花期8～11月。

产我国广东、广西及云南、贵州等地，南亚及菲律宾、澳大利亚北部等地有分布。喜光照，较耐阴，耐低温，但不耐严寒。宜作行道树和庭园风景树孤植、丛植或列植，可修剪造型，或密植作高篱。

'斑叶'垂榕（'花叶'垂榕）*Ficus benjamina* 'Variegata'

垂叶榕品种。叶脉及叶缘具不规则的白色或黄色斑块。习性及应用同垂叶榕。

　　常绿匍匐木质藤本。茎上不定根细长，节膨大。叶坚纸质，卵状椭圆形。榕果球形至卵球形，生于匍匐茎的地下部分；果熟时深红色。花期5～6月，果期7月。

　　产我国湖南、湖北和广西等地；印度、越南和老挝也有分布。喜温暖湿润气候，为喜光植物，也耐半阴，耐旱耐水淹。叶美观，浓绿而茂盛，果无毒无害，生长快，易形成良好的覆地景观，是良好的水土保持植物。

　　常绿乔木。叶薄革质，卵圆形或三角状卵形，先端长尾尖；叶柄长而细，叶常下垂。榕果球形至扁球形，成熟时红色，光滑。花期3～4月，果期5～6月。

　　原产印度。喜光不耐霜冻；抗污染，对土壤要求不严，以肥沃、疏松的微酸性砂壤土为好；优良的观赏树种，可作庭院绿化，常用于寺庙园林。是著名的佛教"五树六花"之一。

常绿乔木。叶薄革质，长椭圆形至广卵状椭圆形，先端钝或短尖；托叶深红色，叶柄圆柱形；基生叶脉三出，侧脉6～9对。榕果成对腋生，球形至扁球形，无总梗，光滑。花期4～10月。

产我国广西、云南、贵州，尼泊尔、印度东北部也有分布。优良的观赏树种，宜作庭院观赏，也见于佛寺内。

常绿乔木或小乔木。叶片近三角形，薄肉质，全缘。榕果球形，成对腋生，总梗长，果熟后橘红色。

原产非洲热带。喜高温多湿，喜光，耐干旱，生长适温23~32℃。适宜盆栽观赏，暖地可作庭荫树。

环榕（环纹榕）*Ficus annulata*   桑科榕属

常绿大乔木。幼枝半攀缘性，树冠伞形。枝具明显环状托叶痕。叶薄革质，长圆状披针形，基生叶脉三出，侧脉12~17对；托叶膜质，淡红色，展叶后脱落；叶背脉明显凸起。榕果扁球形，成对腋生，橙红色，散生白色斑点，果梗粗。花期5月。

产东南亚、菲律宾，我国云南有分布。喜光，喜暖热气候及湿润肥沃土壤；抗风力强，抗污染。是华南地区较好的行道树及园景树。

'亚里'垂榕 *Ficus binnendijkii 'Alii'*

长叶榕品种。常绿小乔木。叶互生，下垂，条状披针形，叶脉两面凸起，侧脉多数，平行，直达近叶缘处。花期8～11月。

喜半阴，喜暖热湿润气候，耐干旱瘠薄，抗风，抗污染；生长快。树姿健壮优美，是良好的庭园观赏树种。

餐盘榕（高地面包果）*Ficus dammaropsis*

常绿小乔木或灌木。雌雄异株，高5～10m，树皮灰色光滑。叶卵形，革质，叶长、宽最大可达90cm、60cm，深绿色有光泽，叶脉下凹，褶皱；嫩叶青铜色；托叶早落。榕果腋生，覆盖三角状卵形苞片，熟时棕红色；内含1粒种子。需特定科属昆虫完成授粉。

原产新几内亚高地。叶色艳丽，被认为是本属最美的种类，热带或湿润的亚热带栽培，喜光，略耐阴，喜湿润土壤。嫩叶、嫩果在原产地为食用蔬菜，成叶用于包裹食物；树皮纤维被用来制作绳索和手工艺品。

常绿小乔木。树皮黑褐色，枝粗糙。叶互生，纸质，倒卵形至长圆形，全缘或微波状，背面微被柔毛或黄色小突体；托叶卵状披针形。榕果于老干簇生，熟时橘红色，不开裂。花期5～7月。

产我国广东、香港等地，东南亚也有分布。不耐干旱瘠薄，对土壤的水肥条件要求较高。耐寒性较差。水同木枝叶茂密，可作园林景观树，孤植、丛植观赏；紫胶虫优良寄主树，产胶量高而稳定。

大琴榕 （大琴叶榕 / 琴叶橡皮树） *Ficus lyrata*   桑科榕属

常绿乔木。高达12m。叶大，提琴状倒卵形，先端大而圆或微凹，基部耳形，叶缘波状，硬革质，表面深绿色，背面褐绿色，微被绵毛，后变灰白色；叶柄褐色。果无柄，单生或成对着生，球形，绿色，具白色斑点。

原产热带非洲；我国华南有引种栽培。喜光，耐半阴，喜高温多湿气候及湿润而排水良好的土壤，不耐寒。本种易管理，叶形如琴，华南常露地栽培，作庭园树、行道树；长江流域及其以北地区常作室内大型盆栽，在市场上常称的"琴叶榕"，实为本种。真正的琴叶榕为 *F. pandurata*，叶片窄，先端尾尖，中部缢缩。

越橘叶蔓榕 *Ficus vaccinioides*

常绿匍匐小灌木。小枝节上生根，枝黑褐色至浅红褐色，被微柔毛。叶纸质，倒卵状椭圆形，两面散生糙毛，背面有钟乳体；叶柄被微柔毛；托叶红色，膜质。榕果腋生，紫黑色，球形，表面被毛。花期3~4月，果期5~6月。

我国台湾特有种。多生于低海拔和中海拔林中。可用于墙面、护坡或地被绿化。

蔓榕 *Ficus pedunculosa*

常绿木质藤本。茎淡红褐色，小枝薄被柔毛和糠秕状鳞毛。叶革质，椭圆形或倒卵状椭圆形，叶柄被鳞片。榕果单生或成对腋生，近球形至倒卵圆形。花果期3~6月。

产我国台湾；菲律宾、印度尼西亚、巴布亚新几内亚也有。生于石灰岩，可用于护坡及地被。

薜荔 *Ficus pumila*

常绿木质藤本，常灌木状。全株有乳汁，枝条具环状托叶痕。叶互生，两型，不定根生于营养枝，营养枝之叶小，卵状心形；榕果生于结果枝叶腋处，结果枝之叶大，卵状宽椭圆形。果梨形，单生，黄绿色带微红。花果期5~10月。

产我国台湾、湖南、陕西等地；日本、越南也有。喜光，稍耐阴，喜高温、湿润，耐瘠薄。果形奇特，植株覆盖性好，用于攀附、垂直绿化，长江流域园林中常见。

箭毒木 （见血封喉） *Antiaris toxicaria*

乔木。高25～40m，大树偶见有板根。叶椭圆形至倒卵形，具锯齿，叶背及叶柄密被毛。雄花序托盘状，具三角形苞片。核果梨形，具宿存苞片，熟时鲜红至紫红色。花期3～4月，果期5～6月。

多生于热带季雨林、雨林区域，组成季节性雨林上层，常挺拔于主林冠之上。树液有剧毒，人畜中毒则死亡，树液尚可以制毒箭，狩猎用；茎皮纤维可作绳索。

蚁栖树 *Cecropia peltata*

常绿乔木。高10～60m；树干粗壮，气生根发达。叶互生，掌状9～13深裂，叶背灰白色，被毛。花单性异株，雄、雌花序均有佛焰苞。果长圆形，熟时为赤褐色。花期春末夏初。

原产墨西哥南部至南美洲；我国广州、南宁和厦门等地有栽培。生长迅速，喜光，喜高温多湿气候，不耐干旱和寒冷。叶形奇特，园林中宜孤植、丛植于草地、山坡。树冠开展，常偏某个方向，适合作园景树和庭荫树应用。果可食。常有蚂蚁居住在中空的树干中筑巢，是典型的蚁栖植物；树干可做乐器，乐音似号角。

锥头麻 *Poikilospermum acuminatum*

攀缘状灌木。叶互生，全缘，革质，卵形至阔卵形；托叶镰刀形，常宿存。团伞花序，粉紫色。瘦果卵形，包被于宿存花被内。花期4月，果期5～6月。

原产我国云南及印度、中南半岛等地。热带季节性雨林典型的层间植物之一，可作庭院绿化。茎皮纤维可作人造棉原料。

花叶冷水花 *Pilea cadierei*

多年生常绿草本。叶对生，宽卵形，缘具疏齿，中央具2条间断分布的凸起白斑。雌雄异株。花期9～11月。

原产越南中部山区。耐阴，要求散射光，喜温暖湿润及喜排水良好的土壤。避免阳光直射和穿堂风，冬季忌积水。叶片美丽，园林中常用作地被、盆栽。北方常温室栽培观赏。

珍珠草 （小叶冷水花 / 透明草） *Pilea microphylla*

荨麻科冷水花属

多年生草本。株丛纤细铺散。茎肉质，多分枝，干后蓝绿色，密布条形钟乳体。叶对生，倒卵形，羽状脉。雌雄异花同株或同序，聚伞花序密集，花被片3，淡黄白色。花期夏秋季，果期秋季。

原产南美洲热带，我国华南已归化。生于路边石缝和墙上阴湿处。体小，嫩绿、秀丽，花开时花药弹散出如烟火一般的花粉，十分美丽。原产地称之为"礼花草"。

玲珑冷水花 *Pilea depressa*

荨麻科冷水花属

多年生草本。株形小巧、匍匐。叶对生，枝顶叶近聚生，叶小，狭扇形，顶端具波状浅齿。

原产南美洲。喜湿耐阴，本种株丛秀丽，叶片小巧轻盈而美丽，宜室内栽植，种植在吊篮、陶器或玻璃容器中。

庐山楼梯草 *Elatostema stewardii*

多年生草本。茎不分枝，具珠芽。叶斜椭圆状倒卵形，两侧不对称，狭侧向上。雌雄异株，雄花序具短梗，雌花序无梗。瘦果卵球形。花期7~9月。

产我国湖南、江西北部、福建、浙江、安徽和河南等地。喜阴湿之处，南方山坡林下常见草本建群种。可作园林地被。

杨梅 *Myrica rubra*

常绿乔木。树冠开展，幼枝及叶背具黄色小油腺点。单叶互生，倒披针形，全缘或端部有浅齿。花单性异株，雄花序紫红色。核果球形，深红色，被乳头状突起。花期3~4月，果期6~7月。

产我国福建、广东、广西、江苏、浙江一带，日本、韩国和菲律宾也有分布。喜温暖湿润气候及酸性土壤，不耐寒，稍耐阴，不耐烈日直射。枝叶繁密，宜植为庭院观赏树种。可孤植或丛植于草坪、庭院，列植路边，我国著名传统果树。

米槠 （小红栲） *Castanopsis carlesii*

常绿乔木。大树可形成板根。叶披针形或卵状披针形，全缘或中部以上具浅齿，幼叶下面被褐色蜡鳞，老叶稍灰白。花序轴无毛，壳斗外壁具疣状体到具短刺，呈连续变化。坚果近球形。花期3～6月，果翌年9～11月成熟。

产我国东南沿海。树形雄伟，枝叶茂密，生长较快，改良土壤、涵养水源能力强，是很好的水土保持及园林绿化树种。木材坚硬致密，果可生食。

红锥 *Castanopsis hystrix*

常绿乔木。当年生枝紫褐色，叶柄及花序轴均被毛及蜡鳞，2年生枝暗褐黑色，密生皮孔。叶薄革质，披针形，全缘或具浅齿。雄花序为圆锥或穗状花序，雌花序单穗状。壳斗内含坚果1个，密被刺，坚果宽圆锥形。花期4～6月，翌年8～11月果熟。

产我国福建、湖南及云南、西藏东南部等地。老年大树有明显板状根。材质坚重，有弹性，重要用材树种之一，可作园林绿化。

杏叶柯 *Lithocarpus amygdalifolius*

常绿乔木。大树可形成板根。叶披针形，老叶下面被蜡鳞层。雄花序轴密被柔毛；雌花簇生或单朵散生。壳斗球形，果实全部或中部以上为三角形或不规则四边形小苞片包被，果顶被毛，果脐凸起。花期3～9月，果翌年8～12月成熟。

产我国台湾、福建南部、广东等地。用材树种，果形奇特，可庭院观赏。

常绿乔木。小枝无毛或被短柔毛。叶椭圆形、倒卵状长椭圆形或卵形，先端短尾尖，基部以上具锯齿或浅波状，稀近全缘，叶背被半透明腺鳞。雌花3朵簇生雄花序基部。壳斗每3个成簇或单生，壳斗碗状或半球形。花期4～7月，果期翌年9～11月。

产我国台湾、福建等地，越南东北部也有分布。喜温暖气候。果形奇特，可作园景树、行道树。

常绿乔木。小枝无毛。叶椭圆形、长椭圆形，缘有稀齿。果腋生，扁球形，被微柔毛；壳斗盘状，环纹具齿，如托盘状包被果实1/3～1/2；小苞片合生成8～9条同心环，被黄色微柔毛，果脐凸起。花期5～6月，果期翌年10～11月。

产我国江西（南部）、广东、广西等地。喜湿润，果形奇特美观，可作观赏树种。

乔木。树皮暗褐色，呈窄长条片剥落。小枝纤细，柔软下垂，叶退化为鳞片状，6～8枚围绕在节上，半透明，节间短，具纵沟。雌雄同株或异株。果序椭圆形，小苞片木质，宽卵形，坚果上部具翅。花期4～5月，果期7～10月。

原产大洋洲，我国华南沿海常见栽培。喜光，喜炎热气候，耐干旱瘠薄及盐碱，也耐潮湿；生长快，抗风力强。适宜热带海岸绿化，也可栽作行道树及防护林。

三角花 （光叶子花 / 勒杜鹃） *Bougainvillea spectabilis / Bougainvillea glabra*

常绿木质藤本状灌木。具枝刺。叶互生，椭圆形。花序腋生或顶生，苞片3，花瓣状，暗红色或淡紫红色；花细小，狭筒形，白色，聚生于苞片中。华南地区花期几近全年，冬春为盛。北方温室栽培时，3～7月开花，常通过花期调控在国庆期间开放。

原产热带美洲。喜光，性喜温暖湿润，不耐寒，耐干旱瘠薄，耐盐碱，耐修剪。常用于庭院绿化，装饰花篱、棚架和花坛、花带，亦可修剪造型。

三角花品种。叶片具深浅不同的黄色斑块或条纹。习性及园林应用同叶子花。

心叶日中花 *Mesembryanthemum cordifolium*　　　　番杏科日中花属

多年生常绿草本。茎稍肉质，斜卧，有分枝，具颗粒状凸起。叶对生，叶片心状卵形。花单生枝顶或叶腋；花瓣窄匙形，红紫色。蒴果肉质，种子多数。花期7~8月。

原产非洲南部。耐干旱，喜光。叶形、叶色较美，花色艳丽，可户外造景及室内绿化。叶可食用，清爽可口。

佛手掌 （舌叶花） *Glottiphyllum linguiforme*

多年生常绿草本。植株低矮，近无主茎。叶长舌形，基生或抱茎，近二列状着生；肉质肥厚、光滑、半透明，叶端略内卷。花单生，花瓣细长匙形，橙黄色或金黄色。花期秋冬。

原产南非。我国有引种，各地有栽培。为小型室内盆栽肉质观叶植物。

生石花 *Lithops pseudotruncatella*

多年生肉质草本。植株矮小，近无茎。变态叶肉质肥厚，表皮较硬，形如卵石，两片对生联结成倒圆锥状，顶部称作"视窗"，具深色树枝状凹陷纹路，色彩和花纹各异。花生于对生叶的中间缝隙，黄色、白色、粉色等；午开夜合，单花期7～10天。

原产非洲南部及西南地区。常见于岩床缝隙、石砾之中。生石花形如彩石，趣味性强，为室内常见盆栽植物。

五十铃玉 *Fenestraria aurantiaca*

植株低矮，密生成丛，近无茎。叶从下至上渐粗，肉质、浑圆棍棒状，淡绿色至灰绿色，基部稍呈红色；叶端微凸透明状，称作"视窗"，为接收阳光之部位。花大型，橙黄至金黄色，单生或簇生，花柄细长。蒴果肉质。花期8～12月。

原产纳米比亚。喜温暖、干燥和阳光充足的环境。室内盆栽观赏。

亚龙木 *Alluaudia procera*

常绿灌木或小乔木。茎肉质，高3~5m，初直立，后弯曲，老茎灰白，具螺旋形排列的银灰色刺。叶肉质、碧绿，卵圆形、长卵形至心形，排列整齐且密集，常成对生长。花序长，小花黄色或白绿色。

原产非洲东部马达加斯加岛。二级保护植物。可盆栽、地栽观赏。

亚腊木 *Alluaudia humbertii*

常绿灌木或小乔木。外形与亚龙木相似，但刺、叶排列更稀疏；叶肉质，长卵形至心形，先端凹缺，常成对生长。

原产地及园林应用同亚龙木。

苍炎龙 （魔针地狱） *Alluaudia montagnacii*

亚龙木与同属植物*A. ascendens*的杂交种。茎干较亚龙木更粗壮、直立，灰白色，茎上刺和小叶特征与亚腊木类似；但肉质叶较薄、灰绿色，分布稀疏。

原产地及园林应用同亚龙木。

茎球形或长圆形，棱极分明，棱上着生突出尖刺。球体成熟后，顶部长出由刚毛状的细刺和稠密的白色绵毛组成的花座，花座新生部位色彩鲜艳，高度随球龄逐渐增大。小花隐藏在花座中，红色或粉色。果实棒状或长卵形，酷似小红辣椒。

原产加勒比海、墨西哥西部、中美洲到南美洲北部。盆栽或地栽观赏，品种丰富。

茎圆球形，直径可达1m，球顶密被金黄色绵毛；刺座大，密生灰黄色的硬刺。花黄色，为球顶部绵毛包围，花钟形。花期6～10月。

原产墨西哥中部，我国各地温室观赏。

火龙果 *Hylocereus undatus*

　　攀缘灌木。具气根；分枝多数，具3扁棱，棱边缘波状；小窠具硬刺，沿棱排列。花漏斗状，巨大，于夜间开放；花被片白色，花丝黄色。浆果表皮红色，肉质，具多枚卵状、顶端尖的鳞片，果肉白色或红色，种子芝麻状。

　　原产南美洲，世界各地广泛栽培。为常见水果。

龙神木 *Myrtillocactus geometrizans*

　　大灌木状。上部多分枝；柱状茎蓝绿色，具5~6棱。刺座生于棱缘，每刺座仅1枚黑色刺。花小，乳白色，昼开夜闭，芳香；花期春夏。浆果深紫色，表面似越橘。

　　原产墨西哥中部和北部，原产地作水果。我国华南栽培观赏。

茎扁球形，鲜红、深红、橙红、粉红或紫红色；具8棱，有突出的横脊。成熟球体常密生子球。刺座小，无中刺。花着生于顶部刺座，细长漏斗形，粉红色，花期春夏。果实细长，纺锤形，红色。

原产南美洲，园艺品种繁多。

植株球状或圆柱状，大型。具10余个突出的高且薄的棱脊，脊上具大刺座，刺硬，新刺红褐色，老则灰褐色，具横纹或环纹，刺尖弯折。花顶生，漏斗状，黄色或红色。

原产美国和墨西哥。喜光，但温度超过35℃需遮阴，否则易晒伤。温度低于0℃时进入休眠期。地栽或盆栽观赏。

雪晃 *Parodia haselbergii* 仙人掌科锦绣玉属

植株扁球形或球形，球体具棱30条，棱上疣状突起螺旋状排列。整个球体密被雪白色的刺，周刺多数，中刺3～5枚。花喇叭形，橙红色或红色。冬末春初开花。

喜温暖干燥和阳光充足环境，耐干旱和耐半阴，盆栽观赏。

上帝阁 *Pachycereus schottii* 仙人掌科摩天柱属

长柱状，高达可7m。茎基部常分枝，丛生状，表皮淡绿色；通常5～7棱，棱沟深，棱缘具缺刻。刺座密生弯曲灰褐色刚毛。数朵白花并生于同一刺座，夜晚开放。果实球形，白色。

产美国亚利桑那州南部和墨西哥西北部。株形高，地栽生长迅速。

老翁 *Pilosocereus royenii* 仙人掌科毛柱属

常为灌木状，多分枝。全株表面被蓝霜。刺或刺刷呈毛被状，白色、较厚。花钟形，白色，偶有玫瑰色或红色。夜间开放，腐烂洋葱或甘蓝味。

原产墨西哥南部干旱山坡、加勒比海。适宜庭院观赏，亦可山地种植。

福禄寿 *Pachycereus schottii f. monstrosus* 仙人掌科摩天柱属

植株多分枝，表皮灰绿色，光滑无刺，茎上的生长点不规则增生，呈不规则凸起，肋棱错乱，形态奇特。

原产墨西哥西北部及附近地区。喜光，不耐积水，易养护。盆栽或地栽观赏。

木麒麟 （木仙人掌） *Pereskia aculeata*

攀缘状灌木。主干灰褐色，表皮浅纵裂，分枝多。叶片椭圆状披针形。刺座生于叶腋，被具灰色绒毛，具1至数枚刺。老枝无叶片，刺黑褐色，簇生于环形突起的刺座内。圆锥状花序，芳香；花被片白色，匙形，6～12枚。浆果淡黄色，倒卵球形或球形，可食。种子2～5个，双凸镜状，黑色，平滑。

原产美洲热带地区。观赏栽培，亦作仙人掌类植物砧木。

樱麒麟 （大叶木麒麟） *Pereskia grandifolia*

形态与阔叶木本植物相似。枝叶茂盛，叶片长卵形，较肥厚，叶腋处可见褐色长刺。花小，单生，辐射状，粉红色。

原产巴拿马、墨西哥等地。耐干旱，喜高温。常盆栽观赏或制作成各种造型的花篱、花架。也可绿化墙垣、点缀庭院或列植成防卫性绿篱。

鼠尾掌 （金钮） *Aporocactus flagelliformis*

变态茎悬垂，似鼠尾，多分枝，具多条浅棱。刺座小，刺密生，辐射状，黄色至褐色。花粉红色，漏斗状，昼开夜闭，花期春季。

原产墨西哥荒漠地区。喜温暖湿润和阳光充足环境，不耐寒，较耐阴和耐干旱，是室内优良观赏植物，可吊盆栽植。

多花仙人掌 （单刺团扇） *Opuntia monacantha*

灌木或小乔木。老株主干圆柱状；分枝倒卵形，薄而开展，鲜绿色有光泽，刺座较稀疏。花多，花瓣金黄色，十分醒目。果梨形，顶端凹陷，长满芒刺，熟时红色。花期4～8月。

原产巴西、巴拉圭、乌拉圭及阿根廷。世界各地广泛栽培，用于园林观赏，常地栽。

仙人掌 *Opuntia stricta*

丛生肉质灌木。上部分枝狭椭圆形或倒卵形，长15～25cm，宽7～13cm；先端圆，边缘不规则波状。花单生于二年生枝上部的刺座，无花梗，花被片倒卵形，贴生于花托檐部，外轮较小，内轮花瓣状，黄色至红色，最外层的花萼状花被片宽倒卵形；花托倒卵形，大部与子房合生。浆果倒卵球形，顶端凹陷，表面平滑无毛，紫红色或红色。花朵白天开放，花期6～10（12）月。

原产墨西哥东海岸、美国南部及东南部、巴哈马群岛，我国福建等地有零星栽培。可植于专类园观赏，果可食用。

将军 *Opuntia subulata*   仙人掌科仙人掌属

　　植株大型、直立。分枝多，茎具交错排列的菱形突起，突起顶端具灰白色刺。花橙红色，花托长而多疣。果实卵圆形或棒状，红色。

　　原产秘鲁安第斯山脉。砂土或壤土，全光或半阴均可，常用于园林观赏，华南地区常露地栽培。

白桃扇（白毛掌） *Opuntia microdasys* 仙人掌科仙人掌属

　　灌木状。茎节直立且多分枝，呈广椭圆形或椭圆形，黄绿色，新茎生于老茎顶端；茎上刺座密生白色钩毛，排列较密集。花蕾红色，花黄白色。浆果红色，圆形。

　　原产墨西哥高山地区，为优良室内盆栽植物，华南可露地栽培。

星球 *Astrophytum asterias*   仙人掌科星球属

　　植株扁圆球形；球体绿色，无刺。刺座上有白色星状毛，球体密被星状白点。花着生在球体顶部，单生或2朵并生；漏斗状，黄色，花心红色，昼开夜合。果实为小橄榄形浆果，成熟时开裂。

　　原产墨西哥北部和美国南部。喜温暖干燥及阳光充足环境，常作盆栽。

朝雾阁 *Stenocereus pruinosus*   仙人掌科新绿柱属

　　植株高大柱状，多分枝，具6~8棱。茎上刺少而短，新刺红色。花白色，外部为青绿色，春节前后开放。果实可食。

　　原产墨西哥。适合群植，营造优美的多肉植物景观林。

鬼面角 （大轮柱） *Cereus peruvianus*

植株大型、直立、多刺；圆柱形，基部分枝成丛生状，高可达10m，深绿或灰绿色，灰色刺多变。花乳白色，单生，喇叭形，夜晚开放，单花期1天。浆果椭圆形，无刺，紫红色、黄色，可食用。

原产南美洲东南部海岸，多见于巴西。宜地栽。

山影拳 （仙人山） *Cereus pitajaya*

肉质变态茎，无叶，浅绿色至深绿色或蓝绿色，呈不规则岩石状。花漏斗形，内瓣白色，外瓣红褐色，夜开晨合。果实棒状或球状，红色。花期6~8月。

原产西印度群岛、南美洲北部及阿根廷东部。性喜阳光，耐旱耐贫瘠。植株酷似郁郁葱葱、层峦叠翠的山峰奇石，多作盆栽。大型植株亦可地栽，园艺品种众多。

锯齿昙花 （角裂昙花） *Epiphyllum anguliger*

肉质灌木。叶状枝较肥厚，深裂如鱼骨状。花形与昙花类似，外轮花被片浅橙色，有浓香。仲春至初夏开花。

原产南非及墨西哥，盆栽观赏。喜欢光照，耐干旱，忌水涝，温度较低时，呈半休眠状态，应控制浇水量。

昙花 *Epiphyllum oxypetalum*

附生肉质灌木。分枝叶状，侧扁，边缘波状或具深圆齿，中肋粗大，两面突起。花单生于枝边缘，漏斗状，花被片绿白色、淡琥珀色或带红晕，现已有粉红、橙及黄等各种花色。浆果具纵棱脊，紫红色，夏季开花。

原产中南美洲，世界各地区广泛栽培。喜温暖湿润的半阴、温暖和潮湿的环境，不耐霜冻，忌强光暴晒。著名盆栽花卉。夜晚开花，仅持续数小时，有"月下美人"之美誉。

姬月下美人 *Epiphyllum pumilum*

附生肉质灌木。叶状枝扁平，狭长椭圆形，内含叶绿素。花生于枝边缘，纯白色，比昙花小。

原产美洲墨西哥的热带沙漠地区。耐旱、耐瘠薄。可用于垂直绿化，附生攀爬于墙面、墙头，营造室内景观。

红恭菜（红甜菜）*Beta vulgaris* var. *cicla*

二年生草本。茎直立。基生叶矩圆形，皱缩，略有光泽，叶柄下表面叶脉粗壮、凸出。叶及叶柄均紫红色。

我国南方栽培较多。叶片整齐、红色、美观。初冬、早春露地观叶或植于花坛、花境内与羽衣甘蓝配合，点缀秋色，也可盆栽观赏。

红龙草（大叶红草）*Alternanthera drosiliana* 'Rubiginosa'

　　巴西莲子草品种。多年生草本。茎四棱。叶对生，卵形，紫红色至紫黑色。头状花序密聚成粉色小球，无花瓣。冬季开花。

　　原种原产南美洲。生性强健，耐旱。喜光、略耐阴，不耐酷热，不耐旱。宜排水良好、肥沃的壤土或砂质壤土。叶形雅致，叶色丰富，可作地被，或布置花坛、花境。

红莲子草（美洲虾钳菜）*Alternanthera purpurse*

　　多年生草本。茎匍匐。叶互生，狭长披针形。头状或穗状花序腋生，无花梗；小花密集，花被片5，白色，有毛。花期从春到秋。

　　原产美洲热带，我国华南常见地被植物。

多年生草本。丛生，茎红色。叶圆形，紫红色，叶脉淡红色或黄红色，先端凹。花不明显。花期9月至翌年3月。

原产巴西，我国长江流域及华南有栽培。可盆栽观叶或用作花坛装饰。

树马齿苋 *Portulacaria afra*   **马齿苋科树马齿苋属**

灌木或小乔木。分枝密，枝光滑有光泽，较脆，红棕色，节明显。叶对生，倒卵形，光亮且多汁。花序顶生或腋生，花小，花瓣5，粉红色或白色。果椭圆形，具半透明翅，有光泽，粉红色。

原产埃斯瓦蒂尼和南非。我国各地普遍栽培，地栽或室内盆栽常见多肉植物。

'雅乐之舞' *Portulacaria afra* 'Variegata'   **马齿苋科树马齿苋属**

树马齿苋的锦斑变异。叶片黄白色，仅小部分淡绿色。

各地普遍栽培，可布置于多肉植物专类园或制作成小型盆景观赏。

黄果丝藤（灌木千叶兰）*Muehlenbeckia astonii*

半常绿灌木。枝条红棕色，呈"之"字形，形成密集的丛生状。叶小，亮绿色，心形。花小，2～4朵簇生，白色略带粉红色或绿色。小坚果，三角形，周围具半透明花被。花期12月至翌年1月。

原产新西兰；我国长江流域有引种。生长缓慢，耐寒，可以忍受多风和干燥环境。外观独特，茎细韧如铁丝，叶繁茂，可用于盆栽观赏或花台、花境种植或作树篱。

珊瑚藤（紫苞藤）*Antigonon leptopus*

常绿草质（有时木质）藤本。以卷须攀缘，块根肥厚。叶互生，卵形或卵状三角形，叶脉下凹。总状花序，花序轴顶部延伸成卷须；花被片5，粉红色。瘦果。花期3～12月。

原产中美洲，现广泛栽植于热带与亚热带地区。喜全日照和肥沃的微酸性土壤。繁花满枝，花期长，花形柔美，花繁且具微香，有白花、红花等园艺品种。可用于凉亭、棚架、栅栏，也可植于坡面作地被植物，垂直绿化的良好材料。

赤胫散 *Polygonum runcinatum* var. *sinense* / *Persicaria runcinata* var. *sinensis*

多年生草本。具根状茎。叶互生，基部常具1对裂片，两面无毛或疏生短糙伏毛；托叶鞘顶端截形，具缘毛。花序头状顶生，数个集成圆锥状，花被5深裂，淡红色或白色。花期4～8月，果期6～10月。

产我国河南、湖南、云南、贵州、四川及西藏等地。常用作花境及地被。全草入药。

蓝雪花（蓝花丹）*Plumbago auriculata*

常绿蔓性亚灌木，多分枝。单叶互生，长椭圆形，全缘，先端钝而有小凸尖。花萼筒状，5棱，下半部分无具柄腺体；花冠高脚碟状，裂片浅蓝色；穗状花序顶生，花序轴密被短绒毛。蒴果。花期5～10月。

原产南部非洲。花美丽而花期长。我国华南庭园可露地栽培，长江流域及以北城市盆栽观赏。

'白'雪花（'白'花丹）*Plumbago auriculata* 'Alba'

蓝雪花品种。花白色。习性及园林应用同蓝雪花。

红雪花 （紫花丹/紫雪花） *Plumbago indica*

常绿多年生草本。叶互生，硬纸质，狭卵形，上部渐狭，先端急尖。穗状花序，花冠紫红色或深红色；雄蕊与花冠筒近等长。花期11月至翌年4月。

广泛分布于亚洲热带地区；我国云南、广东和重庆等地有栽培。花期长而美丽，养护容易，是较受欢迎的庭院美化材料。

大花第伦桃 （大花五桠果） *Dillenia turbinata*

常绿乔木。叶倒卵形，波状齿，背面及叶柄被锈色毛。总状花序，花黄色或淡红色，径10～13cm，心皮8～9个。果近球形，径4～5cm，暗红色。花期4～5月，果期8～10月。

产我国广西、云南，越南也有分布。喜温暖湿润环境，喜光，耐半阴。嫩叶红，树干挺拔，树冠亭亭如盖，花大耀眼，有香气，果可食。观赏价值高，春夏可观花观果。

第伦桃 （五桠果） *Dillenia indica*

常绿乔木。树皮红褐色，薄片块状脱落。叶长圆形，具锯齿；叶脉明显，深凹，老叶秃净或仅背脉具毛。花单朵顶生，白色，雄蕊黄色，花径12～20cm，心皮约20个。果球形，径10～13cm。花期7月。

产我国云南南部，也见于印度、斯里兰卡等地。喜光，耐热不耐寒。树姿优美，花叶美丽，果可食。园林应用同大花第伦桃。

灌木状五桠果 *Dillenia suffruticosa*

常绿灌木，株高6～10m。叶椭圆形，15～35cm，侧脉平行。总状花序，花大，径8～13cm，黄色，花瓣5。单朵花花期持续1天。蓇葖果，开裂后呈星形，内果皮粉红色。

原产南亚热带次生林和沼泽地中。喜湿。花多，色艳，是优良的绿化观赏花卉。果可食。

常绿藤木。叶卵形或长卵形，暗绿色，下面被丝状毛。花单生，黄色，花瓣5。果红色。花期全年，春夏为盛。

原产澳大利亚新南威尔士州到昆士兰州东北部沿岸。喜光，生长势强，生长快，可作花架、栅栏或盆栽，在原产地也作地被应用。

落叶乔木。高10~30m。树皮鳞片状剥落。叶互生，近革质，较大，卵状椭圆形，全缘，侧脉近平行。腋生或顶生圆锥花序，花瓣5，白色，芳香。果长卵形，被毛，具3长2短或近等长的翅。花期1~7月。

原产喜马拉雅山以南。喜温暖湿润，耐水湿、耐干旱，是该属代表种。生长缓慢、生存能力强。植株挺拔，树冠开张，可作园林绿化；硬木树种，可采龙脑香油。

青梅 *Vatica mangachapoi*

常绿乔木。具白色、芳香树脂。小枝、叶柄及花序密被星状毛。叶互生，革质，长圆形，叶脉7～10对。圆锥花序顶生或腋生，被银灰色毛；花瓣白色或为淡黄色、淡红色，芳香。果球形，宿萼裂片翅状，2长3短。花期5～6月，果期8～9月。

原产我国海南，亚洲热带地区也有分布。喜光、喜温暖湿润气候。树形高大美观，花香馥郁，花叶兼美，可作行道树和庭院绿化。

版纳青梅（广西青梅） *Vatica guangxiensis / Vatica xishuangbannaensis*

常绿乔木。树皮灰白色至灰黑色，具环纹。叶近革质，长圆状披针形，叶脉12～14对，基部楔形。圆锥花序顶生或腋生，密被灰黄色毛；花瓣5枚，淡红色，部分被毛。果实近球形，宿萼5裂，2枚翅状。花期5～6月，果期7～8月。

产我国云南。喜光、喜温暖湿润气候，树形高大雄伟，叶色翠绿，富有光泽，优良的园林绿化树种。

望天树 *Parashorea chinensis*

高大乔木。高可达60m，树皮灰或深褐色，下部块状脱落。幼枝被鳞片状绒毛。叶互生，革质，椭圆形，全缘；叶柄密被毛。圆锥花序顶生或腋生，密被毛，花瓣5枚，黄白色，芳香。果长卵球形，密被毛，具翅。

原产我国广西、云南。喜光、喜温暖、湿润气候及喜钙质土壤。可庭院观赏，也是高级家具用材。望天树是亚洲热带雨林代表树种，是我国有热带雨林的重要标志。

羯布罗香 （龙脑香） *Dipterocarpus turbinatus*

常绿乔木。具芳香树脂，树皮纵裂；小枝具环状托叶痕，密被灰色绒毛或无。单叶互生，革质，卵状长圆形，托叶密被绒毛。花3~6朵，总状花序腋生，花瓣粉红色，线状长圆形，外被毛。果卵球形，被毛，具2枚硕大的披针形、暗红色宿存花萼裂片，甚为奇特。花期3~4月，果期6~7月。

产我国云南、西藏，东南亚也有分布。珍贵用材树种，树脂可油用、药用。

锡兰龙脑香 *Dipterocarpus zeylanicus*

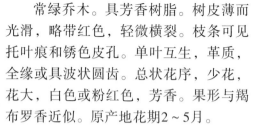

常绿乔木。具芳香树脂。树皮薄而光滑，略带红色，轻微横裂。枝条可见托叶痕和锈色皮孔。单叶互生，革质，全缘或具波状圆齿。总状花序，少花，花大，白色或粉红色，芳香。果形与羯布罗香近似。原产地花期2~5月。

斯里兰卡特有。树体高大，通直圆满。材质坚硬，是优良珍贵大径材用材及药用树种。也可庭院栽培观赏。

杜鹃红山茶 （杜鹃叶山茶） *Camellia azalea*

常绿小乔木。叶片狭长倒卵形，革质光亮，叶缘无锯齿。花朵顶生或腋生，花瓣5，近肉质，条形，鲜红色。蒴果短纺锤形。可四季开花，盛花期6~11月。

中国特有。抗逆性强，喜温暖湿润的半阴环境，耐阴、耐热。炎夏依然满树红花。耐-5℃低温，在长江以北的部分地区能露天栽培。可盆栽或庭院观赏。

茶梅 *Camellia sasanqua*

常绿灌木。高3～6m；嫩枝具毛，芽鳞有倒生柔毛。叶互生，椭圆形，较小而厚。花朵顶生，通常白色或粉色，子房密被白毛；无花柄。花期因品种而异，9～11月至翌年1～3月。

原产日本；我国长江以南有栽培。南方常栽于庭院观赏，或作绿篱。

山茶花 （山茶） *Camellia japonica*

常绿灌木。嫩枝无毛。叶椭圆形，缘有细齿。花大，近无柄，子房无毛；单瓣，红色。栽培品种较多，花色从红到白，花型从单瓣到完全重瓣。花期12月至翌年4月。

原产我国、朝鲜和日本，我国东部及中部栽培较多。喜半阴，喜温暖湿润气候；有一定的耐寒能力，喜肥沃湿润而排水良好的酸性土，生长期需水量大，抗海潮风。叶色翠绿，四季常青，花大色艳，是我国的传统名花。

常绿灌木。小枝无毛。叶矩圆形，革质。花单生，苞片及萼片各5，花瓣8～10，金黄色，子房无毛，花柱离生。蒴果近球形。花期11月至翌年3月。

产我国广西南部及越南北部。花金黄色而美丽，是目前茶花育种的重要亲本材料。

木荷 *Schima superba*　　　　　　　　　　　　　　　　　　山茶科木荷属

常绿乔木。叶互生，长椭圆形，缘疏生浅钝齿。花白色，花梗上部粗；腋生或顶生短总状花序。蒴果木质，扁球形，熟时5裂。花期5～6（7）月。

广泛分布于我国长江以南地区山地。喜光、耐阴，喜温暖气候及肥沃酸性土壤，深根性，萌芽力强，生长较快。重要用材树种。树冠浓密，叶片厚革质，是南方重要防火和造林树种。幼叶及秋叶红艳可观，也可植为庭荫树及观赏树。

琼崖海棠 （红厚壳） *Calophyllum inophyllum*

　　常绿乔木。树皮厚，纵裂。单叶对生，椭圆形，侧脉与主脉近垂直，全缘，革质有光泽。总状花序，花萼、花瓣各4，白色，芳香。核果球形，黄色。春季开花。

　　产亚洲及大洋洲热带；我国云南、海南及台湾有分布。耐干旱瘠薄土壤。树形美观，花多而芳香，可作庭园树或行道树，也可作海岸防风林或材用。

　　常绿小乔木。树冠圆锥形。叶对生，广椭圆形，硬革质，先端圆或微凹。花单性同株，淡黄色，花瓣5；雄花穗状，雌花簇生。果球形，光滑，熟时黄色。花期5～8月，果期7～9月。

　　原产印度、斯里兰卡及我国台湾南部。喜光，耐半阴，喜暖热湿润气候，耐盐碱；抗风，寿命长。枝叶茂密，叶色浓绿有光泽，可作园林风景树及防风树种。

山竹子 （山竺 / 莽吉柿） *Garcinia managostana*   藤黄科藤黄属

　　常绿小乔木。叶对生，椭圆形，暗绿色，厚革质。花杂性，橙黄或玫瑰粉色。浆果球形，革质果皮暗紫红色，种子2～5，假种皮白色肉质，半透明且多汁，味甜。

　　原产马鲁古群岛，现非洲、亚洲热带地区广植。喜光，喜高温、湿润及肥沃砂质土。热带著名果树，有水果"公主"之称。可植于庭院观赏。

大叶藤黄 *Garcinia xanthochynia*

乔木。高达20m。叶椭圆形或长方状披针形；叶柄粗壮，基部略抱茎，马蹄形。伞房状聚伞花序，花淡黄色，花瓣3大2小，边缘具睫毛，花丝基部合成5束。果球形，熟时黄色，光滑，顶端具突尖。花期3～5月，果期8～11月。

产我国云南、广西，广东有引种栽培。日本有引种栽培。嫩叶粉红色，略下垂；果可食用，味较酸；种子榨油可作工业用油。

常绿乔木。具板根。树冠锥形，树皮薄片状开裂。叶对生，披针形，全缘，背面具白粉；嫩叶黄红色，下垂。花单生叶腋；花瓣4，黄白色或白色，芳香；雄蕊极多，金黄色。果木质，卵球形，果柄粗。花期5～6月，果期7～10月。

产南亚、东南亚及澳大利亚北部。喜光，喜温暖湿润气候。下垂的嫩叶甚为美丽，白花金蕊，香气宜人，是优良的园林观赏树种。含芳香树脂，为斯里兰卡国树。

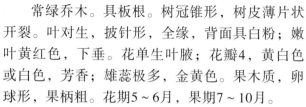

落叶乔木或灌木。枝叶对生，无毛。叶片椭圆形至长椭圆形或披针形，下表面有腺点及黑点。聚伞花序腋生及顶生，花瓣5，粉红至红黄色。蒴果椭圆形，花萼于果期增大，包被果实2/3以上。花期4~5月，果期6月以后。

产东南亚，我国广东、广西及云南也有分布。耐干旱，萌发力强。姿态优美，叶色翠绿，花叶兼美，可于园林绿地栽培观赏。根、树皮入药；嫩叶可代茶，幼果可制香料；也可作雕刻用材。

苦丁茶（越南黄牛木）*Cratoxylum formosum*　　　　　　藤黄科黄牛木属

落叶乔木或灌木。树干下部具水平长枝刺，幼枝密被黄褐色柔毛。团伞花序腋生，花瓣5，白色。蒴果长圆形，顶端略尖，宿存花萼包被蒴果下部1/2。花期3~4月，果期5月之后。

产我国海南。嫩叶制茶，称苦丁茶。可于园林绿地栽培观赏。

金丝桃 *Hypericum monogynum*

半常绿灌木。高1m，小枝圆柱形，红褐色。单叶对生，具透明腺点，长椭圆形，无叶柄。花鲜黄色，花瓣5，花柱细长，花丝金黄色、细长，基部合生成5束；顶生聚伞花序。花期5～8月，果期8～9月。

广布于我国长江流域及其以南地区。喜光，耐半阴，耐寒性不强。本种花叶秀丽，是南方园林中常见的观赏花木。庭院、草坪、路边、假山旁都很合适；华北则常盆栽观赏。

杜英 *Elaeocarpus decipiens*

常绿乔木。树皮灰色，老树具板根。大枝轮生，小枝粗壮。叶聚生枝顶，革质，倒卵状披针形，全缘或上半部具细齿。总状花序腋生，小花下垂，花瓣白色，先端流苏状。核果椭球形。花期6～7月，果期冬季。

产我国南部及东南部各地，日本也有分布。稍耐阴，喜温暖湿润气候及排水良好酸性土壤，四季均有少量鲜红色老叶。花叶兼美，宜作行道树和庭荫树树，又可用于防护林及混交林。

长芒杜英 （尖叶杜英） *Elaeocarpus apiculatus / Elaeocarpus rugosus*

常绿乔木。树皮灰色，老树具板根。大枝轮生，小枝粗壮。叶聚生枝顶，革质，倒卵状披针形，全缘或上半部具细齿。总状花序于枝端腋生，花瓣倒披针形，先端流苏状。核果椭圆形，绿色，被毛。花期8～9月，果期冬季。

产我国海南、云南南部和广东等地，中南半岛及马来西亚也有分布。板根发达，树干挺直，树冠层次分明，花果兼美，宜作行道树和庭荫树，又可用于防护林及混交林。

水石榕 *Elaeocarpus hainanensis*

常绿小乔木。树冠宽广。叶集生枝端，革质，狭窄倒披针形，深绿色。短总状花序腋生，下垂，具叶状苞片；花瓣白色，先端流苏状。核果窄纺锤形，两端尖。花期6～7月。

产我国海南、广西等地，越南和泰国也有分布。喜高温多湿气候，喜半阴。行道树或庭院栽培观赏。

锡兰杜英（锡兰橄榄）*Elaeocarpus serratus*

常绿乔木。叶长椭圆形至披针形，长约15cm，先端尖，缘有疏齿，革质，有光泽；老叶艳红。花淡黄绿色，总状花序。果大，长约3cm，形似橄榄。

原产印度及斯里兰卡。速生，喜高温、湿润、向阳，生长适温23～32℃，生性强健，耐热、耐旱、耐湿。华南可作园景树及行道树应用，果可制作蜜饯。

山杜英 *Elaeocarpus sylvestris*

常绿大乔木。高达10m；枝叶光滑无毛。叶倒卵形至倒卵状长椭圆形，缘有浅钝齿，两面无毛，纸质。花瓣先端流苏状，总状花序腋生。核果椭球形，紫黑色。花期6~8月，果期10~12月。

产我国华南、西南等地，江西和湖南也有分布，国外分布至越南、老挝、泰国。枝叶茂密，树冠大而圆整，秋季霜后部分叶子变红。生长快，常作先锋绿化树种，也可作城乡绿化。

文定果 （南美假樱桃） *Muntingia colabura*

常绿小乔木。树皮光滑。小枝及叶被短毛。叶片纸质，单叶互生，长圆状卵形。花单生或成对，花瓣5，白色。浆果，球形，熟时红色，花果期几全年。

原产热带美洲。喜阳光，喜温暖湿润气候。树形优美，花期长，果味甜可食，花果皆可赏。

常绿乔木。幼枝被毛。叶互生，长椭圆形，全缘，近无毛。圆锥花序腋生，分枝多；无花瓣，花萼淡红色，5深裂至基部；星形。蓇葖果鲜红色，长卵圆形，内含黑色有光泽的种子。花期4~6月，果期7~9月。

产我国华南至西南，是该属我国分布最广的一种。喜温暖湿润，喜光。树冠浑圆，枝叶茂密，红果鲜艳且生性强健，适应性强，是良好的园林风景树和庭荫树。

常绿乔木。树皮褐黑色。叶对生，薄革质，倒卵状长椭圆形。圆锥花序顶生或腋生，下垂且松散；花梗比花长，无花冠，花萼初时乳白色，后转为淡红色，具5枚条状内曲裂片，裂片在萼筒顶端黏合，与萼筒近等长。蓇葖果饺子形，熟时暗红色，密被毛。花期5月，果期8～9月。

产我国华南地区，印度、越南也有分布。喜温暖湿润气候，耐半阴，速生。树冠浓密，树形美观，花冠奇特，得名"凤眼果"，可作行道树和庭荫树，种子可食。

西蜀苹婆 *Sterculia lanceifolia*

乔木或灌木。树皮灰色；嫩枝略被短柔毛。叶披针形、条状披针形，叶柄两端均膨大。总状花序腋生，无花瓣，花萼红色，5裂，裂片狭长，远长于萼筒。蓇葖果矩圆形，顶端有喙，外面密被红色的粗糙短毛，内有黑色卵圆形种子。

产我国云南、贵州、四川南部，印度和孟加拉国也有分布。果实美丽，庭院栽培观赏。

裂叶胖大海 （胖大海） *Sterculia lychrophora*

落叶乔木。树皮粗糙。单叶互生，叶片革质，椭圆状披针形，全缘或3裂，无毛。圆锥花序，花杂性同株；无花瓣，花萼钟形，深裂，被毛。蓇葖果1~5个，船形，长可达24cm；种子菱形或倒卵形，深褐色表面皱。

原产东南亚热带地区。喜光、喜温暖，不抗风。树形高大雄伟，既可观叶又可观果，是优良的风景树。种子是传统中药。

异叶翅子树 （翻白叶树） *Pterospermum heterophyllum*

常绿乔木。单叶互生，叶二型：幼树及萌蘖叶掌状3～5裂，叶柄盾状着生；成树之叶长圆形，全缘，背面白，密被黄褐色短毛。花单生或腋生聚伞花序，花绿白色，花瓣倒披针形，与萼片等长，有香气。蒴果椭球形，5裂；种子具长翅。花期6～7（8）月或秋季，果熟期10～11月。

产我国华南地区。喜光，喜肥沃、湿润的酸性土，也耐干旱瘠薄；萌芽性强，生长快。树干通直，高大雄伟，叶形多变，园林绿化及观赏树种。

非洲芙蓉 （吊芙蓉） *Dombeya calantha*

常绿灌木。枝有褐色毛。单叶互生，心形，锯齿钝；托叶心形。花从叶腋间伸出，下垂花瓣5，粉红色，伞房状聚伞花序。花期12月至翌年3月。

原产非洲马拉维；我国华南常有栽培。喜光，喜高温多湿气候。鲜艳的悬垂花球深得人们的喜爱，盛开时花团锦簇，缤纷灿烂，是优良的木本花卉。

槭叶瓶干树 （澳洲火焰木） *Brachychiton acerifolius*

半常绿乔木。树冠伞形，树干直，树皮绿色。叶互生，近半圆形，掌状5～9中裂，裂片再羽裂。大型圆锥花序，无花瓣；花萼钟状，5裂，鲜红色。蓇葖果木质。叶落后开花，花期春夏。

原产澳大利亚东部海滨；我国华南有栽培。喜光，喜暖热气候及湿润肥沃而排水良好之处，耐旱，不耐寒。叶形奇特，花色艳丽且花量大；宜植于庭园观赏，或作行道树。

落叶乔木。高达10～25m，树干光滑，膨大，形似酒瓶，内储汁液，微甜，可食。枝条柔软。单叶互生，叶形变异大，从全缘披针形至掌状深裂，上表面光泽碧绿、叶背苍白。圆锥花序顶生，花似风铃，乳黄色带红色斑纹。蓇葖果开裂，呈船形。

原产澳大利亚昆士兰及南威尔士的干燥地带。热带地区园林观赏植物。

常绿乔木。大树有板根。叶互生，长椭圆形，叶背密布银白色鳞秕，叶柄长2～9cm。圆锥花序顶生或腋生，无花瓣，花萼坛状，4～6浅裂，暗红色。果实核果状，椭球形，褐色，顶端具翅。花期6～11月。

产我国海南和云南南部。树姿秀丽，叶和花（即花萼）均有一定观赏价值，在暖地宜植于园林绿地观赏。

银叶树 *Heritiera littoralis*

常绿乔木，具发达板根。叶互生，革质，全缘，长椭圆形，羽状脉，背面密被银白色鳞秕，叶柄长1～2cm。圆锥花序顶生；花萼褐红色，无花瓣。核果长椭球形，腹部具龙骨状突起。花期春末夏初。

产我国台湾及华南；东南亚、非洲东部、太平洋诸岛也有分布。为热带海岸红树林树种之一。喜光，喜高温，不耐寒，抗风；移栽较难，需作断根处理。花繁而美丽，银叶婆娑，为优良的庭园观赏树及防风固堤树。

常绿乔木。幼枝被柔毛。叶具短柄，卵状长椭圆形，两面无毛或叶脉疏被毛。老干生花，花瓣5，淡黄绿色，花萼5，粉红色。核果椭圆形，初淡绿色，后深黄色或近红色；表面具纵沟，果皮厚，肉质。花果期全年。

原产中南美洲。喜温暖湿润，忌强风；树形开阔，果实着生于老干，色彩艳丽，可种植观赏。种子是制作巧克力的主要原料。

常绿乔木。树形舒展，叶长圆形至卵形，暗绿色。花序腋生，开放时成簇，无花瓣，花萼裂片5，浅黄色，上有紫色斑纹。蓇葖果绿色。

原产西非。在热带地区大量种植。我国广东、云南、海南等地有种植。喜湿热的热带气候，适合生长在潮湿的低地中。果实也是制作可口可乐的原料。可庭院栽培供观赏。

乔木。树皮灰色，片状剥落。叶广卵形或卵形，全缘或有小齿。聚伞状圆锥花序；花浅红色，密集；萼片浅红色，花瓣状；花瓣比花萼短，其中一片呈唇状，具囊，顶端黄色。蒴果梨形或略圆，成熟时绿带淡红色。花期3～7月。

产我国广东、海南和台湾，亚洲、非洲和大洋洲的热带地区有分布。本种花朵色泽淡雅而繁密，结果多，可栽培观赏。木材轻软，可制家具和网罩的浮子等。树皮的纤维可编绳和织麻袋。

刺果藤 *Byttneria grandifolia*

　　木质常绿大藤本。叶广卵形或心形，上面近无毛，叶背被白色短毛。花小，淡黄白色，内面略带紫红色，花瓣与萼片互生。蒴果圆球，具刺，被毛。花期春夏。

　　产我国广东、广西、云南，印度、越南等地也有分布。生于疏林中或山谷溪旁。可作坡面和棚架绿化。

猴面包树 *Adansonia digitata*

　　高大落叶乔木。树冠大，树干瓶状，干径可达10～14m，树皮较光滑有光泽，红棕色到灰色。叶集生于枝顶，掌状复叶，小叶3～7，长圆状倒卵形。花白色，下垂，花瓣5，外翻。果实巨大如足球，下垂，甘甜汁多。种子黑色，肾形。

　　多分布于非洲、地中海、大西洋和印度洋诸岛及大洋洲北部，成片的猴面包树林极为壮观。国内常用于布置多肉植物专类园。

木棉 *Bombax malabaricum*

落叶大乔木。树皮灰白色，幼树的树干通常有圆锥状的粗刺；大枝平展。掌状复叶，小叶全缘。花单生，红色或橙红色，直径约10cm，花瓣肉质。蒴果长圆形，内有丝状棉毛。

产我国华南，印度及澳大利亚等地也有。喜光，耐旱，喜暖热湿润。深根，速生。花大而美，树姿巍峨，可作为园景树、行道树。

龟纹木棉 *Bombax ellipticum / Pseudobombax ellipticum*

落叶灌木。茎肉质，基部不规则块状膨大，灰色，具浅绿色龟甲状纹；其上枝条绿色，高常不及1m。掌状复叶互生，小叶5片，倒卵形，休眠期叶片脱落。花朵硕大，花被片狭长，向后反卷，花丝密集呈半球形放射状，白色。蒴果较大，长椭圆形。春夏开花，花期短，常于晚上开放。

原产墨西哥。喜温暖干燥、喜光，不耐寒，不耐积水。生长期需充足水分供应，休眠期减少浇水。龟纹木棉膨大的茎基部用于贮水，因其上类似龟背的白纹得名，是少见的奇趣多肉植物；植物展园中栽培观赏。

美丽异木棉 *Ceiba speciosa / Chorisia speciosa*

　　落叶乔木。树冠伞形，树干下部膨大，树皮绿色，具圆锥状尖刺（罕无刺），大枝水平伸展或斜举。掌状复叶互生，小叶倒卵状长椭圆形，中央小叶较大。花腋生或数朵聚生枝端，略芳香；花瓣5，边缘波状略反卷，粉红色或红色，基部黄色或白色带紫斑，略芳香。蒴果纺锤形。

　　原产巴西至阿根廷。喜光而稍耐阴，喜高温多湿气候。生长快，树干直立，叶色青翠，花期时满树粉花，如亭亭玉立的美人，又名异木棉。著名的观花乔木，可作行道树、园景树，也用于布置多肉植物专类园。

落叶大乔木。干直且绿色，无刺，大枝轮生。掌状复叶，小叶5～9，长圆状披针形，全缘或近顶端具极疏细齿。花先叶开放或与叶同放，多数簇生叶腋；花瓣5，淡红色或黄白色，外面密被白色长毛。蒴果长圆形内面密生丝状绵毛。花期3～4月，果期5～6月。

原产热带美洲。喜光，喜温暖湿润及肥沃土壤。树形优美，花大而美丽，花期早，是优良的春季观花树种，常作庭院及行道树。

白花异木棉 *Ceiba insignis*

落叶乔木。高达15m；树干绿色，有瘤状刺，大树的树干下部常膨大呈瓶状。掌状复叶互生，长圆状倒卵形，缘有细锯齿。花瓣5，反卷，花瓣乳白色至淡黄色，基部黄褐色。

原产南美西部热带；我国深圳、厦门等地有栽培。盛花时满树繁花，是十分美丽的观赏树种，也可用于布置多肉植物专类园。

水瓜栗 *Pachira aquatica*

木棉科瓜栗属

常绿乔木。掌状复叶互生。花大，花瓣条形，反卷，内面乳白色，雄蕊花丝白，先端红色。蒴果褐色，近圆锥形。花期5～11月。

原产墨西哥及南美洲北部。喜湿润热带气候。为优良的观花赏叶树种，可作行道树或园林景观树。果烘烤后可食。

常绿小乔木。掌状复叶互生，具长柄，小叶长椭圆形，全缘。花单生叶腋，花瓣淡黄绿色，狭披针形，反卷，雄蕊花丝白色。蒴果绿色，长圆形。花期5～11月。

原产中美洲；1964年广东省林业科学研究所引自墨西哥。花大而美丽，可庭园观赏；也常用于室内盆栽。

榴莲（榴梿子）*Durio zibethinus*

常绿乔木。幼枝顶部被鳞秕。叶互生，长圆形，叶背和花梗被鳞秕。花瓣黄白色或橙红色，长圆状匙形，后期外翻。蒴果椭圆状，具圆锥状粗刺，淡黄色或黄绿色，有强烈气味。花果期6~12月。

原产印度尼西亚，需在全年高温条件下生长。本种老干生花、结果，有"水果之王"美称，可庭院栽植观赏。

黄槿 *Hibiscus tiliaceus*

常绿小乔木或灌木。叶互生，宽卵形，全缘，偶3~5浅裂。花冠钟形，花瓣5，黄色，内面基部暗紫色，副萼基部合生。蒴果卵圆形，被绒毛。花期6~8月。

产我国华南地区，日本、越南、澳大利亚等地也有分布。抗风、抗污染，耐盐碱生于海边，是半红树树种。由于树冠广阔、枝叶繁茂，花多色艳，也是优良庭园观赏树和行道树。

扶桑（朱槿） *Hibiscus rosa-sinensis*

常绿大灌木。单叶互生，叶广卵形至长卵形，中上部有粗齿。花瓣5，常鲜红色，雄蕊柱超出花冠外。蒴果卵形。花期近全年。

产我国南部及中南半岛，喜光，喜暖热湿润，不耐寒。长江流域需温室越冬，花期可延续至冬春。华南露地栽培观赏。根、叶、花均可入药。

扶桑品种多，形色俱佳，且四季开花不绝，是深受亚热带、热带地区百姓喜爱的传统花木，是马来西亚、苏丹的国花和我国南宁市的市花。

'白花'扶桑

Hibiscus rosa-sinensis 'Albus'　　　　锦葵科木槿属

　　扶桑品种。花单瓣，白色，雄蕊柱远超出花冠外。

'红花重瓣'扶桑

Hibiscus rosa-sinensis 'Rubro-Plenus'　　　　锦葵科木槿属

　　扶桑品种。花大，重瓣，具长梗，鲜红色。

'橙红'扶桑

Hibiscus rosa-sinensis 'Birma'　　　　锦葵科木槿属

　　扶桑品种。花橙红色。习性及园林应用同扶桑。

'黄花重瓣'扶桑

Hibiscus rosa-sinensis 'Flavo-plenus'　　　　锦葵科木槿属

　　扶桑品种。株高0.5~5m。叶广卵形，缘有粗齿，基部全缘。花重瓣，黄色。

'锦叶' 扶桑 （'花叶' 扶桑 / '彩叶' 扶桑） *Hibiscus rosa-sinensis* 'Cooperii'

扶桑品种。叶具紫红色、粉色、白色或彩斑。花单瓣，艳红色。

吊灯扶桑 （裂瓣朱槿） *Hibiscus schizopetalus*

常绿灌木。枝细长拱垂。叶互生，椭圆形，缘有粗齿，两面无毛。花单生叶腋，花梗细长，中部有关节；花大而下垂，红色，花瓣深细裂成流苏状向上反卷，雄蕊柱长而突出。蒴果长圆柱形，无毛。几乎全年开花。

原产非洲东部热带。喜光，喜暖热多湿气候，耐干旱，抗污染。是美丽的观赏花木，华南有栽培，长江流域及其以北地区多温室盆栽。

落叶灌木。小枝密生星状绒毛。单叶互生，掌状3～5裂，被毛。单花腋生，花瓣5，初开粉红色，傍晚紫红色，副萼线形；花梗长，密被短毛。花期9～10月。

产我国南部；日本和东南亚有栽培。喜光，喜温暖，不耐寒，要求水分适中、排水良好。秋季观赏花木，宜于庭院、路边及水畔栽种。成都市花，北方也可盆栽观赏。花、叶及根皮均可入药。

山芙蓉 *Hibiscus taiwanensis*

落叶灌木。全株被糙毛。单叶互生，近圆形，3～5裂，裂片三角形。总状花序顶生或腋生，小苞片多，线形；萼钟状，花瓣5，花未开时粉色，盛开后白色，雌雄蕊淡黄色。蒴果近球形。花期5～9月。

产我国台湾阿里山。不耐寒，可观赏栽培，夏秋观花。

岛生锦葵 *Hibiscus insularis*

常绿大灌木。叶长卵形，缘有大的钝锯齿或浅锯齿，节间短。花瓣厚，5枚，淡黄绿色，基部紫红色，苞片宽卵形，花萼宽钟状。原产地花期1~3月，果期9~12月。

原产澳大利亚诺福克岛，濒危。喜光，亦可半阴。可作绿篱，在我国南方地区可作为观赏植物。

玫瑰茄 *Hibiscus sabdariffa*

一年生草本。茎淡紫色，无毛。茎下部叶卵形，不分裂，茎上部叶掌状3裂，具锯齿，托叶线形。花单生叶腋，花萼杯形，紫红色，裂片5；花冠深黄色，小苞片肉质披针形。蒴果卵球形，密被粗毛。花期夏秋间。

原产东半球，现全世界热带地区均有栽培。耐瘠薄、干旱；除观赏外，本种的花萼可制果酱、提炼红色素。

垂花悬铃花 *Malvaviscus penduliflorus*

常绿灌木。叶互生，狭卵形，缘有锯齿。花单生叶腋，下垂，花瓣5，红色，仅端部略开展；雄蕊柱伸出花冠外。肉质浆果。花期近全年。

原产墨西哥至哥伦比亚。喜光，不耐寒。花极美丽。我国华南有栽培，长江流域及北方城市多于温室盆栽观赏，在南方也可作绿篱。

'粉花'悬铃花 *Malvaviscus penduliflorus* 'Pink' 锦葵科悬铃花属

垂花悬铃花品种。花粉色。开放后下垂，蕾时直立。习性及园林应用同垂花悬铃花。

红花冲天槿（小悬铃花）*Malvaviscus arboreus* 锦葵科悬铃花属

常绿小灌木。叶宽心形至圆心形，3～5钝裂，具不规则锯齿。花单生叶腋，花冠近直立，红色，雄蕊柱显著突出花冠外。花期几近全年。

原产美国东南部、古巴至墨西哥。花形美丽，花色鲜艳，我国华南庭园常见栽培观赏。

金铃花（纹瓣悬铃花）*Abutilon pictum* 锦葵科苘麻属

常绿灌木。单叶互生，掌状3～5裂，基部心形，钝锯齿。花下垂，单生叶腋，钟形，花瓣5，橘黄色，具紫红色脉纹，花萼5裂。花期5～10月。

原产南美巴西、乌拉圭和危地马拉等地。枝条较软，绿叶婆娑，花形如古钟，花色绚烂艳丽，我国长江流域及华南均可庭院栽培，亦可盆栽。

红萼苘麻 *Abutilon megapotamicum*

常绿蔓性灌木。枝条细，常下垂，多分枝。叶互生，心形，端尖，缘有钝锯齿，有时分裂，叶柄细长。单花腋生，花梗细长下垂；花冠黄色，从红色半球形花萼中伸出；花瓣5，雄蕊柱深棕色，伸出花冠。蒴果近球形。全年开花。

原产热带地区。性喜温暖，温度在15℃以上时可正常开花，不耐寒。花玲珑可爱，红黄相映，观赏价值较高。可悬吊，也可庭院栽植。

榛叶黄花稔 *Sida subcordata*

常绿直立亚灌木。高1~2m。单叶互生，长圆形或卵形，边缘具细圆锯齿，两面均疏被星状柔毛。顶生或腋生伞房或近圆锥花序；花黄色，花瓣5。蒴果具长芒，被刚毛。花期冬春。

产我国广东、广西和云南等地。生于山谷疏林边、草丛或路旁。除了园林观赏，全草还可入药。

多花粉葵 （多花孔雀葵） *Pavonia multiflora*

常绿小灌木。叶互生，狭长椭圆形或倒卵形，边缘有齿。伞房花序顶生；苞片红色，狭长；花萼深紫色，与花瓣近同色，围合成筒状，花蕊柱紧抱、突出。花期9~10月。

原产美洲、非洲和亚洲热带地区，喜光、不耐寒，忌水涝。株形小巧，花形色奇特；常作室内盆栽观赏，我国华南地区可露地栽培或作切花。

多年生草本，根肉质。茎下部叶卵形，中部以上卵状戟形、箭形或掌状浅裂到深裂，具锯齿或缺刻，小枝、叶片、叶柄、托叶、花梗、小苞片和花萼均被疏密、长短不等的硬毛。花单生叶腋，小苞片线形，花萼佛焰苞状；花冠红或黄色，花瓣5。蒴果椭圆形，被刺毛，顶端具短喙。花期5~9月。

　产我国云南、贵州、四川及广东、海南等地，东南亚、南亚及澳大利亚等地也有分布。喜光，耐干旱。本种叶形变异大，同一株上可见不同叶形。花大，花形花色雅致美丽，可作地被植于路边或点缀山石，也可盆栽用于花坛、阳台或阶前观赏栽培。根入药。

　常绿乔木。叶螺旋状排列，常集生枝顶，羽状脉。两性花，总状花序，花瓣浅碟状，内侧粉红色或深红色，外侧淡黄色；雄蕊二型，短雄蕊形如毛刷，长雄蕊似海葵触须。果实球形，茶褐色。花果期5~11月。

　原产南美洲及加勒比海地区；亚洲热带及温带地区有种植。果实浑圆如炮弹，形态奇特，可栽培观赏。

　　常绿乔木。叶纸质，集生枝顶，倒卵形。总状花序长而下垂；雄蕊花丝纤细而长，粉白色；花谢后花柱宿存。果卵圆形，微具4钝棱。种子卵圆形。花常于傍晚开放，凌晨飘落。花期几乎全年。

　　广布热带亚热带地区。我国产台湾、广东和海南，半红树植物。花序细长柔美下垂，粉白色绒球状的纤细花丝与优雅的树姿、婆娑的枝叶相得益彰，宛如"月下美人"，且可持续在果序顶端形成新花序，故花期较长，是优良庭园绿化树种。

大果玉蕊 *Barringtonia macrocarpa*

　　常绿大乔木，高15m以上。叶聚生枝顶，倒卵状椭圆形，叶柄紫红色。总状花序下垂，花淡粉色，花瓣有光泽；花丝粉白色，密集、细长而突出花冠，花药金黄色。果实圆锥形，具钝棱角，花柱宿存。花期5～7月，夜晚开放。

　　习性及园林应用同玉蕊。

长叶瓶子草（白网纹瓶子草）*Sarracenia leucophylla*

多年生食虫草本。体型相对较大。莲座状叶丛，叶长筒状，捕虫囊漏斗形，下部绿色，瓶口唇非常大，褶边缘明显；近开口处白色，有网纹，口盖阔卵形，捕虫叶具红色脉纹。秋冬季节会长出剑形叶，通过光合作用制造养分。花期春季。

原产美国东南部。生于低地泥炭沼泽和贫瘠湿地，喜欢潮湿、酸性和贫瘠的土壤。喜光。花形奇特，可用于专类园展示。

猪笼草 *Nepenthes mirabilis*

藤本或直立多年生草本。叶基部半抱茎，叶片披针形；瓶状体近圆柱形，具2翅；茎生叶具紫红色斑点。总状花序，单性花，花被片4，红至紫红色。蒴果栗色，种子丝状。花期4～11月，果期8～12月。

产我国广东西部、南部。适应性强，分布较广，喜温暖湿润和半阴环境。常用于盆栽或吊盆观赏，置于室内、阳台或悬挂于庭园，切叶可用于制作捧花。瓶状体可分泌蜜汁引诱昆虫入内，是著名的食虫植物。

捕蝇草 *Dionaea muscipula*

多年生草本。叶基生，莲座状，叶柄呈宽匙形，其上有2个弯月形或扇形部分，边缘及叶面具细毛，分泌露珠状黏液。总状花序，约30cm，小花白色；萼片、花瓣5，具纵纹。

原产美国北卡罗来纳州和南卡罗来纳州。食虫植物。喜阳光，可盆栽于光照充足的窗台和阳台观赏，也用于专类园展示。

泰国大风子 *Hydnocarpus anthelminthicus*

常绿大乔木。高7~30m。叶互生，薄革质，卵状披针形，萼片5，两面被毛。花瓣5，雄花雄蕊5枚，雌花单生或2朵簇生，花瓣狭长，黄绿色或红色，有芳香；花萼反卷。浆果球形，径8~12cm。花期9月，果期11月至翌年6月。

原产印度、泰国和越南，我国广西、云南等地植物园引种栽培。木材供建筑、家具等用；种子含油，药用。可庭院栽培观赏。

海南大风子 *Hydnocarpus hainanensis*

常绿乔木。雌雄异株，高6~9m。叶互生，长圆形，先端短渐尖，基部楔形或圆形，两面无毛，薄革质。花单性异株，萼片4，花瓣4，伞形或总状花序。浆果球形，径4~5cm，密生褐色毛。花期春末至夏初，果期夏至秋季。

产我国海南和广西；越南也有分布。喜光，喜暖热多湿气候及富含腐殖质而排水良好的壤土，不耐寒冷和干旱。树姿清秀，枝叶略下垂，新叶红色，是优良的园林树种。

红花天料木 （斯里兰卡天料木） *Homalium ceylanicum*

常绿大乔木。幼枝无毛。叶椭圆形，叶背被毛或沿脉被毛；叶柄被毛，疏齿或全缘。总状花序腋生，被毛；小花白色；花瓣4～6数，有缘毛。蒴果倒圆锥形。花期4～6月。

原产我国海南，越南也有。喜光，喜温暖湿润气候。木材结构细密，纹理清晰，是产地著名木材，可作建筑及桥梁、家具用材。

胭脂树 （胭脂木/红木） *Bixa orellana*

常绿小乔木或灌木。枝密被红棕色短腺毛。叶互生，心状卵形，全缘，下面密被腺点。圆锥花序顶生，花梗密被红棕色鳞片和腺毛；花萼密被红褐色鳞片，花瓣5，白色或粉红色。蒴果密被红褐色长刺，开裂后露出红色种子。花期秋冬季。

原产热带美洲，喜暖热气候及肥沃土壤。密被长刺的果实鲜艳醒目，是优良观赏树种。外种皮可作红色染料。

白时钟花 *Turnera subulata*

亚灌木或多年生草本。叶互生，椭圆形至倒阔披针形，边缘有锯齿，叶基具腺体。单花腋生，花瓣5，白色，中下部淡黄色，瓣基有棕黑色大斑块。

原产南美洲。喜光，喜温暖湿润，热带亚热带地区可露地种植，也可盆栽，是优良的园林观赏花卉。时钟花的开放极有规律，朵朵小花几乎同开同谢，故得名。

时钟花 （黄时钟花） *Turnera ulmifolia*

亚灌木或多年生草本。金黄色，具芒尖；午前凋谢。蒴果。花期春夏季。

原产美洲热带。其花随日照、温度绽放闭合的习性与时钟花相同。园林应用与白时钟花近似。

洋红西番莲 （红苞西番莲） *Passiflora coccinea*

常绿蔓性藤本。卷须弹簧形。叶互生，长卵形，具钝锯齿。花单生叶腋，花冠圆形，花瓣红色，萼片花瓣状，与花瓣同色。花期7～9月。

原产圭亚那。喜高温、高湿；生性强健，蔓性强，叶片密集，花形花色殊雅妍丽，适于庭园花廊、花架、花墙、阴棚、围篱或栅栏美化。是优良的垂直绿化植物。

大果西番莲 *Passiflora quadrangularis*

　　粗壮草质藤本。叶膜质，宽卵形，全缘不裂。花瓣淡红色，萼片外面绿色，内面玫瑰红色，芳香。浆果大，长可达20cm，熟时红黄色。2～5月零星开花，6～8月盛开。

　　原产热带美洲，现广植于热带地区。喜温暖湿润，适生于肥沃、排水良好的砂壤土。花期长，花艳丽，果实成熟期长，是棚架绿化和观果的好材料。

百香果 （计时果 / 鸡蛋果） *Passiflora edulis*

　　多年生草质藤本。茎具细条纹，无毛。叶椭圆形或掌状3～5裂。萼片外面绿色，内面绿白色；花瓣白带紫，芳香。浆果球形，熟时紫色。花期6月，果期11月。

　　原产大、小安的列斯群岛，现广植于热带和亚热带地区。喜温暖湿润、阳光充足的环境，较耐旱。花大而美丽，适用于花架、花墙、栅栏等。热带水果。

番木瓜 *Carica papaya*

落叶或半常绿小乔木。茎通常不分枝。叶集生茎端，掌状7~9深裂，裂片羽状分裂，叶柄长而中空。花单性或两性，花冠裂片5，黄白色。浆果椭球形，熟时橙黄色。花果期全年。

原产热带美洲，现广植于世界热带、南亚热带地区。喜光，不耐寒，遇霜即凋；生长快。叶可药用，著名热带水果，亦可观赏。我国北方于温室栽培。

栝楼 *Trichosanthes kirilowii*

多年生草质藤本。块根圆柱状，茎具纵棱及槽。叶纸质，常3~5浅裂至中裂。雌雄异株；总状花序；花冠白色，5裂，裂片先端具丝状流苏。果实椭圆形，橙红色。花期5~8月，果期8~10月。

产我国华北、华东、中南和西南各地。耐寒、耐高温，喜温暖潮湿气候。喜向阳、土层深厚、疏松肥沃的砂质壤土。非常适于高棚大架、篱栅、墙垣和壁隅等攀缘绿化。

落叶大乔木。树干通直，具板状根。单叶互生，心状卵形或近圆形，先端渐尖，具齿。先叶开花，花雌雄异株，无花瓣。蒴果球状坛形。花期3月上旬至4月中旬，果期4月下旬至5月下旬。

东南亚热带雨林典型的上层树种，以巨大板根著名。我国为其分布的最北缘。华南地区的植物园有栽培。

银芽柳 *Salix × leucopithecia*

　　落叶灌木。分枝稀疏；小枝绿褐色具红晕，幼时有绢毛；冬芽红紫色，有光泽。叶长椭圆形，缘有细浅齿，表面微皱，背面密被白毛。春季叶前开花。

　　原产日本，杂种起源。常作切枝栽培。雄花序盛开前密被银白色绢毛，颇为美观，故名银芽柳。春节前后可供插瓶观赏。

'花叶'杞柳 *Salix integra* 'Hakuro Nishiki'

　　杞柳品种。

　　落叶灌木。小枝细长，黄绿色或红褐色，无毛。叶对生或近对生（萌蘖枝常3叶轮生），倒披针形至长圆形，缘有细锯齿或近全缘，两面无毛，叶柄近无而叶基抱茎。柔荑花序长1～2cm；雄蕊2，花丝完全合生。花期5月，果期6月。

　　原种产我国东北及河北，俄罗斯东部、朝鲜和日本也有分布。喜光，耐水湿，常生于河边和低湿地。可固岸护堤，枝条细长柔软，可编织容器。

　　本品种由国外引入，树形优美，嫩叶白色带粉红，后转绿色带黄白色斑。是城乡绿化、美化环境的优良树种之一。

雷公橘 *Capparis membranifolia*

　　灌木或攀缘状灌木。叶互生，椭圆状披针形，全缘。花瓣白色，倒卵形，花丝白色，极长。果球形，黑色或紫黑色。花期1～4月，果期5～8月。

　　产我国广东、广西、海南、贵州南部、云南东南部。可作园林绿化和庭院美化。

象腿树 *Moringa drouhardii*

半落叶乔木。树皮厚，表皮浅灰色，树干挺拔粗壮、近圆柱形，宛如粗壮的象腿，木质疏松而多汁。羽状复叶互生，小叶椭圆形、纸质，8～10对。圆锥花序腋生，花瓣5，黄色、微香。花期8～9月。蒴果翌年3月成熟。

原产非洲马达加斯加南部低海拔地区，中国广东、福建、海南等地均有引种栽培。优良的园林观赏植物。

腺草莓树 *Arbutus glandulosa*

常绿小乔木。枝粗壮，红褐色。枝上叶痕突起，近椭圆形。叶革质，互生，有锯齿。花白色，钟形。果球形。花期9～12月，翌年秋季果熟。

原产中南美洲。喜温暖气候及腐殖质丰富、排水良好的土壤。果鲜红可爱，形如硕果累累之杨梅，优良观果植物。可观赏栽培。

毛白杜鹃 *Rhododendron mucronatum*

半常绿灌木。多分枝，芽鳞具黏胶；枝叶及花梗均密生粗毛。单叶互生，长椭圆形，背面有黏性腺毛。花白色，雄蕊10，芳香；1～3朵簇生枝端。花期4～5月。

中国和日本栽培历史久。耐热，不耐寒，抗污染，要求阳光充足。杭州、上海、南京园林常见栽培观赏。栽培品种多。

锦绣杜鹃 *Rhododendron pulchrum*

　　半常绿灌木。枝具扁平糙伏毛。叶长椭圆形，毛较少。花大，粉紫红色，上部有紫斑，雄蕊10，长短不等，有香气；花萼较大，花梗及萼被糙伏毛；花芽之芽鳞具黏胶。花期2～4月，果期9～10月。

　　原产日本，为天然杂种。花明艳美丽，品种众多。欧洲庭园多栽培，我国各大城市常盆栽或庭院栽培观赏。

杜鹃花 （映山红） *Rhododendron simsii*

　　落叶或半常绿灌木。枝叶及花梗均密被黄褐色糙伏毛。叶长椭圆形。花深红色，具紫斑，雄蕊7～10；花2～6朵簇生枝端。花期4～6月，果期8～10月。

　　产我国长江流域及其以南山地。喜半阴，喜温暖湿润及酸性土，不耐寒。花期时鲜艳夺目。在产区可布置园林或点缀风景区，也可盆栽观赏；华北地区盆栽、温室越冬。栽培品种较多。

常绿灌木。小枝多沟棱。叶集生枝端，倒披针形，中上部有细齿，硬革质，有光泽。总状花序，簇生枝顶，花冠下垂，卵状坛形，白色。蒴果近球形，室背5瓣裂。花期3～4月。

产我国福建、台湾、江浙地区及日本。喜半阴，不耐寒。幼叶褐红色，可植于庭园观赏。叶有剧毒，可煎汁作土农药杀虫。有银边'Variegata'、金边'Aureo-variegata'和粉花'Rosea'等品种。

人心果 *Manilkara zapota* 山榄科铁线子属

常绿乔木。树冠圆枝叶繁密。叶片坚硬有光泽，螺旋状聚生枝顶，卵状椭圆形。花1～2朵腋生；花萼裂片2轮，花冠白色，钟形，花冠裂片6。浆果椭圆形，棕褐色。花期4～9月，果期11月至翌年5月。

产中美洲、哥伦比亚和墨西哥等地。喜温暖潮湿气候。我国华南有观赏栽培。果肉黄褐色，可食，味甜可口，是著名果树之一。

蛋黄果 *Pouteria campechiana*

常绿小乔木。小枝被褐色短绒毛。叶片硬，长椭圆形。花冠圆筒形，外面被黄白色细绒毛。外果皮薄，中果皮肉质，肥厚，黄色。花期春季，果期秋季。

原产古巴和北美洲热带。喜温暖多湿气候，耐短期高温及寒冷。可庭院观赏栽培，果可食，味如蛋黄，故名蛋黄果。是著名果树之一。

金星果 （星苹果） *Chrysophyllum cainito*

常绿乔木。高可达5～6m；小枝被锈色绢毛或无。叶互生，坚纸质，长圆形，叶柄上面具沟槽，被毛。花簇生叶腋；花冠黄白色，裂片5，卵圆形，花萼被锈色绢毛。果倒卵状球形，熟时紫灰色，无毛。花期8月，果期10月。

原产加勒比海地区；我国广东、海南和云南西双版纳有少量栽培。热带果树。

神秘果 *Synsepalum dulcificum*

常绿灌木。单叶互生，倒卵形，革质。花单生或簇生叶腋，白色。果熟时鲜红色。2～8月开花，一年3次盛花期，4～11月果熟。

原产西非、加纳和刚果一带。果酸，含神秘果蛋白，食用30分钟内再吃酸味食品后会感觉甜，故名神秘果。叶可代茶，树形美观，也可作盆景，是有趣的观赏植物。

法国柿 *Diospyros argentea*

常绿乔木。树冠伞形。枝条被毛。叶片革质，长椭圆形，下面被锈色毛，全缘。浆果扁球形，果皮红色，不易剥离，表面被细毛。果期冬季。

原产马来西亚、新加坡等地。热带水果，可食用。

异色柿（菲律宾柿/毛柿）*Diospyros philippinensis / Diospyros discolor*

常绿乔木。芽被绢毛。叶互生，革质，长圆形，深绿色，光亮，叶背具小腺体。花雌雄异株，黄白色，芳香，雄花序腋生，雌花单生，花瓣常4。果扁球形，密被锈色毛，熟时红色或桃红色，宿存花萼密被毛。花期3~5月，果期9月。

我国台湾特产，菲律宾等热带地区有栽培。常作果树栽培。果实可食，圆润可爱，亦可庭院观赏。

朱砂根 *Ardisia crenata*

常绿灌木。有根状茎，全株无毛。单叶互生，长椭圆形，边缘皱波状或具齿。顶生花序伞形或聚伞状，花白色，花瓣5，芳香。核果球形，亮红色。花期5～6月，果期10月至翌年4月。

产我国长江以南，日本、南亚及东南亚有分布。忌日光直射，喜排水良好、富含腐殖质的湿润土壤，不耐寒。果期长，叶绿果红，可庭园观赏或盆栽作年宵花。

春不老 （东方紫金牛） *Ardisia squamulosa*

常绿灌木。叶互生，略肉质，倒披针形，深绿色，叶柄紫红。伞形花序腋生；花粉红色至白色，花瓣具黑点。果红色至紫黑色。花期3～5月。

产我国台湾及东南亚地区。本种叶、果兼美，耐修剪，可作绿篱、地被或观果。

'花叶' 紫金牛 *Ardisia japonica* 'Variegata'

紫金牛园艺品种。常绿小灌木。紫金牛叶绿色，本品种叶缘有不规则黄色斑纹。叶常集生茎端，椭圆形。花小，白色或粉红色；伞形总状花序。核果球形，熟时红色。花期5~6月，果期11~12月，但可延至翌年年春季。

原种产我国中部、东部及日本。北方可温室盆栽作年宵花卉，南方可露天观赏。

走马胎 *Ardisia gigantefolia*

常绿大灌木。叶片大，簇生茎顶，倒卵状披针形；叶柄具波状窄翅。圆锥花序顶生，花瓣白色或粉红色。果红色。花期4~6月，果期11~12月。

产我国华南地区，越南也有分布。可作园林绿化，观果。民间常用于治疗跌打损伤。

珍珠伞 *Ardisia maculosa*

常绿灌木。高1~2m。叶互生，坚纸质，长椭圆形，叶缘具钝齿。聚伞花序顶生枝端；花瓣5，白色或粉红色。果球形，红色或带黑色。花期5~6月，果期12月至翌年3月。

产我国云南地区，越南也有分布。红果鲜艳可观，可庭院观赏或盆栽。

杜茎山 *Maesa japonica*

常绿灌木。叶互生，近革质，叶形长短、宽窄变化较大，全缘。总状花序腋生；小苞片阔卵形；花冠淡黄色，长钟形。果球形，花萼宿存，将全果包住，仅露出顶端。花期1～3月，果期10月或5月。

产我国西南部，日本及越南也有分布。适应性强，四季常青，叶光亮，耐修剪，是优良的林下地被。

海桐 *Pittosporum tobira*

常绿灌木。叶聚生于枝顶，倒卵状披针形，革质有光泽，全缘，叶缘略反卷。伞房花序，花瓣5，离生，先白后黄，芳香。蒴果圆球形，3裂，种子红色。花期5月；果期10月。

分布于我国长江流域及以南地区，亦见于日本及朝鲜。喜温暖湿润，不耐寒，耐修剪。枝叶茂密，养护容易。多作建筑物基础绿化、造型或绿篱。

'斑叶'海桐 *Pittosporum tobira* 'Variegata'

海桐品种。叶灰绿色，有不规则黄白色斑。花白色，芳香。果实成熟后呈棕色。习性及园林应用同海桐。

'花叶' 兰屿海桐 *Pittosporum molucanum* 'Variegated Leaves'

常绿大灌木。叶长卵形，缘有大的钝锯齿或浅锯齿，节间短。花瓣厚，淡黄绿色，基部紫红色，苞片宽卵形，花萼宽钟状。原产地花期1～3月，9～12月。

原产澳大利亚诺福克岛，濒危。可作绿篱，在我国南方地区可作为观赏植物。

'华美' 八宝景天 *Sedum spectabile* 'Brilliant'

八宝景天品种。多年生草本。茎叶肉质，叶对生或3叶轮生，卵形，波状浅齿或全缘。花序伞房状，花密生，原种小花粉红色，本品种花色深粉红。花期夏季。

原产我国安徽、陕西、山东和东北地区。株形直立紧凑，喜光，耐旱，花期长，易养护，是优良的花境、地被植物。

'黑法师' *Aeonium* 'Zwartkop'

莲花掌栽培品种。直立小灌木。多分枝。叶肉质，黑紫色，冬季绿紫色，枝顶莲座状集生。叶片倒长卵形，具小凸尖，缘有白色睫毛状细齿。总状花序，花黄色，花后植株通常枯死。

原种原产摩洛哥。盆栽观赏，也常用于专类园。

胧月 *Graptopetalum paraguayense*

景天科风车莲属

多年生常绿亚灌木。茎匍匐或下垂，基部常分枝。叶无柄、肥厚，枝顶簇生成莲座状；灰蓝色或灰绿色，阳光充足时呈色更明显。花冠5裂，乳白色，具放射状排列的紫红色斑点，花药鲜红色。花期3～4月。

原产墨西哥。常盆栽观赏、布置专类园等。

青锁龙 *Crassula muscosa*

景天科青锁龙属

亚灌木，丛生状。茎细弱多分枝，直立向上生长。叶色鲜绿，鳞状三角形，密集排成4列。小花腋生，黄白色。春、夏开花，花期较长。

原产南非和纳米比亚。我国各地均有盆栽，华北地区需温室过冬。

燕子掌 *Crassula ovata*

景天科青锁龙属

直立灌木。茎粗壮、肉质，多分枝，具棕色水平条纹。叶对生，倒卵形，顶端有短尖。具短柄。聚伞花序顶生；花瓣5，粉红色或白色。

分布于非洲南部地区，我国有引种栽培。栽培容易，适于盆栽。

石莲花 *Echeveria secunda*

景天科石莲花属

多年生肉质草本或亚灌木。植株莲座状，叶被白粉。总状聚伞花序自叶丛中抽出，花淡红色。蓇葖果，花期6～8月。

原产墨西哥。喜温暖干燥、阳光充足之处。耐干旱、不耐寒，稍耐半阴。盆栽观赏。

多年生草本。叶长圆形，叶缘锯齿处可生芽，芽落地即成一新植株。圆锥花序，花萼圆柱形似灯笼，浅棕黄色具紫红色条纹；花冠高脚碟形，先端4裂，淡红色或紫红色。蓇葖果包于花萼及花冠内。花期1～3月。

原产非洲，我国华南有栽培。灯笼状的花萼观赏期较长，玲珑可爱；可片植于草地边缘、林缘、小径观赏，也可室内盆栽。

'大花' 圆锥八仙花 *Hydrangea paniculata* 'Grandiflora'

圆锥八仙花品种，落叶灌木。叶对生，椭圆形，密生小锯齿，背面脉上有毛。圆锥花序全部或大部分为不育花组成，花瓣、萼片4枚，白色渐变浅粉红色。花期8～9月，单花期长。

产我国西北、东北至华东，日本有分布。欧美各地也常植于庭园观赏。秋叶红，优良的庭院观赏灌木。

八仙花（紫阳花）*Hydrangea macrophylla*

落叶灌木。小枝粗壮，皮孔明显。叶大而有光泽，倒卵形至椭圆形，缘有粗锯齿，无毛或仅背脉有毛。顶生伞房花序近球形，几乎全部是大型不育花。花期6～7月。

我国长江流域至华南各地常见栽培。喜阴，喜温暖，不耐寒，喜肥沃湿润而排水良好的酸性土，萌蘖力强，对二氧化硫等有毒气体抗性较强。我国南方庭园可露地栽培，北方盆栽于温室越冬。

'花叶'八仙花（'银边'八仙花）*Hydrangea macrophylla* 'Maculata'

栽培品种。叶较小，边缘白色。习性及应用同八仙花。

冠盖绣球（蔓性八仙花）*Hydrangea anomala*

木质藤本。小枝粗壮，淡灰褐色，老茎片状剥落。叶对生。伞房状聚伞花序较大，初时密被短柔毛，果期时直径可达30cm，花白色。蒴果。花期5～6月，果期9～10月。

分布于我国大部分地区，印度、尼泊尔等地也有分布。喜温暖湿润和半阴环境，忌烈日晒。花期时，满树白花，如积雪压树。适宜光线较差的庭院，理想的垂直绿化植物。有一定药用价值。

　　落叶灌木。枝中空。单叶对生，卵圆形，密布星状毛。圆锥花序顶生，被星状毛；花瓣5，白色。蒴果球形。花期4～6月。

　　原产日本；我国华东、华北地区有栽培。花色洁白，小花繁密，耐阴，不耐积水，适宜庭院栽培观赏。

'斑叶'溲疏 *Deutzia scabra* 'Variegata'　　　　　　　　　　虎耳草科溲疏属

　　溲疏品种。叶片有奶油色斑纹。习性及应用同溲疏。

落叶灌木。叶对生，长椭圆形，缘有锯齿。伞房状圆锥花序顶生，花瓣5，白色或蓝色。浆果蓝色。花期6月；果期7～8月。

产我国长江以南广大地区；印度、东南亚及琉球群岛也有分布。果蓝色美丽，宜植于庭园观赏。

滇鼠刺 *Itea yunnanensis*　　　　　　　　　　　　　　　　　　　　　　　　虎耳草科鼠刺属

灌木或小乔木。幼枝具纵条纹；老枝深褐色，无毛。单叶互生，薄革质，卵形或椭圆形。顶生总状花序，俯弯至下垂，长达20cm；苞片钻形；花多数，常3枚簇生，萼筒浅杯状；花瓣淡绿色，线状披针形。蒴果锥状，无毛。花果期5～12月。

产我国西南地区。多为野生，可植于园林。除观赏外，树皮含鞣质，可制栲胶。

腺叶野樱 （腺叶桂樱） *Prunus phaeostica/Lauro-cerasus phseostica*

常绿乔木。小枝暗紫褐色。托叶早落，单叶互生，叶片近革质，狭长圆形或长圆状披针形，全缘，正面亮，背面散生黑色腺点，基部近叶缘处有2枚腺体。总状花序比叶片短，腋生，花白色。核果紫黑色，光滑。花期4～5月，果期7～10月。

产我国福建、台湾、广东、广西、云南、贵州等地，东南亚也有。可庭院观赏。

李 *Prunus salicina*

常绿小乔木。小枝暗紫褐色。叶片狭长圆形，缘有锯齿。花常3朵并生或簇生，花瓣5，白色。核果球形，熟时紫红等色。花期4～5月，叶前开花，果期7～10月。

原产我国福建、台湾、广东、广西、云南、贵州、四川和东南亚等地。传统水果，果色和风味各异，春季满树白花，繁盛如雪，可庭院观赏。

落叶小乔木。冬芽被毛。叶长椭圆状披针形，缘有细锯齿；叶柄具腺体。花粉红色或白色，单瓣或重瓣，萼被毛；春季花叶同放。核果，表面被毛。

原产我国，传统水果。喜光耐旱，不耐水湿；寿命短。我国百姓喜闻乐见的观赏树种，观赏品种多，可布置专类园及各类绿地。

落叶小乔木。小枝细长，绿色光滑。叶卵形或椭圆状卵形，先端尾尖或渐尖，锯齿细。花粉红、白等色，近无梗，芳香。核果熟时黄色，果核有蜂窝状小孔。早春叶前开花。

原产我国西南。喜光，喜温暖湿润气候，耐寒性不强，较耐干旱，不耐涝；寿命长。长江流域及以南多露地栽植，北方多盆栽，保护地越冬。我国传统名花。作果树栽培的通常称果梅，作观赏则称梅花。

　　樱花垂枝品种。落叶乔木。树皮光滑，有二唇形横皮孔，本品种小枝下垂。叶卵状椭圆形，锯齿刺芒状。花淡粉红色，无香，短总状花序。核果黑色。早春叶前开花。

　　原种产东亚。早春时，'垂枝'樱细长下垂的枝条缀满粉色花朵，随风轻摆，深受喜爱。喜光，耐寒、抗旱，对烟尘及有害气体抗性较弱。美丽的庭园观花树种，园林应用广泛。

石楠 *Photinia serrulata*

蔷薇科石楠属

　　常绿小乔木或灌木。全体无毛。单叶互生，革质有光泽，长椭圆形，缘有细锯齿。复伞房花序顶生，花小，花瓣5，白色。梨果近球形，红色。4～5月开花，10月果熟。

　　产我国华东、中南及西南地区，日本、印度尼西亚也有分布。稍耐阴，喜温暖湿润，耐干旱瘠薄，不耐水湿。叶、花、果可赏，对有毒气体抗性较强，是优良的园林绿化树种。实生苗可作砧木嫁接枇杷。

'红叶'石楠 *Photinia × fraseri 'Red Robin'*

石楠属内种间杂交后代。常绿大灌木；株型紧凑。新叶鲜红且保持时间长。

我国长江流域普遍栽培，极具观赏性。适应性强，耐修剪，是长江流域常用的红叶树种之一，园林应用广泛。

枇杷 *Eriobotrya japonica*

常绿小乔木。冬芽有毛，小枝粗壮。单叶互生，长椭圆披针形，厚革质，表面皱，缘有疏锯齿，叶背密生灰棕色毛。圆锥花序顶生，花白色，有锈色毛。核果熟时橙色，被毛，后脱落。花期10~12月，翌年5~6月果熟。

我国传统水果。喜光，较耐旱，不耐水湿，寿命短。我国长江流域栽培，可布置专类园及各类绿地。

台湾枇杷 *Eriobotrya deflexa*

常绿乔木。小枝粗壮。叶集生，长圆形，疏生钝齿；初时叶两面具毛，后脱落。圆锥花序顶生，花白色，无毛。果黄红色，无毛。花期5~6月，果期6~8月。

产我国广东、台湾。果味甘美，也可栽培观赏。

勃凯利悬钩子 *Rubus barkeri*

常绿匍匐灌木，紧密垫状。高约0.1m。三出复叶互生，小叶长椭圆形，锯齿尖，叶背中脉具刺；叶紫红色或中绿色，入冬后叶几乎变成紫红色。花粉色，花瓣5。

东亚特有。全光或半阴均可，喜排水良好、腐殖质丰富的土壤。生长快，能很快覆盖地面，抑制杂草生长。耐受干燥、多风的环境。宜作园林地被。

平枝栒子 （铺地蜈蚣） *Cotoneaster horizontalis*

半常绿匍匐灌木。枝近水平开展，二列状，小枝被毛。叶近圆形或倒卵形，全缘，叶柄和背面被毛。花瓣5，白色或粉红色。果鲜红色，常3核。花期5～6月，果期10月，挂果期长。

产我国湖北西部和四川山地。喜光，耐干旱瘠薄，适应性强。结实繁多，入秋红果累累，经冬不落，极为美观。宜作基础种植及布置岩石园，也可植于斜坡、路边、假山旁。

常绿灌木，有枝刺。叶倒卵状长椭圆形，先端圆或微凹，锯齿疏钝，基部全缘，两面无毛。复伞房花序，花瓣5，花小而白。果红色，扁球形。花期4～5月，果可宿存过冬。

产我国长江流域及西南地区。喜光，不耐寒。本种白花繁密，入秋果红如火，冬季仍可观。园林绿地中丛植、篱植、孤植皆宜。果可酿酒或代食，又名"救军粮"。

常绿灌木。树皮光滑，密被皮孔。叶互生，卵状椭圆形，全缘，背面被毛。顶生复伞房花序，花瓣5，白色；花多而密集。果黑褐色，圆柱形，突出于红色肉质萼筒。花期4～5月，果期8～11月。

我国特有植物，产云南和四川西南部。春天满树白花，秋天红果累累，可作园林绿化及观赏树种。

常绿灌木。幼枝初被褐色绒毛。单叶互生，卵形或长圆形，具细钝锯齿，叶被网脉极明显。顶生圆锥花序或总状花序，花序梗和小花梗均被锈色绒毛，花瓣5，白色或淡红色。果球形，紫黑色。花期4月，果期7～8月。

产亚洲热带和亚热带地区；我国长江以南有分布。待开发和推广的园林观赏树种。

厚叶石斑木（车轮梅） *Rhaphiolepis umbellata*

常绿灌木。叶集生枝端，厚革质，长椭圆形，叶背网状脉不明显。圆锥花序顶生；花白色。果球形，黑紫色带白霜。花期4月，果期7～8月。

我国浙江和日本有分布。花果皆可观，适宜在公共绿地种植。

南洋楹 *Albizia falcataria*

常绿大乔木。树干通直。嫩枝圆柱状或微有棱，被柔毛。二回偶数羽状复叶互生，小叶6～26对，菱状长圆形，中脉偏于上缘。腋生圆锥花序；花丝突出花冠外，花瓣5，较小。初白色，后变黄色。荚果带形，熟时开裂。花期4～7月。

原产马六甲及印度尼西亚，我国福建和广东、广西有栽培。喜温暖湿润气候。冠大如伞，生长迅速，多植为庭园树和行道树。

阔叶合欢（阔荚合欢） *Albizia lebbeck*

落叶乔木。高达20m；小枝淡黄绿色。二回偶数羽状复叶，羽片2～4对，羽片上小叶4～8对，叶片长椭圆形，基部歪斜，中脉微偏于上缘。头状花序，小花有梗，花丝白色或淡绿黄色，突出花冠外。荚果扁平，较宽，干时黄色，光亮无毛，宿存于树上经久不落。花期5～7月，果期8～9月。

原产热带非洲，现热带地区广泛栽培。喜光，喜暖热气候，生长快。枝叶茂密，花色淡雅，华南地区常栽作庭荫树及行道树。

山合欢 *Albizia kalkora / Albizia macrophylla*

落叶乔木。高达15m；小枝被短柔毛，皮孔显著。二回偶数羽状复叶，羽片2～4（6）对；小叶矩圆形，中脉明显偏上缘，两面密被柔毛。头状花序排成伞房状生于枝顶，花梗明显，花丝黄白色或淡粉色。荚果带状。5～6月开花，果期8～10月。

产我国黄河流域至长江以南地区。喜光，喜温暖湿热气候及肥沃、湿润土壤，也耐干旱瘠薄；生长快，萌芽力强，枝叶婆娑，是良好的园林绿化树种。

雨树 *Samanea saman*

落叶大乔木。树冠极广展，干皮开裂成薄片状。幼枝被短绒毛。二回羽状复叶互生，总叶柄长；小叶斜长圆形，下面被短毛。头状花序腋生或簇生枝顶，花似合欢花，粉红色的花丝细长。荚果扁平、长圆形。花期夏至秋季。

原产热带美洲。喜光、喜湿热、耐旱、耐瘠薄且速生，树冠开展，花色亮丽，是理想的庭荫树及行道树，因枝叶吐水，常落水滴，得名"雨树"。

台湾相思 *Acacia confuse*

常绿乔木。枝灰色或褐色，小枝纤细。叶状柄革质，披针形。头状花序球形，单生或簇生叶腋，金黄色，有微香。荚果扁平带状。花果期3～12月。

产我国台湾。喜光，耐干燥瘠薄，抗风且生长快。树冠苍翠，为优良的遮阴树、防风树和护坡树，也是荒山造林及水土保持和沿海防护林、风景林的重要树种。

马占相思 *Acacia magnium*

常绿乔木。树皮粗糙，主干通直。小枝有棱。叶状柄椭圆形，较大，具4条纵向平行脉。腋生穗状花序下垂，花淡黄白色。荚果扭曲。花期10月。

产澳大利亚、印度尼西亚等地。喜光，喜温暖湿润气候，耐贫瘠土壤；不耐寒。树形优美，叶（即叶状柄）大荫浓，生长较快，是优良的行道树和公路绿化树种，也是荒山绿化、水土保持、防风固沙和薪炭林树种。

银荆 （鱼骨松） *Acacia dealbata*

常绿乔木。树皮银灰色，小枝被绒毛。二回羽状复叶互生，银灰色或淡绿色，羽片8～20对，总叶轴上每对羽片间有1腺体；小叶极小，线形，30～40对，被银灰色毛。头状花序，花黄色，芳香，排成总状或圆锥状。荚果无毛常被白霜，棕色或黑色。花期1～4月，果期7～8月。

原产澳大利亚，我国云南、贵州、四川、广西东南沿海及台湾等地有栽培。喜光，不耐寒；生长快，易萌蘖。花如金黄色绒球，可观赏或作切叶栽培。可荒山造林、绿化美化，也是优质鞣料树种。

银叶金合欢 （珍珠相思） *Acacia podalyriifolia*

常绿灌木或小乔木，高可达6m。树皮灰绿色，平滑。幼时叶片为羽状复叶，成年后叶片退化。叶状柄椭圆形，灰绿色至银白色。总状花序，花黄色、芳香。果扁平或扭曲。花期1～3月。

原产澳大利亚，现广布热带地区。喜光，排水不良处宜减少灌溉，我国华南地区栽培观赏。树形美观，耐修剪，早春金黄色的球形花芬芳艳丽，在银灰色的叶状柄映衬下分外夺目，街道、庭院和水边均可种植。木材坚硬，可制作贵重器材；根及荚果可作染料；花可提香精。

银合欢 *Leucaena leucocephala*

常绿小乔木。高达8m。二回偶数羽状复叶互生，总叶柄常具腺体；小叶狭椭圆形，中脉偏向上缘。头状花序腋生；花瓣白色，雄蕊显著伸出花冠。荚果薄，带状。花期4～7月，果期8～10月。

原产热带美洲，我国华南各地有栽培或逸为野生。喜光，喜暖热气候，耐干旱贫瘠；主根深，抗风力强，萌芽力强，是华南地区良好的荒山造林树种；也可植于园林绿地观赏。

猴耳环 （围涎树） *Archidendron clypearium*

落叶乔木。枝条及总叶柄具棱，被毛。二回羽状复叶互生；小叶对生，革质，斜菱形。总状或圆锥花序，花小，白色或黄色，有香味，花萼及花冠被褐色毛。荚果鲜红色，有光泽，狭长圆形，环状扭曲。种子黑色，近圆形。花期2～6月，果期4～8月。

产亚洲东部，我国华南及台湾也有分布。喜温暖湿润气候，喜光，稍耐阴。优良用材树种，可作观果的园景树，种子可作装饰品。

海红豆 *Adenanthera pavonina* var. *microsperma*

落叶乔木。嫩枝被微柔毛。二回羽状复叶互生，小叶互生，长圆形，被微柔毛。总状花序长穗状或在顶枝排成圆锥花序，花萼及花梗被毛，花小，白色或黄色，微香。荚果狭长圆形，扭曲。种子近圆形，鲜红色有光泽。花期4~7月，果期7~10月。

产亚洲东部，我国华南及台湾也有分布。喜温暖湿润气候，喜光，稍耐阴。优良用材树种，可栽培观赏，种子可作装饰品。

常绿乔木。枝常拱形弯垂，小枝具托叶刺。羽状复叶仅1对小叶，叶柄被毛。窄圆锥花序；花冠白色或淡黄色，密被毛。荚果线形，膨胀旋卷，暗红色。花期3月，果期7月。

原产中美洲，我国台湾、广东、广西等地有栽培。小叶形似牛蹄，可庭院栽培观赏。

'斑叶'牛蹄豆 （'斑叶'金龟树） *Pithecellobium dulce* 'Variegatum'

牛蹄豆栽培品种。叶片有黄白色不规则斑块，习性及园林应用同牛蹄豆。

落叶灌木。二回偶数羽状复叶互生，第一回羽片1～2对，小叶斜卵状披针形，顶生1对最大，嫩叶红褐色。头状花序，花瓣小，花丝长，突出花冠，基部白色，渐向顶端变深红色。果狭长倒披针形。花期近全年。

原产南美玻利维亚等热带地区，我国台湾、广东和福建等地有观赏栽培。喜光，不耐寒，喜酸性土。红色花丝集生成绒球状，十分美丽，宜庭园观赏。木质坚硬，可作农具。

红粉扑花 *Calliandra tergemina var. emarginata*

半常绿灌木。二回羽状复叶互生，第一回羽片仅1对，小叶共4～6枚；托叶长三角形。腋生头状花序，花瓣小，花丝多而长，上半部玫瑰红色，下半部白色。荚果扁平，边缘增厚。花期特长，几乎全年开花。

原产热带亚热带。喜肥沃疏松的砂壤土。粉红色花序虽不及朱缨花浓密，但也十分美丽，宜庭园观赏。

含羞树 （大含羞草） *Mimosa pigra*

亚灌木。枝叶广展，枝条具刺。二回羽状复叶，小叶细小，触之下垂、闭合，稍后恢复。头状花序球形，花小，淡粉红色，排列紧密。春夏季鲜花满枝，随后荚果累累，荚果密被刺毛。花果期3～12月。

原产美洲，后引入我国台湾。生境不受条件限制，适应性强，耐水湿，可生长于江河滩涂、沟渠砂砾地、田边地头、公路沿边。全草供药用，有安神镇静的功能。

常绿木质大藤本。茎扭旋，无毛。二回羽状复叶互生。穗状花序单生或圆锥花序状，被疏柔毛；花密集细小，白色，略有香味。木质荚果长达1m，宽8～12cm，弯曲扁平，成熟时逐节脱落，每节内有1种子，种子扁平暗褐色，具网纹。花期3～6月，果期8～11月。

产我国福建、台湾、广东、广西等地；东半球热带地区广布。体量大，可攀缘于大乔木，藤极长，荚果巨大，非常适合布置雨林景观。

湖北紫荆 （巨紫荆/云南紫荆） *Cercis glabra*

落叶乔木。高达6~10m。单叶互生，心形或卵圆形，较大。短总状花序，花淡紫红色。荚果紫红色，基部常圆钝，背缝线长于腹缝线。3~4月叶前开花。

产我国东部、中部至西南部。杭州、南京等地有栽培。喜光，耐干旱；萌芽力强，耐修剪。嫩叶、花、果都为紫色，观赏期长，是优美的观赏树种。

'紫叶' 加拿大紫荆 *Cercis canadensis* 'Forst Pansy'

加拿大紫荆品种。落叶丛生大灌木。高可达12m。叶互生，本品种叶紫红色，广卵形至卵圆形，基部心形。花淡玫瑰红色，4~6朵簇生。花期4~5月，先叶开放，果7~8月成熟。

原产加拿大南部及美国东部。花繁茂，叶色美丽，是优良的庭园树种。丛植或列植均适宜。

红花羊蹄甲 *Bauhinia × blakeana*

常绿小乔木。叶革质，近圆形，先端2裂，深达叶长1/4～1/3。总状花序，花大，花瓣5，径达15cm，花瓣红紫色，有香气。花期11月至翌年3月或全年开花，春秋季最盛，不结实。

该种（杂种）最早在广州发现。喜温暖湿润、多雨的气候，喜光。花大，紫红色，终年常绿繁茂，整个冬季满树红花，灿烂夺目，为我国香港特别行政区区花，俗称"洋紫荆"。可作庭园观赏树及庭荫树，也可作水边堤岸绿化树种。

洋紫荆（宫粉羊蹄甲）*Bauhinia variegata*

落叶乔木。树皮暗褐色，近光滑；枝略"之"字形曲折，无毛。叶近革质，宽大于长，先端裂片深达叶长1/4～1/3。花大，花瓣倒卵形，具瓣柄，紫红色或淡红色，杂以黄绿色及暗紫色的斑纹；发育雄蕊5（6）。几乎全年开花，春季最盛。

产我国华南、福建和云南，印度、越南也有分布。喜光，要求排水良好的土壤，病虫害少；栽培容易。花略有香味，花期长，为良好的观赏及蜜源植物。

'白花'洋紫荆 *Bauhinia variegata* 'Candida'

洋紫荆品种，花白色或浅粉色，喉部有淡绿色晕，发育雄蕊3（5）。花期3月。习性及园林应用同洋紫荆。

羊蹄甲 *Bauhinia purpurea*

常绿乔木或直立灌木。树皮厚，近光滑，灰色至暗褐色。叶长略大于宽，先端裂片深达叶长1/3~1/2。总状或伞房花序，少花；花萼佛焰苞状，一侧开裂达基部，裂片外翻，花瓣窄，倒披针形，桃红色或白色，发育雄蕊3~4。花期9~10月，果期2~3月。

产亚洲南部。喜阳光和温暖、潮湿环境，不耐寒、不耐旱。广泛栽培于庭园供观赏及作行道树。

黄花羊蹄甲 *Bauhinia tomentosa*

落叶灌木。高2~2.5m。叶互生，2裂，裂片深达叶长2/5，裂片先端圆。花下垂，1~3朵腋生；花瓣淡黄色，上方花瓣基部有橙斑，发育雄蕊10，不等长。浆果带形，扁平。花果期秋至初冬。

原产印度，世界热带地区及我国华南有栽培。喜光，耐半阴，喜高温多湿气候，不耐寒。为美丽的观赏树种，原产地可全年开花，宜植于庭园观赏。

嘉氏羊蹄甲 （橙红羊蹄甲） *Bauhinia galpinii*

常绿蔓性灌木。叶肾形至广卵形，2裂，裂片浅，背面密被柔毛。伞房花序，簇生于老枝；小花6~10朵；花瓣砖红色或橙红色，爪长，具发育雄蕊2~3；花常先叶开放，嫩枝及幼株上的花与叶同时开放。花期4~11月，果期7~12月。

原产热带非洲。喜光，喜高温，耐干旱瘠薄，不耐寒。生长缓慢。花色鲜艳美丽，适于庭院或盆栽观赏。

马蹄豆 （'白花'羊蹄甲） *Bauhinia acuminata*

常绿灌木。幼枝明显有毛。叶2裂，裂深不足一半，裂片先端较尖。总状花序，花白色，花瓣5，倒卵状椭圆形，发育雄蕊10，花药黄色。荚果。花期5~7月。

产我国福建、广东、广西及云南；东南亚有分布。喜光，喜高温多湿气候，不耐寒。花洁白素雅，株高40~60cm时即可开花。庭园或盆栽观赏。

美丽山扁豆 （美丽决明） *Cassia spectabilis/ Senna spectabilis*

常绿小乔木。嫩枝、叶轴、叶柄、小叶和花梗密被黄褐色绒毛；叶柄无腺体。偶数羽状复叶互生，小叶对生。顶生或腋生总状花序长可达60cm，花黄色，花瓣具明显脉纹。荚果长圆筒形，表面无毛。花期3~4月，果期7~9月。

原产美洲热带地区。喜光，适宜高温高湿之处。树冠开展，花色灿烂，鲜艳夺目，适宜孤植或群植、装饰林缘；是优良的园林观赏树种。

常绿小乔木或灌木。树皮光滑，嫩枝被微柔毛。偶数羽状复叶互生，小叶全缘，长椭圆形，下面疏被长毛；叶轴及叶柄有棒状腺体。总状花序腋生，花瓣黄色至深黄色。荚果扁平，带状，顶端具喙。花果期几全年。

原产印度、斯里兰卡等地，世界各地均有栽培。中性偏阳，喜光。树形优美，开花时满树黄花，可作行道树、孤植树和绿篱等。华南各地常见园林风景树。

'金边'黄槐 *Cassia surattensis* 'Golden Edged'　　　　　　　　苏木科决明属

黄槐品种。叶片边缘金黄色。习性及园林应用同黄槐。

腊肠树 *Cassia fistula*

落叶乔木。枝细长。偶数羽状复叶互生，小叶宽卵形。总状花序长，疏散，下垂；花瓣黄色，倒卵形，近等大，萼片开花时反折。荚果圆柱形，熟时黑褐色。花期6~8月，果期10月。

原产印度、缅甸和斯里兰卡，华南和西南各地有栽培。喜光，喜温暖气候。初夏开花，满树金黄，秋日果荚形如腊肠，为珍奇观赏树，可作行道树、园景树。

铁刀木 *Cassia siamea*

常绿乔木。树皮灰色，近光滑。嫩枝具棱，疏被毛。偶数羽状复叶互生，小叶革质，长圆形。伞房花序腋生，排成总状花序状，花黄色。荚果扁平，被毛。花期10~11月，果期12月至翌年1月。

原产印度、缅甸等地。阳性植物，需强光。铁刀木在我国栽培历史悠久，是优良园林树种，可用作园景树、行道树、庭荫树，还可作防护林。木质坚硬，还是上等家具原料。

粉花山扁豆 （节荚腊肠树 / 节果决明） *Cassia javanica* subsp. *nodosa*

常绿乔木。小枝纤细，下垂。偶数羽状复叶，叶轴和叶柄被丝状毛；小叶长圆状椭圆形，顶端微凹，两面被疏毛。伞房状总状花序腋生，花瓣粉红色，长卵形，花淡香。荚果圆筒形，有明显环状节。花期5～6月。

分布于夏威夷群岛。喜阳光充足。花色粉红，美艳而清香，冬春季挂果累累，形如腊肠，可作园景树、行道树，也是家具用材。

翅荚决明 *Cassia alata*

常绿灌木或小乔木。偶数羽状复叶互生，叶轴和叶柄具狭翅，三角形托叶宿存；小叶长圆形，先端有小尖头。总状花序直立，金黄色，有紫色脉纹。荚果带形，果瓣间具纵翅。花果期全年，盛花期7～9月。

原产热带美洲。枝叶翠绿，金黄色花朵排列成串，灿烂夺目，花期长，是华南优良的观花树种。叶和种子入药。

黑尖决明 （复总决明） *Cassia didymobotrys*

常绿灌木。偶数羽状复叶互生，小叶卵形至椭圆形。顶生总状花序，金黄色，上部未开之小花紫黑色。荚果扁平。花期夏季。

原产热带非洲。华南有栽培，庭院观赏。

双荚决明 *Cassia bicapsularis*

落叶或半常绿蔓性灌木。偶数羽状复叶互生，小叶3~5对，倒卵形至长圆形，叶缘具金黄色细纹，小叶间有1突起腺体。总状花序伞房状，花金黄色。荚果细圆柱形。花期9月至翌年1月。

原产热带美洲，世界热带地区广泛栽培。喜光，喜暖热气候，耐干旱瘠薄和轻盐碱土；生长快。花鲜艳繁茂，灿烂夺目，花期长，是较受欢迎的观赏树种之一。可庭园或盆栽观赏。

伞房决明 （光明决明） *Cassia corymbosa*

半常绿灌木。高达2m。偶数羽状复叶互生，小叶2~3对，卵形至卵状椭圆形，亮绿色。腋生伞房状花序多花，花黄色，径约2cm。荚果长圆柱形，花期5~7月，果期10~11月。

原产南美。喜光，不耐寒。花黄色美丽，花期长。我国西南、华南常见栽培观赏。

毛荚决明 *Cassia hirsuta*

灌木。嫩枝被黄褐色毛。偶数羽状复叶互生，卵状长圆形。总状花序生于枝顶叶腋；花黄色。荚果细扁，密被长粗毛。花期8~9月，果期12月至翌年1月。

原产美洲热带地区；我国云南引种后有逸为野生者。除园林观赏外，也常作中药材栽培。

墨水树 （洋苏木 / 采木） *Haematoxylum campechianum*

落叶小乔木。树干具深槽纹。偶数羽状复叶，小叶4～8，倒心形，先端圆或凹。总状花序狭长，小花黄色，花瓣狭倒卵形；花丝具毛，约与花瓣等长。荚果披针状长圆形，果瓣具细脉纹。花期春至夏初，果期夏秋。

产西印度群岛和中美洲，我国福建、云南有引种。喜光、喜高温多湿，不耐干旱寒冷，木材和花可提取苏木精，可庭院栽培观赏。

双翼豆 （盾柱木） *Peltophorum pterocarpum*

落叶乔木。干皮灰色、光滑。老枝皮孔黄色，幼枝、叶柄和花序被锈色毛。二回羽状复叶，羽片对生；小叶无柄，长圆状倒卵形。圆锥花序顶生或腋生，花梗与花蕾几乎等长，花黄色，芳香。荚果扁平，不开裂，具翅，紫褐色至红褐色。

产越南、印度尼西亚和大洋洲北部等地。阳性植物，喜光喜温暖。可作行道树、园景树。树皮可提炼黄色染料。因雌蕊柱呈盾形，又得名盾柱木。

凤凰木 *Delonix regia*

落叶大乔木，高可达20余米。树皮粗糙，灰褐色；树冠扁圆形，分枝多而开展。二回偶数羽状复叶互生，小叶密集，矩圆形，中脉明显，先端钝，两面被毛。伞房状总状花序顶生或腋生；花大而美丽，花瓣5，鲜红色至橙红色，具花梗。荚果长带状，稍弯，熟时黑褐色。花期6~7月，果期8~10月。

原产马达加斯加。喜高温多湿和阳光充足环境，不耐寒。树冠扁圆而开展，枝叶茂密，春夏花叶相映，如凤凰般艳丽夺目，故名。我国南方尤以厦门等地栽种颇盛。

无忧树 （中国无忧花/忘忧树） *Saraca dives*

　　常绿乔木。偶数羽状复叶互生，小叶近革质，长椭圆形，幼嫩时紫红色，下垂。伞房状圆锥花序腋生，花丝细长而突出，苞片和小苞片长于1cm，苞片远大于小苞片；无花瓣，花萼裂片4，花瓣状，橘红色或黄色，雄蕊8~10枚，1~2枚退化，花梗无关节。荚果扁，长圆形，稍弯斜。花期4~5月，果期7~10月。

　　原产我国云南及广西，越南等地也有分布。喜温暖、湿润的亚热带气候，不耐寒。花大而美丽，盛开如火焰，春季下垂的嫩枝鲜艳夺目，是十分良好的庭园绿化和观赏树种。

云南无忧花 *Saraca griffithiana*

常绿乔木。偶数羽状复叶。花序腋生，雄蕊4，苞片和小苞片近等大，约3mm，无花瓣，萼黄色，花梗有关节。

原产我国云南西部。习性及应用与无忧树类似。

厚叶无忧树（泰国无忧花）*Saraca thaipingensis*

常绿乔木，高9m。偶数羽状复叶，小叶厚，6～8对，椭圆形，幼时微红色。伞房状圆锥花序，萼片花瓣状，黄色，渐深红色，着生于老枝上。夜间芳香浓郁。荚果狭椭圆形，长约45cm。花期1～4月。本种与云南无忧花较像，但花瓣状萼片比后者小，雄蕊比后者短得多。

原产亚洲西南。喜荫蔽喜排水良好的湿润土壤；嫩叶红色，渐为绿色。本种为老茎生花类型。盛开时繁花满树，非常壮观。可列植或孤植，适用于热带花园。

中南无忧花 （印度无忧花/宝冠木）*Saraca indica*

常绿小乔木。偶数羽状复叶，幼叶下垂，黄色或粉色，成熟后绿色。圆锥花序腋生，花梗有关节，无苞片或苞片早落；萼片花瓣状，红色、橙色或黄色，雄蕊4。荚果。花期12月至翌年3月。

原产泰国、老挝等地。喜光，喜高温、湿润气候，生长适温为23～30℃。排水良好的壤土或砂质壤土为最佳，老枝开花，修剪不宜过重。幼叶色泽鲜艳，花朵别致，华南寺庙中有栽植。习性及园林应用与无忧树类似。也可作建筑材料、家具，树皮药用。

格木 *Erythrophloeum fordii*

常绿乔木。树皮不裂至微纵裂。嫩枝、芽被锈色短毛。二回羽状复叶互生，无毛；羽片常2~3对，小叶互生，卵形，基部不对称。数个穗状花序组成大型圆锥花序，花小而密，花瓣5，长于萼裂片，淡黄绿色。荚果长扁圆形，有网脉。花期5~6月，果期8~10月。

产我国广东、广西、福建、台湾，越南也有分布。喜温暖湿润气候。冠大荫浓，可作庭院及街道绿化，涵养水源和改良土壤的效果也很显著。

罗望子 （酸豆/酸角） *Tamarindus indica*

乔木。树皮暗灰色，不规则纵裂。偶数羽状复叶互生，小叶7~20余对，基部偏斜。总状花序顶生，花梗被毛，花瓣3枚发育，2枚退化，黄色或杂以紫红色条纹。荚果不规则缢缩，棕褐色，外果皮薄，中果皮肉质，可食。花期5~8月，果期12月至翌年5月。

原产非洲，现热带各地均有栽培。我国台湾、福建、广东、云南常见，栽培或逸为野生。喜温度高、日照长、气候干燥且干湿季节分明，可庭园种植观赏。果实即为著名"酸角"，常制作蜜饯等。

苏木 *Caesalpinia sappan*

常绿小乔木。高4~10m；枝有疏刺。二回羽状复叶互生，羽片7~14对，小叶矩圆形，先端微缺，基部歪斜，两面有微毛，背面有腺点。圆锥花序顶生，花瓣黄色，最上面的花瓣基部粉红色。荚果不裂，木质，红棕色，有光泽。花期5~7月。

产我国云南及东南亚；华南、西南和台湾有栽培。喜光，耐干旱。是南方干旱地区造林树种。花黄色美丽，可植于庭园观赏。

金凤花 （洋金凤） *Caesalpinia pulcherrima*

落叶灌木。二回偶数羽状复叶互生，羽片对生；小叶椭圆形。总状花序伞房状，顶生或腋生，花大，花瓣橙红色，常有黄边，具爪；花丝长，红色，极显著伸出花冠。荚果扁平，条形。花果期近全年。

原产热带美洲；世界热带地区广为栽培。喜光，喜排水良好、适度湿润而富含腐殖质的砂质壤土，不耐寒，不抗风，对空气污染抵抗力差。热带地区著名的观花树种。

金凤花品种。花瓣黄色或橙黄色。习性及园林应用同金凤花。

见血飞 *Mezoneuron cucullatum* / *Caesalpinia cucullata*　　　　　　　苏木科见血飞属

多年生木质藤本。老茎上具扁圆形木栓凸起，枝和叶轴上具黑褐色倒钩刺。二回羽状复叶，互生。圆锥花序顶生或总状花序侧生，与叶近等长；花两侧对称，花瓣5，黄色，上面1片花瓣宽而短，先端2裂，其余4片长圆形，具红色条纹。荚果扁平，椭圆状长圆形。花期11月至翌年2月，果期3～10月。

原产我国云南南部，印度、中南半岛有分布。可用于花架装饰，或植于庭院观赏。可入药。

花椆木 （毛叶红豆树） *Ormosia henryi*

　　常绿乔木。树冠圆球形，树皮青灰色，较光滑。小枝、芽及叶背密被绒毛，裸芽叠生。奇数羽状复叶互生，小叶5~9枚，革质，倒卵状长椭圆形。圆锥或总状花序，花冠黄白色。荚果扁平，种子鲜红色。花期7~8月，果期10~11月。

　　产越南及我国长江以南各地。木材坚硬、花纹美丽，珍贵的用材和庭园观赏树种。种子红色美丽，可作装饰。

鄂西红豆 *Ormosia hosiei*

　　常绿乔木。树皮灰绿色，光滑。小枝幼时有黄褐色细毛，后无毛。羽状复叶互生，小叶5~7（9），薄革质，卵状椭圆形，背面无毛。圆锥花序，花冠白色或淡紫色。荚果扁卵圆形，种子红色，种脐白色。花期4~5月，果期10~11月。

　　原产我国长江流域。喜光，长势中等，珍贵用材树种，园林应用同花椆木。种子美丽，常用于制作装饰品。

海南红豆 *Ormosia pinnata*

常绿乔木或灌木。树皮灰色或灰黑色。幼枝被柔毛，渐无。奇数羽状复叶，小叶7~9，薄革质，披针形。圆锥花序顶生，花萼钟状，被柔毛，花冠粉红色带黄白色，各花瓣均具柄。荚果光滑，熟时橙红色；种子椭圆形，红色。花期7~8月，果期9~12月。

产我国海南及广东、广西南部。喜温暖湿润、光照充足。树冠整齐圆润，枝叶婆娑，花色淡雅，果实成熟后，鲜红的种子在橙色的果荚映衬下，分外美丽，可作园景树、庭荫树。

降香黄檀 *Dalbergia odorifera*

落叶或半落叶乔木。树皮褐色或淡褐色，粗糙，枝条皮孔小、密集。羽状复叶互生，小叶互生，卵形，两面无毛。圆锥花序腋生，花冠蝶形，淡黄色或乳白色；各花瓣近等长。荚果舌状长圆形，果荚在种子处显著凸起，种子1（稀2）。花期4~6月，10~12月果实陆续成熟。

我国海南特有珍贵材用树种，国家二级保护植物。生长适温20~30℃，耐0℃低温；喜光、耐高温，较耐旱而不耐涝。果形奇特，可庭院观赏，也可室内盆栽。

印度紫檀 *Pterocarpus indicus*

　　落叶大乔木。树冠开展。羽状复叶，小叶卵状椭圆形。花冠黄色，香。荚果扁平，圆形，周围有宽翅，中间无突起。花期4～5月，果期8～9月。

　　产东南亚，我国华南和云南南部有分布。喜光，喜暖热多湿气候。耐干旱瘠薄，易移植；根系发达，抗污染。树冠广阔，生长快，但易风折；枝叶茂密，花色鲜艳且芳香，可作行道树、庭荫树及风景树。木材有玫瑰香味，是高级家具用材。

大花田菁 *Sesbauis grandiflora*

　　落叶小乔木。枝圆柱形，具明显叶痕、托叶痕。偶数羽状复叶互生，小叶矩圆形，两面密布紫褐色腺点或无，幼时被绢毛。总状花序下垂，花大，白色、粉色或玫瑰红色。荚果线形，下垂，稍弯曲。花果期8月至翌年4月。

　　产巴基斯坦、印度和毛里求斯等地，我国台湾和广东、广西有栽培，喜温暖、湿润的气候，不耐寒。美丽的庭园观赏植物，也可盆栽观赏。

常绿乔木。老枝密生灰白色小皮孔。奇数羽状复叶互生，小叶5～7对，卵形，全缘。总状花序腋生，花冠白色或粉红色，花萼密被锈色毛。荚果近圆形、扁平，厚革质。花期5～6月，果期8～10月。

产我国福建和广东沿海、海南，东南亚及大洋洲也有分布。喜光，耐半阴，抗风，多在水边及海岸生长，木材纹理致密美丽，种子油可作燃料且全株入药；沿海地区可作堤岸防护林和行道树。

刺桐 *Erythrina variegata*

落叶乔木。树皮灰褐色，枝具黑色直刺。三出复叶集生枝端，小叶宽卵形或菱状卵形。总状花序顶生，小花密集，红色；旗瓣长椭圆形；花萼佛焰苞状，深裂达基部，不为二唇形；龙骨瓣与翼瓣近等长。荚果长而肥厚，在种子间稍缢缩；种子暗红色。2~3月叶前开花，果期8月。

产马来西亚、印度尼西亚等地，我国台湾、福建和广东、广西有分布。喜阳光，喜温暖气候，不耐寒。树形高大，枝叶繁茂，花形狭长，美丽而奇特，优良的园景树。

鸡冠刺桐 *Erythrina crista-galli*

落叶小乔木或灌木。小枝、茎和叶柄具皮刺。三出复叶，小叶长卵形。总状花序顶生，稍下垂；花萼钟状，先端2裂，花红色或橙色，旗瓣佛焰苞状。荚果长，熟时褐色，种子间缢缩，种子褐色。花期6~7（9）月。

产巴西南部至阿根廷北部，我国华南及西南有观赏栽培。喜光，喜高温高湿气候。花色艳，花瓣伸展如鸡冠，观赏价值较高，是优良的庭院花木。

龙牙花 （美洲刺桐） *Erythrina corallodendron*

落叶小乔木。枝散生皮刺。三出复叶，顶小叶菱状卵形，无毛，叶柄、叶轴和下面中脉具刺。总状花序腋生，花冠深红色，盛开时直筒形；花萼基部偏斜，不分裂，仅1尖齿。荚果先端有长喙，种子间缢缩；种子深红色，具1黑斑。花期6～11月。

原产热带美洲，我国长江流域及以南常见观赏栽培。喜阳光充足，耐半阴。喜温暖湿润，耐高温高湿。花色鲜艳，花形如"龙牙"，是优良观赏花木，也可盆栽。

红皮铁树 （红皮铁木） *Xeroderris stuhlmannii*

落叶乔木。树皮灰棕色，粗糙，不规则剥落。羽状复叶集生枝端，小叶全缘，长椭圆形，边缘略波状；初生小叶被丝状毛，后脱落。圆锥花序被锈色绒毛，花白色或绿白色。荚果长椭圆形，具突出翅边。种子有毒，煮熟后可食用。

原产印度、西非及南非。名贵用材树种。耐干旱，喜排水良好，在干燥的砂土也可生长。耐修剪，抗风。可庭院观赏，亦可药用。

　　直立或披散亚灌木。幼枝三棱柱状。三出复叶互生，小叶厚纸质，长椭圆形。总状花序腋生，苞片狭卵状披针形；萼裂片披针形，远较萼管长；花冠紫红色，约与花萼等长。荚果椭圆状，被短柔毛。花、果期夏秋季。

　　产我国华南地区。除园林观赏外，根可供药用。

跳舞草 *Codariocalyx motorius*　　　　　　　　　　　　　　　　　　　　　　蝶形花科舞草属

　　直立小灌木。高达1.5m。茎圆柱形，无毛。三出复叶，顶生小叶长椭圆形或披针形，侧生小叶线形，极小或缺；叶柄具沟槽，被疏毛。圆锥花序或总状花序顶生或腋生，花冠紫红色。荚果直或镰刀形。花期7～9月，果期10～11月。

　　产我国福建、广东、广西、云南、贵州和四川等地，南亚和东南亚也有分布。线形小叶在气温高于22℃的光照条件下，易受声波的刺激而连续不断地上下摆动，沿椭圆形轨迹跃动，十分有趣。可观赏栽培或作盆景。全株入药。

红花三叶草 （红车轴草） *Trifolium pratense*

多年生草本。2～5（～9）年生，寿命短。茎粗，叶柄较长，掌状三出复叶，小叶片3，卵状椭圆形至倒卵形，叶面上常有"V"字形白色斑纹，且疏生柔毛。花序球形，小花密集，紫红色至淡红色。荚果卵形。花、果期5～9月。

原产欧洲中部，我国种植广泛。喜温暖湿润气候，喜光耐阴，适温15～25℃，冬季-8℃左右可以越冬，超过35℃则越夏困难。种植土宜pH6～7且排水良好。根系深长发达，具根瘤，固土能力强，可作观花地被和水土保持植物，可林地内种植，也是蜜源植物。因营养价值高、适口性好等特点，是优良的家畜饲料。

喙果崖豆藤 （喙果鸡血藤） *Millettia tsui*

藤本。茎长3～10m；树皮黑褐色。羽状复叶互生，小叶1对，偶有2对，近革质。花冠淡黄色带微红或紫色。荚果膨大，有坚硬钩状喙。花期7～9月，果期10～12月。

产我国湖南、海南、贵州、云南等地。根、茎入药，广西瑶山称"血皮藤"；茎皮纤细坚韧；种子可食。是优良的花架、棚架、墙面和坡面绿化植物。

蜜花豆（三叶鸡血藤）*Millettia reticulata / Wisteriopsis reticulata* 蝶形花科崖豆藤属

攀缘藤本。羽状复叶，小叶7～9，纸质或近革质。圆锥花序腋生或顶生，被黄褐色短柔毛；花冠紫红色，旗瓣扁圆形。荚果近镰形，密被棕色短绒毛。花期6月，果期11～12月。

我国特产，分布于云南、广西、广东和福建等地。生于海拔800～1700m的山地疏林或密林沟谷或灌丛中。茎入药，是中药鸡血藤的主要来源之一。

'白花'多花紫藤（'白花'日本紫藤）*Wisteria floribunda* 'Alba' 蝶形花科紫藤属

落叶藤木。茎右旋，枝条密而较细柔。羽状复叶互生，小叶13～19枚，幼叶两面密被平伏柔毛，老叶近无毛。总状花序顶生，下垂，花白色或稍带淡紫色，芳香；花序长可达90cm，自下而上顺序开花。花期5月上中旬，果期8月。

原产日本，寿命长。我国长江以南各地常植于庭园观赏。喜光，喜排水良好土壤，花序长而美丽，是大型花架的理想材料。

白花油麻藤 （禾雀花） *Mucuna birdwoodiana*

　　常绿木质大藤本。茎断面淡红褐色。三出复叶互生。总状花序生于老茎或腋生，花萼密被褐色刺毛，萼筒宽杯形，蝶形花冠白色或带绿白色。荚果木质。花期4～6月，果期6～11月。

　　产我国广东、广西、江西、贵州、四川等地。喜温暖湿润，耐阴、耐寒。四季常青，花序长，花形似雀，可作花架、棚架用植物，也可以作墙垣、假山、阳台的垂直绿化。种子有毒。

常春油麻藤 *Mucuna sempervirens*

　　常绿木质藤本。老茎粗，径超过30cm。三出复叶互生，叶近革质。总状花序生于老茎上，每节3花，花萼密被褐色短伏毛，萼筒宽杯形，花冠深紫色，有臭味。荚果木质，带形，种子间缢缩成近念珠状。花期4～5月，果期8～10月。

　　产我国四川、贵州、云南等地；日本也有分布。耐阴，喜光，喜温暖湿润气候，耐寒，耐干旱和瘠薄。体量大，是优良的花架、棚架用植物，也可保护墙面，遮掩垃圾场所。

攀缘状灌木。奇数羽状复叶互生，小叶（3～）5（～7）。总状花序腋生，花萼钟状，萼齿钝，极短；花冠白色或粉红色，旗瓣近圆形。花期4～8月，果期8～12月。

原产索马里南部至非洲南部和西太平洋。喜湿润的土壤环境，喜日光充足，喜温暖，怕寒冷。热带地区可栽种于花架旁、水池边，温带地区要盆栽观赏。

蓝蝶花（蝶豆）*Clitoria ternatea*

常绿草质藤本。茎被伏贴短柔毛。羽状复叶互生，小叶5～7，宽椭圆形，被贴伏短柔毛或近无。单花腋生，蝶形花冠，蓝色、粉红色或白色；旗瓣显著大于翼瓣和龙骨瓣，宽倒卵形，具白色或橙黄色斑。荚果线状长圆形。花、果期7～11月。

原产印度，现热带地区普遍栽培。花大而蓝色，酷似蝴蝶。性喜高温，喜光、耐半阴，冬季需温暖避风处，对土壤适应能力强。适于垂直绿化、庭园美化或盆栽。

白蝶花 *Clitoria ternatea var. albiflora*

蓝蝶花变种，花单生，白色。习性及园林应用同蓝蝶花。

广州相思子 *Abrus cantoniensis*

木质藤本。枝细直，被白色柔毛，老时脱落。偶数羽状复叶互生；小叶6～11对，长圆形，下面疏被毛。总状花序腋生，花小，紫红色或淡紫色。荚果长圆形，种子黑褐色，种阜蜡黄色。花期8月。

产我国湖南、广东、广西，泰国也有分布。生于疏林、灌丛或山坡，海拔约200m；全株及种子均供药用。

蔓花生 *Arachis duranensis*

多年生蔓性匍匐草本。全株散生绒毛。偶数羽状复叶互生，叶倒卵形，全缘，夜晚闭合。花腋生，蝶形，金黄色。春季至秋季开花。

原产中南美洲。喜温暖湿润气候，在全日照、半日照及阳光充足、高温多雨季节生长最好，对土壤要求不严，耐旱耐热，耐寒性差。可作庭院、公路沿线及隔离带的地被植物。

鹰咀花 （耀花豆） *Clianthus puniceus/Swainsona formosa*

缠绕藤本。全体被疏至密的黄棕色柔毛。奇数羽状复叶，小叶长圆形，具芒尖，全缘。总状花序，花冠紫红色，旗瓣强烈反折。荚果线状圆柱形。花果期4~8月。

澳大利亚特有植物。花色鲜艳，光彩夺目，良好的园林观花植物，可作垂直绿化。

蝙蝠草 *Christia vespertilionis*

多年生直立草本。三出复叶或仅单叶，互生；小叶近革质，灰绿色，顶生小叶菱形，先端宽而截平，近中心点稍凹，侧小叶倒心形或倒三角形。总状花序顶生或腋生；花萼5裂，被柔毛；花冠黄白色，不伸出萼外。荚果椭圆形，熟后黑褐色。花期3~5月，果期10~12月。

全世界热带地区均有分布，我国广东和海南等地自然分布。喜温润，亦稍耐旱。喜温暖和阳光充足，叶形奇特，顶生小叶形如蝙蝠，在半阴处叶色转红，强光下叶色紫红。适合盆栽。全草入药。

猪屎豆 （黄野百合/野黄豆） *Crotalaria pallida*

多年生草本。三出复叶互生。总状花序顶生，小花10~40朵；花冠黄色。荚果长圆形，开裂后扭转。花果期9~12月。

产美洲、非洲、亚洲热带、亚热带地区，我国华南多地植物园有栽培。可供药用，花黄色，花序长，开花时十分美丽，可推广作庭院观赏栽培。

大猪屎豆 （响铃豆／定心榕） *Crotalaria assamica*

多年生草本。植株高大直立。茎枝粗壮，被锈色柔毛。单叶互生，倒披针形。总状花序顶生或腋生，小花黄色，花萼被短柔毛。荚果长圆形。花果期5～12月。

产我国台湾、云贵、广东、广西和海南等地。除可作观赏栽培推广外，还可入药。

羊奶果 （密花胡颓子） *Elaeagnus conferta*

常绿攀缘灌木。无枝刺，幼枝密被棕色鳞秕。叶互生，纸质，椭圆形，全缘，叶背密被银白色和散生的淡褐色鳞片。花银白色，密被鳞片或鳞毛。果实长椭圆形，成熟时红色。花期10～11月，果期翌年2～3月。

产我国云南南部和西南、广西西南；中南半岛、印度尼西亚、印度等地也有分布。秋季观花、春季观果树种。

胡颓子 *Elaeagnus pungens*

常绿灌木。小枝有锈色鳞片，枝刺少。叶互生，革质有光泽，椭圆形，叶缘波状，叶背密被银白色和少量锈褐色鳞秕。花银白色，芳香。果椭球形，红色。秋季开花，翌年5月果熟。

产我国长江中下游及其以南各地，日本也有分布。喜光，耐半阴，喜温暖，耐干旱也耐水湿；抗有害气体，耐修剪。红果美丽，常植于庭园观赏。果可食或酿酒；果、根及叶均入药。

'金边'胡颓子 *Elaeagnus pungens* 'Aureo-marginata'

胡颓子品种。叶面绿色，叶缘具不规则金黄色斑纹。习性及园林应用同胡颓子。

乔木。树皮暗灰色或暗褐色，具浅纵裂；嫩枝芽及叶柄被锈色绒毛。单叶互生，二回羽状深裂，叶背被银灰色丝毛，叶缘卷。总状花序腋生或顶生；无花瓣，花萼橙色或黄褐色，花瓣状。果卵状椭圆形，稍偏斜，黑色。花期3~5月，果期6~8月。

原产澳大利亚东部。喜光，喜温暖湿润气候，但不耐炎热，喜偏酸性土壤。可作为行道树和园景树，木材有弹性，可制作家具。

约翰逊银桦 *Grevillea jonhnsonii*

常绿灌木，株高约2m。叶深裂似羽状，裂片宽约2mm。总状花序橙红色，鲜艳。蓇葖果球形。花期春季。

产澳大利亚。既耐炎热干燥，又耐寒冷潮湿，可作庭园观花和引鸟植物。

桧叶银桦 *Grevillea juniperina*

常绿灌木。植株多刺。叶互生，线形，端尖。花成对簇生于叶腋或枝末端，开放时花被片外翻；花柱长，极显著伸出花冠；花粉色、黄绿色或黄色。果实无毛。花期4～6月，7～9月偶有开放。

原产澳大利亚新南威尔士州和昆士兰州。喜温暖湿润，喜光，不耐阴。花奇特瑰丽，充满异域风情。可盆栽观赏或花园美化。

地被银桦 （匍枝银桦） *Grevillea baueri*

常绿灌木。植株低矮。叶小而密集，长圆形，全缘。总状花序，红色或粉红色，花柱长，先端弯，极显著伸出花冠。蓇葖果具毛。花期冬末至翌年春季。

原产澳大利亚。生长于干燥的沙土中。较耐寒，冬季花朵鲜艳，形如蜘蛛，枝叶可一直延伸到地面，可作花园木本地被。引鸟植物。

澳洲坚果 （四叶澳洲坚果） *Macadamia tetraphylla*

常绿乔木。叶革质，通常4枚轮生或近对生，长圆形至倒披针形，叶缘具锯齿，叶柄短或近无。总状花序腋生或近顶生，疏被短柔毛；花淡黄色或白色。核果球形，坚硬，被毛。花期春季，果期夏秋。

原产澳大利亚东南海岸。喜高温，耐干旱，深根性，抗风，不耐移植。著名果树。枝叶茂密，常年翠绿，可作庭院绿化或大型盆栽。

常绿乔木。嫩枝常带红色。叶常3枚轮生或近对生，长圆形，全缘或略显波状，叶缘具疏齿或无，叶柄长4～18mm。总状花序顶生或腋生，淡黄色或白色，下垂。核果球形，平滑，有光泽。广州花期4～5月，果期7～8月。

产澳大利亚昆士兰州东南部；我国台湾、华南及云南有栽培。果可食，可庭院栽培观赏。

'火之舞'垂枝针垫花 *Leucospermum cordifolium* 'Fire Dance' | 山龙眼科针垫花属

垂枝针垫花品种，常绿灌木。叶轮生，长倒椭圆形。头状花序大，顶生，小花密集，红色，雄蕊针状，长而突出，红色。花期4～12月。

原种原产南非。多生于酸性瘠薄土壤处。雄蕊形如大头针插于球形垫上。有红色、黄色、橙色等花色的品种，是流行的切花，可作焦点或成丛种植。虫媒花，花蜜丰富，可吸引各类昆虫。

变叶洛美塔 （蕨叶洛美塔） *Lomatia silaifolia*

常绿灌木。高1~2m。茎干具白霜，光滑。叶羽状深裂，裂片狭长。顶生花序长可达45cm，白色。花期夏季。

原产澳大利亚东部。可用作花园绿化、美化树种。

'火焰'麦洛帕 *Telopea* 'Red Embers'

常绿大灌木。高2.5~3.5m。单叶互生，深绿色，披针形，缘具粗齿。大型头状花序半球形，花红色，艳丽；苞片环生于花底部。大型蓇葖果，熟时棕色。花期春季。

'火焰'是麦洛帕的栽培品种，美丽的园林绿化、切花树种。

大叶蚁塔 *Gunnera manicata*

常绿多年生。叶基生，近圆形，巨大，直径可达2m；叶面粗糙，叶柄粗壮并布满尖刺。圆锥花序塔状，淡绿色带棕红色。花期7～8月，果期10月。

原产南美洲巴西亚马孙河流域。大型观叶植物，极具观赏性。喜温暖潮湿、喜光，不耐寒，是草本植物中叶片较大的种类之一，可作大型盆栽，门前摆放或庭院观赏；也常用于水岸边、山石边栽培。

狐尾藻 *Myriophyllum verticillatum*

多年生沉水草本。根状茎发达，节部生根；茎多分枝。叶鲜绿色，披针形，通常4枚轮生，水中叶丝状全裂；水上叶披针形，冬季可见棍棒状冬芽。花单性，单生叶腋，每轮4朵花。果实顶端具残存萼片及花柱。

世界广布种，耐低温，夏季生长旺盛；我国南北各地池塘、河沟、沼泽中常有生长。可作猪、鱼和鸭饲料。

八宝树 *Duabanga grandiflora*

常绿乔木。具板根。小枝稍下垂。叶对生，长椭圆形，全缘，侧脉羽状下凹；叶柄带红色。顶生伞房花序，花近白色，花瓣5～6，雄蕊长而多，黄白色；萼片厚，宿存。蒴果椭球形，6～9裂。花期春至初夏。

产亚洲东南部、印度及我国云南。喜光，喜高温多湿及肥沃、排水良好壤土，不耐寒；生长快，主干高大挺直，嫩叶紫红，花大而美丽，果实上宿存的萼片极显著。可作风景树，孤植、丛植或林植均可。

大花紫薇 *Lagerstroemia speciosa*

落叶乔木。树皮灰色，平滑。叶较大，革质，矩圆状椭圆形，叶柄粗壮。顶生圆锥花序大型，花淡红色或紫色，花瓣6，近圆形，有短爪。蒴果球形，6裂。花期5～7月，果期8～10月。

产东南亚及澳大利亚。喜光，喜高温湿润气候。生长健壮，花大，美丽，常庭园栽培、街道列植。木材为优质用材。

紫薇 *Lagerstroemia indica*

落叶小乔木或灌木。树皮光滑，灰褐色。叶互生，偶对生，近无柄。顶生圆锥花序，花淡红或紫色、白色；花瓣6，皱波状，具长爪。蒴果近球形，6裂。夏秋季节开花。

产我国华东、中南及西南地区，东亚、东南亚及澳大利亚也有分布。喜暖湿气候，喜光，略耐阴，北京可露地栽植。花色鲜艳，花期长，亦名"百日红"。秋色叶红色或黄色，被广泛用于公园、绿化、道路绿化及街区，也可作盆景。

　　乔木。小枝、花序及叶片两面、叶柄被毛。叶对生或近对生。圆锥花序顶生，花小，密集，花瓣缺或披针形，具长爪，浅粉色。蒴果椭圆形，3~4裂。花期秋冬季。

　　原产越南、缅甸及泰国，我国仅云南有分布。喜温暖湿润，喜阳光而稍耐阴。可用于公园、庭院和道路等的绿化。

南洋紫薇 （多花紫薇 / 枝萼紫薇） *Lagerstroemia floribunda / Lagerstroemia siamica* 　　千屈菜科紫薇属

　　落叶小乔木。树皮灰色，小枝密被黄色柔毛。叶互生或近对生，椭圆形至长椭圆形，半革质。圆锥花序顶生，长可达50cm；花淡红色至紫色，后褪为白色，花径约5cm。蒴果椭圆形，顶端密被毛，6裂，萼宿存。花期8~9月。

　　原产亚洲热带，我国台湾有栽培。树冠开展，叶色浓绿，花美丽而持久，宜我国南方地区植于园林绿地观赏。

披针叶萼距花 *Cuphea lanceolata*

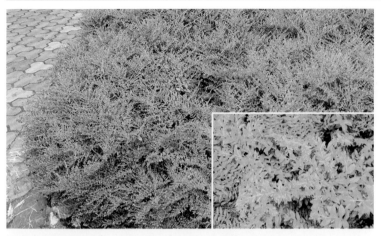

常绿灌木。高不足100cm。叶对生，矩圆形或披针形，全缘。单花腋生，花瓣6，2大4小，淡紫红色，倒卵形，雄蕊稍突于萼片外。萼筒细窄而长。蒴果长圆形。花期7~9月，果期9~10月。

原产墨西哥。抗性和适应性强，病虫害少，管理简便粗放。全年开花，花期不断，是少有的露地开花小灌木。花美丽，栽培观赏。

细叶萼距花（狭叶萼距花）*Cuphea hyssopifolia*

常绿小灌木。高不足60cm。叶对生或近对生，线状披针形，密生。花腋生，花瓣6，近等大，淡紫色、粉红色至白色，雄蕊内藏。花萼筒圆柱形，结实少。花期自春至秋。

原产墨西哥及牙买加。喜温暖湿润，世界各地多有栽培。叶色深，四季常青，花小而美丽，花期长，常植为地被、矮篱、路缘，用于布置花坛、花境或岩石园。

'白花'萼距花 *Cuphea hyssopifolia* 'Alba'

细叶萼距花栽培品种。花白色。花期自春至秋，栽培条件良好时可全年观赏花。习性及园林应用同原种。

散沫花（指甲花）*Lawsonia inermis*

大灌木。高可达6m；小枝略呈四棱形。叶交互对生，薄革质，椭圆形。花序长；花白色、玫瑰红色或红色；花瓣4，具短爪，边缘具齿，花极香。蒴果扁球形。花期6~10月，果期12月。

本属仅1种，广植世界各地。我国长江以南有栽培。除庭园供观赏外，叶可作红色染料，花可提取芳香油和浸取香膏。

吴福花（虾子花）*Woodfordia fruticosa*

常绿小灌木。分枝长而分散。单叶对生，长圆形，下面被短柔毛。多数小花组成短的圆锥花序，腋生，黄白色花瓣6，小而薄，极不明显；萼筒被毛，花冠瓶状，橙红色。蒴果膜质，线状长椭圆形。花期从春至秋，栽培条件良好可全年观赏。

产我国广东、广西及云南。花萼红色而美丽，密集于枝上，观赏期长，可布置庭院、花境或盆栽观赏。

土沉香 *Aquilaria sinensis*

常绿乔木。小枝具皱纹，幼时被疏柔毛。单叶近互生，革质，椭圆形，两面无毛；叶柄被毛。伞形花序密被灰黄色柔毛；花萼钟状，裂片5，花瓣状，两面密被毛，淡黄绿色，花瓣10，鳞片状，与花萼裂片间生，花芳香。蒴果卵球形，绿色，密被毛。花期春夏，果期夏秋。

产我国华南。老干伤后形成的树脂俗称沉香，花可制浸膏。可植于庭院栽培观赏。

落叶灌木。枝粗而软，常三叉状分枝。叶互生，集生枝端，椭圆状倒披针形，全缘。花黄色或橙黄色，花冠筒4裂，被毛，芳香；下垂的头状花序腋生枝端。3～4月叶前开花。

产我国长江流域及其以南地区。喜半阴及湿润环境，较耐水湿，不耐寒。花芳香而美丽，枝软可打结，故名结香。北方需保护越冬，长江流域露地栽培。茎皮纤维为优质造纸原料。

瑞香品种。常绿灌木。叶片光滑，革质，倒卵形至椭圆形，边缘淡黄色，中部绿色。顶生花序，花芳香，红紫色、淡粉色或白色。果红色。花期3～4月。

我国各大城市都有栽培。日本花园里也有栽培。除供观赏外，根可供药用，茎皮纤维可作造纸原料。

红千层 *Callistemon rigidus*

常绿小乔木。树皮坚硬，灰褐色；嫩枝有棱，初时有长丝毛。单叶互生，线形，质硬，有油腺点，叶脉极明显，叶柄极短。穗状花序直立，雄蕊鲜红色，伸出花冠。蒴果半球形，夏季开花。

原产大洋洲。喜温暖湿润气候。穗状花序形似试管刷，奇特，花色艳丽，用于园林庭院观赏栽培。

垂枝红千层 （串钱柳） *Callistemon viminalis*

常绿小乔木。枝条柔软下垂。叶互生，纸质，披针形或窄线形，叶色灰绿至浓绿。穗状花序，红色小花密集，呈下垂的瓶刷状。蒴果半球形。花期3~5月及10月。

原产澳大利亚。较喜光，喜温暖湿润，耐烈日酷暑，耐修剪。著名观赏树种，非常美丽。也可栽种于水岸边。

　　乔木。树皮光滑，灰白色。单叶互生，全缘；幼叶对生，卵状披针形，成熟叶互生，背面灰白色，窄披针形，稍弯，揉之有浓厚柠檬香气。圆锥花序腋生，小花黄白色。蒴果壶形。花期4～9月。

　　原产澳大利亚。喜高温多湿气候，不耐严寒。树干光洁，细长高耸，如林中仙子。园林中可孤植作庭荫树、园景树，可列植作行道树，群植作风景林。

蓝桉 *Eucalyptus globulus*　　　　　　　　　　　　　　　　　　　**桃金娘科桉树属**

　　常绿乔木。高达35～60m。树皮薄片状剥落，干多扭转。幼树及萌蘖枝上的叶对生，无柄，卵状长椭圆形，具白粉；成年树上的叶互生，蓝绿色，狭披针形，镰状弯曲。花通常单生叶腋。蒴果较大，杯状，具4棱。

　　原产澳大利亚南部及塔斯马尼亚岛；我国西南部及南部地区有栽培，是我国最早引入的桉树属植物。喜光，适应性较强，生长快；但耐湿热性较差，在西南高原生长比华南好。常作公路行道树、风景林及造林树种。

红果仔 （巴西红果） *Eugenia uniflora*

常绿灌木或小乔木。高可达5m。单叶对生，纸质，卵形，有光泽，背面颜色较浅。花白色，稍芳香，单生或数朵聚生于叶腋。浆果球形，具棱，熟时深红色。花期春季。

原产巴西。我国南部有栽培。果肉多汁，稍带酸味，可食；可盆栽，结实时红果累累。

南美稔 （菲油果） *Feijoa sellowiana/ Acca sellowiana*

常绿灌木或小乔木。高可达5m。叶对生，卵形，有光泽，叶背被灰白色毛。花瓣4，白色，内面有时淡粉紫色，稍芳香，单生或数朵聚生于叶腋。浆果椭球形，花萼宿存，熟时深红色。花期春季。

原产巴西。我国南部有栽培。红果累累，果肉稍带酸味，可食；可盆栽或庭院观赏。

光叶松红梅 （澳洲茶／薄子木） *Leptospermum laevigatum*

常绿灌木。枝红褐色。叶互生，披针形。花白色，花瓣5，花径约1.5cm。花期春季到早夏。

原产澳大利亚东南部。较耐寒，耐盐碱，可耐-7℃低温，可作绿篱或屏障栽植。

松红梅 *Leptospermum scoparium*

常绿灌木。枝繁茂纤细，红褐色，有绒毛。叶互生，线状或线状披针形。花单瓣或重瓣，单生叶腋，红色、粉红色、桃红色或白色等，径1.2cm。蒴果革质，成熟时先端裂开。花期晚秋至春末。

原产新西兰、澳大利亚。喜充足阳光，不耐寒，我国北方盆栽观赏，南方用于庭院绿化。因叶似松叶、花似红梅而得名。花期长，故有"花界劳模"之称。

'粉香槟' 松红梅

Leptospermum scoparium 'Pink Champagine'

　　松红梅栽培品种。枝繁茂纤细，红褐色。花白色，基部桃红色。习性及园林用途同松红梅。

'蔷薇颂' 松红梅

Leptospermum scoparium 'Rose Glory'

　　松红梅栽培品种。树皮红色，片状剥落。叶芳香。花重瓣，玫瑰粉色或红色。习性及园林用途同松红梅。

'女王红' 松红梅

Leptospermum scoparium 'Burgundy Queen'

　　松红梅栽培品种。叶红褐色，花重瓣，深酒红色。习性及园林用途同松红梅。

'桑雷西亚' 松红梅

Leptospermum scoparium 'Sunraysia'

　　松红梅栽培品种。花重瓣，粉红色，基部深粉色。习性及园林用途同松红梅。

'秋颂' 松红梅 *Leptospermum scoparium* 'Autumn Glory'

松红梅栽培品种。高约60cm。叶香。花径1～2cm，花粉色。春季开花。习性及园林用途同松红梅。

'快乐女孩' 松红梅 *Leptospermum scoparium* 'Gaiety Girl'

松红梅栽培品种。叶稍带红色。花半重瓣，深粉色，芳香。花期春季。习性及园林用途同松红梅。

'盛花苹果' 松红梅 *Leptospermum scoparium* 'Apple Blossom'

松红梅栽培品种。叶狭长，椭圆形，常带褐红色。花重瓣，浅粉色。花期4～7月。习性及园林用途同松红梅。

'苹果'松红梅 *Leptospermum scoparium* 'Keatleyi'

松红梅栽培品种。花瓣5，桃红色。花期冬春。习性及园林用途同松红梅。

'黑罗宾'松红梅 *Leptospermum scoparium* 'Black Robin'

松红梅栽培品种。植株芳香。叶小，有光泽。花瓣5。花期4～7月。习性及园林用途同松红梅。

'鹦鹉'松红梅 *Leptospermum scoparium* 'Kea'

松红梅栽培品种。矮小，高约30cm。叶紫褐色。花小，花瓣5，白色，基部带紫晕。花期春季。习性及园林用途同松红梅。

'爵百莉'松红梅 *Leptospermum scoparium* 'Jubilee'

松红梅栽培品种。叶微香,绿色至深绿色。花重瓣,深粉色,基部有深色突起。花期春夏。习性及园林用途同松红梅。

'旅游'松红梅 *Leptospermum scoparium* 'Karekare'

松红梅栽培品种。叶深绿色,芳香。花白色。花期冬末到春季。习性及园林用途同松红梅。

'蔷薇女王'松红梅 *Leptospermum scoparium* 'Rose Queen'

松红梅栽培品种。叶披针形,先端红褐色。花重瓣,3~4轮,从外到内渐小,内轮花瓣皱,粉红色。习性及园林用途同松红梅。

'黎明粉' 松红梅 *Leptospermum scoparium* 'Rosy Morn'

　　松红梅栽培品种。植株紧凑。叶小。花重瓣，粉红色。花期春季或秋季。习性及园林用途同松红梅。

圆叶澳洲茶 （圆叶松红梅） *Leptospermum rotundofolium*

　　常绿灌木。高1~3m。叶近圆形，有光泽，揉碎后有强烈芳香。花单生，花瓣5，花径达30mm，白色到淡粉色。蒴果。花期10~11月。

　　原产澳大利亚新南威尔士州，向西延伸到波勒尔和马鲁兰。庭院观赏。

常绿乔木。树皮厚，薄层状剥落。叶互生，革质，披针形；叶柄极短。穗状花序，花白色，无梗，花后生成有叶的新枝。蒴果顶部3裂，杯状或半球形。花期1～2月。

原产澳大利亚、新几内亚和印度尼西亚等地。适应性强，耐干旱，耐水湿。多作防护林和行道树。枝叶可提取精油。

'千层金'（'黄金香柳'）*Melaleuca bracteata* 'Revolution Gold'　　　　　桃金娘科白千层属

常绿小乔木。溪畔白千层品种。小枝细柔至下垂，微红色，被柔毛。革质叶互生，披针形，金黄色，基出脉5，具油腺点，香气浓郁。穗状花序顶生，花白色，花瓣5。蒴果近球形。春季开花。

原产澳大利亚，我国华南广为栽培。喜光，喜温暖至高温的湿润气候。耐短期-7℃低温；酸性、石灰岩土质甚至盐碱地均可栽植；根深、枝条抗风力强且耐修剪；可作行道树、彩叶灌木球和地被色块。

新西兰圣诞树 *Metrosideros excelsa × M. collina*

常绿大乔木。原产地株高可达20m，树冠可达35m。叶片长圆形，深绿色，革质而全缘。伞房状总状花序；花瓣5，红色，深红色雄蕊长而密集，显著突出花冠。原产地花期12月至翌年1月。

原产新西兰。喜光，耐半阴。适宜中性到微碱性、偏干土壤。生长缓慢，心材硬。开花时鲜红的花朵（雄蕊）覆盖整个树冠，熠熠生辉，故又有"火树"之称。可作行道树、园景树，单植、列植、群植均可。有根瘤，是改良土壤的优良树种。花和种子有毒。

常绿灌木或小乔木。树皮鳞片状剥落，后光滑，灰白色，嫩枝有棱。单叶对生，长圆形，叶背有毛，羽状脉下凹明显。花单生或2~3朵排成聚伞花序，白色。浆果球形或梨形，果肉淡红色，可食，萼片宿存。花期8~9月，果期10月。

原产南美洲。叶可药用。我国华南各地栽培，园林应用广泛，庭荫树、园景树均可，可列植作行道树，群植作风景林。热带果树。

桃金娘 *Rhodomyrtus tomentosa*

常绿灌木。高达2～3m；枝开展，幼时有毛。单叶对生，偶轮生；椭圆形，全缘，离基3主脉，背面密生绒毛。花1～3朵腋生，花瓣5，桃红色，渐褪为白色；雄蕊多数，与花瓣同色。浆果椭球形或球形，紫色。花期4～5月、11月。

产我国南部至东南亚各地。喜光，喜暖热湿润气候及酸性土，耐干旱、瘠薄。花果皆美，可园林观赏。果可食，根、叶、花和果皆可入药。

红车木 （红枝蒲桃/红车） *Syzygium rehderianum*

常绿小乔木或灌木。幼嫩枝叶红色。叶革质，椭圆形，先端有约1cm长的钝尾尖，两面腺点明显，侧脉密。花无梗，花白色，花瓣连成帽状。果椭圆状卵形。花期6～8月。

产我国福建及广东、广西。喜热，喜光。园林中可修剪造型，也可作庭院观赏及行道树使用。

常绿乔木。单叶对生，革质，阔椭圆形，先端具短尖头，两面多细小腺点，侧脉多而密。圆锥花序腋生，花白色。果实卵圆形或壶形，紫黑色。花期2~3月，果期7~8月。

产我国华南、西南至东南亚、澳大利亚。喜温暖至高温湿润气候。枝叶茂密，花、叶和果均可赏，是优良的行道树和园景树。

蒲桃 *Syzygium jambos*

常绿乔木。主干多分枝，树冠圆整。叶革质，对生，披针形或长圆形，具透明腺点。聚伞花序顶生，花蕾梨形，顶端圆；花绿白色，花萼宿存。果球形，肉质，熟时黄色。花期3～5月，果期5～8月。

产我国华南及中南半岛。喜暖热气候，喜湿润，喜光。果味甜，热带水果，可栽作风景树、固堤和防风树种。

水翁 （水翁蒲桃） *Syzygium nervosum*

常绿乔木。树皮灰褐色，颇厚，嫩枝扁，有沟槽。叶片薄革质，长圆形至椭圆形，两面多透明腺点。圆锥花序生于老枝，小花无梗，2～3朵簇生，花蕾卵形，萼管半球形，帽状体先端有短喙。浆果阔卵圆形，成熟时紫黑色。花期5～6月。

产我国广东、广西及云南等地，以及中南半岛、印度、马来西亚、印度尼西亚及大洋洲等地。喜生水边，常见园林绿化树种，可作行道树、庭院观赏树等，花及叶根供药用。

洋蒲桃 （莲雾） *Syzygium samarangense*

常绿乔木。幼枝圆柱形或微扁。叶对生，矩圆状椭圆形，叶柄极不明显。聚伞花序顶生或腋生，花白色，花瓣圆形。果梨形或倒锥形，肉质，熟时洋红色，有光泽且芳香。花期3～5月。

原产马来西亚和印度尼西亚。性喜温畏寒。枝叶葱茏青绿，果实红亮可爱，热带著名果树之一。可用于园林绿化，作行道树、风景树和观果树种。

肖蒲桃 *Syzygium acuminatissimum*

常绿乔木。叶对生，革质，卵状披针形，先端尖，油腺点多，侧脉多而密。圆锥花序顶生，花3朵聚生；花蕾倒卵形，萼管倒圆锥形；花瓣小，白色；雄蕊极短。浆果椭球形，黑紫色。花期7～10月。

产我国广东、广西等地，东南亚也有分布。庭院观赏栽培。

红花蒲桃（马来蒲桃）*Syzygium malaccense*

常绿乔木。叶片对生，革质，卵状披针形，多油腺点，侧脉多而密。聚伞花序生于无叶之老枝，花4～9朵簇生，总梗极短；花蕾倒卵形，萼管阔倒圆锥形；花瓣、花丝、雌蕊均为红色。浆果卵圆或近圆锥形，红紫色。花期5月。

原产东南亚，广泛栽培供食用。我国产台湾及云南西双版纳等地。花红叶绿，可庭院观赏。

印度水苹果（水莲雾）*Syzygium aqueum*

常绿乔木。树冠茂密。树皮棕色，开裂。叶对生，椭圆形，叶柄短。花顶生或腋生，小花5～7朵，淡香。梨形浆果，部分被肉质萼片覆盖，果皮薄而有光泽，粉红色到红色，果肉白色，多汁且酥脆。

原产印度南部至马来西亚东部，喜开敞处，喜水湿，溪流和池塘旁边生长良好。热带地区公园、庭院栽培观赏，果实粉红色或红色，形色俱佳，且可鲜食、制饮料和蜜饯等。

大叶丁香蒲桃（大叶丁香）*Syzygium caryophyllatum*

常绿小乔木或灌木。树皮厚，红棕色；小枝红棕色。单叶对生，革质，倒卵形，侧脉下凹，叶柄下部红色。顶生伞房状聚伞花序，花白色。浆果椭球形，熟时黑色。花期1~2月，果期6~7月。

产印度及斯里兰卡。喜暖热气候，喜光，耐瘠薄和高温干旱，可庭院栽培观赏。叶可提取挥发油，花蕾和果实、种子提取物入药。

金蒲桃 *Xanthostemon chrysanthus*

常绿乔木。叶色亮绿，对生、互生或簇生枝顶，披针形，全缘，革质，新叶带红色，揉搓有气味。聚伞花序密集呈球状；花瓣5，与花丝和花药均为黄色。蒴果杯状球形。花果期全年。

澳大利亚特有的代表植物。喜温暖湿润、光照充足。花色亮丽，一簇簇缀满枝头，鲜艳夺目，适宜作园景树、行道树、风景林和滨水绿化等，幼株可盆栽；是优良的园林绿化树种。

石榴 *Punica granatum*

落叶灌木或乔木。具枝刺。叶常对生，纸质，矩圆状披针形。花大，1～5朵单生枝顶，红色、黄色或白色。浆果近球形，果皮淡黄褐色或淡黄绿色，内含多枚种子，肉质外种皮可食。夏季开花，秋季结实。

原产巴尔干半岛至伊朗地区；我国南北都有栽培，著名水果，各地公园和风景区作观赏栽培。

野牡丹 *Melastoma candidum*

常绿灌木。单叶对生，卵形，两面被糙毛。花紫粉色，花瓣5，1至数朵顶生。蒴果肉质，坛状球形。花期4～8月，秋冬果熟。

产我国台湾、华南及中南半岛。常生于低海拔的山坡，是酸性土指示植物。可于庭园栽培观赏。根、叶药用，果可食用。

常绿灌木。叶对生，长卵形，具毛，全缘。顶生伞房花序，花白色。蒴果坛状。花期5～7月，果期10～12月。

原产马来西亚群岛。花叶秀丽，宜植于园林观赏。

毛菍（毛稔）*Melastoma sanguineum*   野牡丹科野牡丹属

大灌木。茎、叶柄、花梗及花萼均被长粗毛。叶片坚纸质，卵状披针形，全缘，基出弧形脉5。伞房花序顶生，花1～3朵，花萼密被红色长硬毛，宿存。果球形。花果期几近全年，常8～10月。

广布于我国华南地区至印度、马来西亚和印度尼西亚。花大而美丽，可供观赏。根、叶可药用；果可食。

银毛野牡丹 （银毛蒂牡花） *Tibouchina aspera* var. *asperrima*

常绿小灌木。茎直立，四棱形，分枝多。叶柔软，阔卵形，密被白色糙毛，基出弧形脉3或5。圆锥花序顶生，花瓣5，紫色。花期5~7月，盛花期6月。

原产热带美洲。枝叶茂密，叶银白色，常植于庭院或盆栽观赏。

巴西野牡丹 *Tibouchina semidecandra*

常绿灌木。叶对生，长椭圆形，两面密被短毛，基出脉3，近平行。花蓝紫色，花瓣5；花萼红色，短聚伞花序顶生。夏至秋季开花。

原产巴西，热带地区普遍栽培。喜光，喜排水良好的酸性土壤，不耐寒。花美丽而花期长，宜植于庭园或盆栽观赏。

珍珠宝莲 （粉苞酸脚杆）*Medinilla magnifica*

常绿灌木。茎四棱。叶对生，近无柄，卵形至卵状椭圆形，稍肉质，弧形脉黄白色。聚伞花序组成下垂的大型圆锥花序状，总苞片大，粉红色，有深色脉纹；花小，粉红色。浆果球形，粉紫色，萼宿存。花期4～6月；果期8月。

原产菲律宾，热带地区常见栽培。耐半阴，喜高温多湿气候，不耐寒。可用高压法繁殖。大型的总苞片非常显眼，花美丽，姿态优雅，宜植于庭园高处或盆栽观赏。

多花蔓性野牡丹 （蔓茎四瓣果）*Heterocentron elegans*

多年生常绿草本。匍匐生长，茎有翼。叶对生，卵圆形，叶脉羽状；新叶带褐色，冬季低温期呈红褐色。总状花序，花瓣4枚，桃红色。2月至翌年3月开花。

原产墨西哥和危地马拉。喜排水良好、肥沃的酸性土壤；适合盆栽或作吊盆观赏，可花坛栽培或作地被植物。

熊掌（虎颜花）*Tigridiopalma magnifica*

多年生常绿草本。根状茎极短，茎、叶背和叶柄被红色粗硬毛。叶基生，膜质，心形，边缘具不整齐细齿。蝎尾状聚伞花序腋生，花瓣5，暗红色。蒴果漏斗状杯形。花期约11月下旬，果期3～5月。

产我国广东西南部。叶片硕大，叶形美观，耐阴，花蕾小巧玲珑、鲜艳，可作为高档观叶植物用于室内和庭院观赏。

小叶榄仁 *Terminalia mantaly*

落叶大乔木。主干直立，侧枝轮生。叶小，倒披针形，全缘，落叶前变红色或紫红色。大型圆锥花序，花小，无花瓣，宿存小苞片红色。瘦果，具3膜质翅。花期5～6月。

原产热带非洲，我国台湾及华南地区应用较多。喜光，耐半阴，喜暖热多湿气候及深厚肥沃而排水良好的土壤，抗污染，枝条软，抗风，耐盐碱。树干挺拔，树冠层次分明，秋色叶红，优良的风景树及行道树种，也是海岸绿化树种。

锦叶小叶榄仁 （'三色'小叶榄仁） *Terminalia mantaly* 'Tricolor'

小叶榄仁品种。叶淡绿色，有白色或淡黄色的斑纹，新叶粉红色。习性及园林应用同小叶榄仁。

榄仁 *Terminalia catappa*

大乔木。树皮纵裂，枝具明显的叶痕。叶大，集生枝顶，叶片倒卵形。穗状花序长，雄花生于花序上部，两性花生于下部；花绿色或白色，花瓣缺。果椭圆形，具2棱；坚硬，熟时青黑色。花期3～6月，果期7～9月。

原产亚洲热带及澳大利亚北部。喜高温多湿气候，喜光。可用作园景树、庭荫树、行道树，生长快，抗风。可作滨海绿化树种。

落叶大乔木。树皮块状脱落，有板状根。单叶近对生，矩状椭圆形，锯齿钝。总状花序，花小，无花瓣，花萼、花丝和花药黄白色。果近球形，有5硬窄翅。花期夏季，果期秋末冬初。

产印度及斯里兰卡。喜温暖湿润，喜光。用材树种，可作行道树及景观树种栽植。

常绿乔木，具大板根。叶对生，长卵形，全缘或略波状；叶柄顶端有1对具柄腺体。大型圆锥花序，花极小极多，红色。瘦果细小，极多，具2大1小膜质翅，初时红色，干后苍黄色。花期8～9月，果期10月至翌年1月。

产亚洲南部和东南部；我国西藏东部、云南及广西有分布。树姿雄伟，四季常青，开花时满树红艳；华南地区作风景树和行道树栽培。低海拔优良造林树种。

乔木。幼枝黄褐色，被绒毛。叶互生或近对生，卵形，基部偏斜，全缘或微波状，密被细瘤点；叶柄近顶端具2（～4）腺体。穗状花序腋生或顶生，花小，雄蕊明显伸出花冠。核果粗糙，卵圆形，熟时黑褐色，常有5钝棱。花期5月，果期7～9月。

原产我国云南，缅甸亦有分布。喜温暖湿润，对土壤要求不严。生长快，树形优美，可观赏栽培。果实入药。树皮和果皮为制革工业重要原料，木材亦可制作农具及家具。

落叶或半常绿木质藤本。叶对生，被黄褐色短绒毛。穗状花序顶生，花萼管细长，下垂，长5～9cm；花瓣5，芳香，橙红色至红色、粉红色，雄蕊不伸出花冠。核果橄榄状，具5条锐棱，黑色。花期初夏，果期秋末。

产我国四川、贵州至南岭以南，也分布于印度、缅甸至菲律宾。喜温暖向阳及湿润气候，不耐寒、不耐旱，耐半阴。华南常见藤本植物，宜种植于门廊、棚架、栅栏处或作墙垣、山石攀缘材料。果实入药，有驱蛔虫之功效。

'重瓣' 使君子 *Quisqualis indica* 'Double Flowered'   **使君子科使君子属**

使君子品种。花瓣多轮，初开白色，次日变成粉红色，傍晚又变成红色，经过3～4天又变成紫红色。花香淡。习性及园林应用同使君子。

头状四照花 （鸡嗉子果） *Dendrobenthamia capitata*

常绿乔木。叶对生，椭圆形，弧形脉，全缘。头状花序近球形，总苞片花瓣状，4枚，黄白色。聚花果球形，紫红色，形似鸡嗉子。花期5~6月，果期9~10月。

产我国西南及湖南、湖北、浙江等地；尼泊尔、印度也有分布。花果美丽，果味甜，是用材及观赏树种。根系较发达，可作防护林。

滇南美登木 *Maytenus austroyunnanensis*

常绿灌木。高1~3m；小枝无刺，二年生以上枝常有刺。叶近革质，倒卵状椭圆形，缘具锯齿。聚伞花序，花白色。蒴果。花期5~6月。

产我国云南。可作园林绿化植物。

铁冬青 *Ilex rotunda*

常绿乔木。幼枝及叶柄带紫红色。叶互生，薄革质，卵形或椭圆形。聚伞花序或伞形花序腋生；花瓣4，白色或淡黄绿，开放时反折。果近球形或稀椭圆形，熟时红色。花期4月，果期8~12月。

原产我国长江流域以南，朝鲜及日本、越南北部也有分布。喜温暖湿润气候，耐阴。叶色浓绿，红果累累。列植、丛植或孤植均可，优良的园林绿化树种。

大叶冬青 （苦丁茶） *Ilex latifolia*

常绿乔木。小枝具纵棱。互生叶大而厚，革质，长椭圆形，锯齿细、尖。花黄绿色，簇生于2年生枝叶腋处。球形果红色。春季开花，秋季果熟。

原产我国长江下游至华南地区、日本。耐阴、不耐寒。红果绿叶，宜用作园林绿化及观赏。嫩叶可代茶，称苦丁茶，有药效。

枸骨 *Ilex cornuta*

常绿大灌木。叶硬革质，互生，具5枚尖硬刺齿，先端后弯，表面深绿而有光泽。花小，黄绿色，簇生于2年生枝叶腋。核果球形，径8~10mm，鲜红色。花期4~5月，果期9~10月。

产我国长江中下游各地及朝鲜半岛。喜光，不耐寒。是优良观叶赏果树种，宜作基础种植或岩石园材料，北方常盆栽观赏，温室越冬。根、叶和果入药。

梅叶冬青 （秤星树） *Ilex asprella*

落叶灌木。有长短枝。幼枝散生白色皮孔。叶互生，卵形，锯齿细。花白色或黄绿色，单性异株，雄花单生或簇生于叶腋，雌花单生于叶腋，萼片、花瓣和雄蕊通常4枚，偶5~6枚。浆果球形，熟时黑色，具宿存花柱。

产我国南方各地。生山地疏林中或路旁灌丛中。可作园林绿化。根、叶入药。

'龟甲' 冬青 *Ilex crenata* 'Convexa'

钝齿冬青品种，常绿灌木。树皮灰黑色，分枝多。叶小，椭圆形，钝齿浅，叶面凸起。果球形，成熟后黑色。花期5~6月，果期9~10月。

原种分布于我国福建、广东、山东等地，日本也有分布。本品种枝叶密集，耐修剪，是良好的盆景材料，也用作地被或绿篱。

野扇花 *Sarcococca ruscifolia*

常绿灌木。花单性同株。高达3m；小枝绿色，幼时被毛。单叶互生，卵状椭圆形，全缘，离基三主脉，革质有光泽，侧脉不显；叶背面绿白色。腋生总状花序短，花小，白色。核果球形，熟时暗红色。花果期10~12月。

产我国中西部及西南部。耐阴，喜温暖湿润；生长慢。花芳香，果红艳，宜植于庭园或盆栽观赏。

狭叶野扇花 *Sarcococca ruscifolia* var. *chinensis*

野扇花变种。叶狭长披针形，基部急尖。习性及园林应用同野扇花。

狗尾红 （红穗铁苋） *Acalypha hispida*

常绿灌木。高可达3m；雌雄异株。小枝绿色，幼时有短柔毛。单叶互生，卵状椭圆形，全缘。雌花序穗状，腋生，长而下垂，红色或紫红色。花期2~12月。

产我国中西部及西南部。耐阴，喜温暖湿润；生长慢。鲜红、下垂的长花序十分美丽，常盆栽观赏。

猫尾红 （红尾铁苋） *Acalypha pendula*

半蔓性。株高10~25cm。叶互生，卵形，两面被毛。雌花序直立，顶生，密集成直立的短穗状，似猫尾，鲜红色。自然花期为春季至秋季，栽培条件下四季开花。

原产中美洲及西印度群岛，现世界各地广为栽培。喜温暖、湿润和阳光充足的环境，但不耐寒冷，华南有栽培，我国北方通常作为温室盆花栽培。花序红色，短，直立，具观赏价值。

红桑 *Acalypha wilkesiana*

常绿灌木。单叶互生，卵圆形，叶缘锯齿红色或具红色、黄色等各色斑纹。雌雄花序腋生，穗状，花小无花瓣。花期几全年。

原产太平洋岛屿；我国台湾、福建、广东、海南、广西和云南的公园和庭园有栽培。现广泛栽培于热带、亚热带地区，华南地区公园、庭院可露地栽培。

'线叶' 红桑 *Acalypha wilkesiana* 'Heterophylla'

红桑品种。单叶，深绿色，狭椭圆形，边缘粉红色波状或齿状。花序粉绿色，长可达18cm。习性及园林应用同红桑。

'彩叶' 红桑 （'彩叶'铁） *Acalypha wilkesiana* 'Musaica'

红桑品种。叶深绿色，狭椭圆形，有粉红、紫红和黄白等色彩纹和色斑，边缘波状或有锯齿。花序粉绿色，长可达18cm。习性及园林应用同红桑。

'乳'桑 （'酒金'铁苋/'乳叶'红桑/'酒金'红桑） *Acalypha wilkesiana* 'Java White'

红桑品种。叶面具有金黄色、白色等不规则斑块或斑点。花期6～10月。

习性及园林应用同红桑，我国北方可盆栽观赏。

'银边'红桑 （'金边'红桑） *Acalypha wilkesiana* 'Marginata'

红桑品种。叶边缘锯齿明显，黄白色、浅红色至深红色。习性及园林应用同红桑。

'镶边旋叶'铁苋 *Acalypha wilkesiana* 'Hoffmannii'

红桑品种。叶片宽大扭曲，边缘锯齿奶油色。习性及园林应用同红桑。

'红旋'铁苋 *Acalypha wilkesiana* 'Willinckii'

红桑品种。叶心形或椭圆形，卷曲，边缘锯齿红色。习性及园林应用同红桑。

石栗 *Aleurites moluccana*

常绿乔木。树皮暗灰色，浅纵裂至近光滑，幼枝、花序及叶被褐色毛。叶互生，纸质，全缘或3～5浅裂，表面深绿有光泽。圆锥花序，花小，乳白色至乳黄色。核果近球形，花期4～10月。

原产亚洲南部。喜光耐旱、怕涝，根系深，生长快，树冠高大，是优良的行道树、庭园树树种。

银柴 *Aporosa dioica*

乔木。单叶互生，叶片革质，无毛或仅叶背具疏短毛。花单性，雌雄异株，腋生穗状花序，苞片卵状三角形；雄花萼片长卵形。子房和果无毛。蒴果核果状，椭圆形，不规则开裂。花果期几乎全年。

产我国广东、海南、广西、云南等地，印度、缅甸等地也有分布。抗大气污染，可营造生态林、城市防护绿（林）带、防火林带。

　　常绿乔木。小枝无毛，具明显皮孔。叶互生，纸质，长椭圆形，深绿色，常有光泽，背面仅中脉有毛。花序顶生，雄花为穗状花序，雌花为总状花序；花小，无花瓣，花萼绿色。核果近球形，熟时红色。花期3～5月，果期6～11月。

　　产亚洲东南部。枝繁叶茂，红果繁密，可作庭园观赏树和行道树，果可食用。

　　乔木或灌木。单叶互生，叶柄短，托叶2枚；叶纸质至近革质，椭圆形或长圆状披针形，全缘，羽状脉。雌雄异株，总状花序顶生，无花瓣，雄蕊着生于垫状花盘内。核果椭圆形，成熟时紫红或紫黑色。花期4～6月，果期7～9月。

　　分布于我国长江以南，日本、越南、泰国和马来西亚等地也有分布。生于山地疏林中或山谷湿润处。热带及亚热带森林中常见树种，种子含亚麻酸等油脂，可庭院栽植观赏。

常绿乔木。雌雄异株，树皮灰褐色。叶互生，纸质，倒卵状长圆形，全缘或浅波状。雌雄异株，总状花序腋生或生于老干上，棕黄色，无花瓣。蒴果浆果状，外果皮肉质，黄色或紫红色，果量大，密集成串。花期3～4月，果期6～10月。

产我国广东、广西、海南和云南，印度、老挝、柬埔寨和马来西亚等地也有分布。树形美观，可作行道树。果实味道酸甜，可食。

　　常绿或半常绿大乔木。树皮粗糙，小枝无毛。三出复叶，小叶纸质，椭圆形，边缘锯齿浅。雌雄异株，腋生圆锥花序，花小。果实浆果状，近球形，淡褐色。花期4~5月，果期8~10月。

　　产我国南部、越南、印度至澳大利亚。树叶繁茂，冠幅圆整，叶红如枫，宜作庭园树和行道树，也可草坪内、湖畔、溪边、堤岸栽植，亦为用材树种。

常绿灌木。枝条曲折，暗红。叶互生，椭圆形，全缘，基部歪；嫩叶白色，后逐渐形成大小、形状不等的白色斑纹，老叶绿色。花腋生，极不明显。浆果，圆球形。

原产太平洋岛屿。叶片绿白二色，洁净雅逸，是热带地区最美丽的彩叶树种之一，常庭园或盆栽观赏。

'彩叶'山漆茎 *Breynia disticha* 'Roseo-picta'　　　　　　　　　　　　　**大戟科黑面神属**

雪花木品种。新叶有红色或粉红色斑，老叶绿色或有白斑镶嵌。

叶色美丽，是热带、亚热带地区观赏价值较高的彩叶植物之一，最适为绿篱，或丛植、片植于草地、路缘等。我国南方常见栽培，供庭园或盆栽观赏。

'仙戟'变叶木 *Codiaeum variegatum* 'Excellent'

变叶木品种。叶片戟形，叶面深绿色至墨绿色，叶脉及叶缘为黄色或桃红色斑纹，乃至全叶金黄色。习性及园林应用同变叶木。

'洒金'变叶木 *Codiaeum variegatum* 'Aucubifolium'

变叶木品种。叶面布满大小不等的金黄色斑点。习性及园林应用同变叶木。

'雉鸡尾'变叶木 *Codiaeum variegatum* 'Delicatissimum'

变叶木品种。叶条带形，黄绿色，叶脉黄色或紫红色，全叶呈紫红色晕彩。

喜温暖湿润，是我国华南常见露地栽培的常色叶植物，北方和长江流域可温室盆栽观赏。

'彩霞' 变叶木

Codiaeum variegatum 'Indian Blanket'　　　**大戟科变叶木属**

　　变叶木品种。叶片大，卵圆形至宽披针形，新叶金黄色，叶脉黄色或紫红色，叶背呈红色晕彩。习性及园林应用同变叶木，可作插花叶材。

'紫红叶' 变叶木

Codiaeum variegatum 'The Red King'　　　**大戟科变叶木属**

　　变叶木品种。叶互生，长椭圆形，先端尖，全缘；叶片深紫红色，叶脉粉红色。习性及园林应用同变叶木。

'金光' 变叶木

Codiaeum variegatum 'Chrysophyllum'　　　**大戟科变叶木属**

　　变叶木品种。叶互生，长椭圆形，先端尖，基部楔形，全缘，叶面具不规则的金黄色斑块。花期秋季。习性及园林应用同变叶木。

'黄纹' 变叶木

Codiaeum variegatum 'Andreanum'　　　**大戟科变叶木属**

　　变叶木品种。叶片具有黄色条纹。习性及园林应用同变叶木。

'蜂腰' 变叶木 *Codiaeum variegatum* 'Interruptum'

变叶木品种。叶片中部突然狭细，收缩成叶柄状。习性及园林应用同变叶木。

'琴叶' 变叶木 *Codiaeum variegatum* f. *lobatum* 'Craigii'

变叶木品种。叶3裂，中央裂片大，狭长，布满大小不等的金色斑点。习性及园林应用同变叶木。

蝴蝶果 *Cleidicarpon cavaleriei*

常绿乔木。高达30m，树皮灰色，光滑。幼枝及叶疏生星状毛。单叶互生，长椭圆形，全缘；叶柄顶端有2小腺体。顶生圆锥花序，花单性同序，无花瓣，淡黄色。核果斜卵形，淡黄色。花期3～4月，果期8～9月。

产我国广西、云南、贵州及越南北部。喜光，喜暖热气候，速生，抗病。树形美观，枝叶茂密，适宜华南城乡绿化。种子的子叶似蝴蝶，故名。种子可食。

橡胶树 *Hevea brasiliensis*

常绿大乔木。高可达30m，具乳汁。三出复叶互生，小叶长椭圆形，全缘，羽状脉，总叶柄端有2腺体。花单性同株，无花瓣，腋生圆锥状聚伞花序。蒴果3裂。花期4～7月，果期8～12月。

原产巴西亚马孙河流域热带雨林。5℃以下即受冻害，马来半岛和斯里兰卡栽培最盛。

血桐 *Macaranga tanarius*

大戟科血桐属

乔木。具红色树液。幼嫩枝叶被毛，小枝被白霜。叶互生，叶柄盾状着生，叶全缘或具小齿，有腺体。雌雄花序圆锥状，淡黄白色。蒴果，密被腺体和软刺。花期4～5月，果期6月。

原产我国台湾、广东及琉球群岛、越南等地。因枝条断口处的汁液被氧化后呈血红色而得名。又因叶形似象耳，又名"象耳树"。树姿强健，树形整齐，可作行道树或园景树，也可作水土保持树种植于海岸，也是建筑用材。

余甘子 *Phyllanthus emblica*

落叶小乔木或灌木。树皮浅褐色；小枝被褐色毛。单叶互生，排成二列，线状矩圆形，全缘，顶端钝圆，近无柄。腋生聚伞花序，雌雄异花同株。蒴果球形，外果皮肉质，绿白色；种子略带红色。花期4~6月，果期7~9月。

原产亚洲南部及东南部。喜光，喜温暖干热气候。可作荒山荒地酸性土造林的先锋树种，或作庭园风景树，果可食或制蜜饯。

锡兰叶下珠 *Phyllanthus myrtifolius*

常绿灌木。高可达2m；枝细长下垂。叶互生，二列，窄倒披针形，全缘；叶柄极短。花单性同株，腋生，花梗下垂，常红色，花萼长圆形，粉红色，无花瓣。蒴果扁球形，大小如豌豆。

原产斯里兰卡、印度；我国华南有栽培。喜光，耐半阴，喜暖热气候及肥沃而排水良好的土壤，耐修剪。花期时，细长下垂的花朵如点点红星，十分美丽。适合庭园美化、修剪造型，也可作绿篱或盆栽。

海南叶下珠 *Phyllanthus hainanensis*

常绿直立灌木。小枝具棱；全株无毛。叶片膜质，近长圆形，上面绿色，下面浅绿色或粉绿色；侧脉与主脉呈紫红色。花单性同株，无花瓣；花萼披针形，边缘具齿，红色。蒴果长卵形；种子小，淡红色。花果期几乎全年。

产我国海南三亚、昌江、乐东等地。热带地区植物园有少量栽培。

木薯 *Manihot esculenta*

亚灌木。高达1.5～3m。叶具长柄，互生，掌状3～7裂，裂片倒披针形，全缘。花单性同株，无花瓣。蒴果椭球形，具6条纵翅。花期9～11月。

原产巴西，现热带地区广泛栽培。我国福建、台湾、广东、广西、云南、贵州等地有栽培，偶有野生。块根富含淀粉，是常见杂粮作物。

'花叶'木薯 *Manihot esculenta* 'Variegata'

木薯变种。叶片基部及裂片近中脉附近有大片黄白色斑，叶柄带红色。

我国华南有种植，盆栽或露地栽培观赏。

一品红 *Euphorbia pulcherrima*

落叶灌木。具乳汁。高1～3m。叶互生，长椭圆形，全缘或浅波状。花序生于枝端；苞片花瓣状，朱红色。自然花期12月。

原产中美洲；广泛栽培于热带和亚热带地区。我国华南可露地栽培，长江流域及其以北地区多温室盆栽观赏。

'白苞'一品红 *Euphorbia pulcherrima* 'Alba'

一品红栽培品种。花瓣状苞片白色。习性及园林应用同一品红。

白雪木 （雪苞木／白雪姬） *Euphorbia leucocephala*

常绿灌木。枝细脆，具乳汁。叶对生或轮生，长椭圆形，全缘。花序顶生，白色苞片倒卵形，是主要观赏部位。秋、冬季开花。

原产中美洲热带地区。喜光植物。性喜高温、湿润、向阳之地。盛开时苞片如雪花披被，颇为清雅。适合庭院美化及大型盆栽。

肖黄栌 （紫锦木） *Euphorbia cotinifolia*

常绿灌木。高2～3m，分枝多；小枝及叶片红褐色或紫红色。叶对生或3叶轮生，三角状卵形，似乌桕叶，但先端无尾尖，叶柄长。

原产热带非洲和西印度群岛；我国有引种栽培。常色叶树种。不耐寒，北方需盆栽，温室越冬。

常绿大戟 （地中海大戟） *Euphorbia characias* subsp. *wulfenii* 大戟科大戟属

常绿灌木。全株具乳汁，茎直立。狭披针形的叶片呈螺旋状排列，密集。小花位于黄绿色总苞内。春季开花，花期持续数月。

原产南欧。黄绿色总苞持续时间长，不耐积水，喜干燥、阳光充足且夏季凉爽的地方，耐半阴。是良好的庭院观赏及花境材料。

大戟阁 *Euphorbia ammak* 大戟科大戟属

乔木状。主干短粗，分枝多，集生主干上部，垂直向上，暗绿色，具4～5棱，棱脊突出，可见斜向平行排列的维管束。茎顶叶片披针形，绿色，早落。

我国各地有栽培，北方需室内栽植，华南地区可露地栽培。

金刚纂 （玉麒麟） *Euphorbia neriifolia* 大戟科大戟属

小乔木。茎圆柱状，具5条螺旋状排列的脊，上部多分枝。叶肉质、匙形，生于枝顶；托叶刺状宿存。花序腋生，二歧状；总苞阔钟状；雄花多枚，雌花1枚。花期6～9月。

原产印度，我国南北方有栽培，分布于福建、广东、广西、贵州和云南等地。南方常用作绿篱，有逸生，北方于温室中观赏。

虎刺梅 （铁海棠 / 麒麟刺） *Euphorbia milii*

直立或攀缘状灌木。富白色乳汁。茎的纵棱上具硬尖刺。叶集生枝端，无柄或近无，长倒卵形至匙形，先端近圆形而有小尖头，基部渐狭，全缘。二歧聚伞花序生于枝端，总苞钟形，基部具花瓣状的肾形苞片2枚，鲜红色。蒴果三棱状卵形，3裂。花期全年，以秋冬最盛。

原产非洲马达加斯加。我国各地常见温室盆栽观赏。鲜红色的肾形苞片花瓣状，甚为美丽。

'大花'虎刺梅 *Euphorbia milii* 'Keysii'

虎刺梅品种。叶、花较虎刺梅大。习性及园林应用同虎刺梅。

'小花'虎刺梅 *Euphorbia milii* 'Imperatae'

虎刺梅品种。叶、花较虎刺梅小。习性及园林应用同虎刺梅。

光棍树 （青珊瑚） *Euphorbia tirucalli*

小乔木。老干灰色；小枝肉质，绿色，圆柱形，具乳汁。叶互生，脱落。花序密集生于枝顶，总苞陀螺状。蒴果棱状三角形。花果期7～10月。

原产非洲东部。广泛栽培于热带和亚热带。我国南北方均有栽培。

猩猩草 （草本一品红、草本象牙红） *Euphorbia cyathophora*

一年或多年生草本。叶互生，卵形。花序单生，聚伞状排列，苞片淡红色或基部红色，与叶同形，是主要观赏部位。小花黄色，子房三棱状球形。花果期5～11月。

原产中南美洲。华南见于公园、植物园及温室中。

灌木。茎干粗壮，分枝多，幼时绿色，老干暗黄色，具螺旋状排列瘤状小突起。叶集生枝顶，倒卵形，先端近平或圆钝，基部渐狭，无叶柄，中脉微凹。

原产南非。多作室内盆栽或地栽多用于多肉植物专类园。

银角珊瑚 （银角麒麟） *Euphorbia stenoclada*

大戟科大戟属

灌木。茎直立，多分枝。叶极小，早落，叶落后叶柄变态成锥形刺，灰白色，遍布全株。

原产马达加斯加。优良的园林观赏植物。

多分枝灌木，枝具3～4棱。全株含白色乳汁。主枝直立，棱脊波浪状，脊刺成对着生，对刺中夹生1枚倒匙形叶片，冬季脱落，翌年5月萌发新叶。花序沿棱边缘排列，二歧分枝，花黄色。蒴果棱状三角形，果皮粉色。

原产加蓬。株形优美，我国华南地区露地观赏。

彩云阁品种。茎叶暗红色，光线不足或生长特别旺盛时可出现绿色。

株形优美，叶片整齐，色彩绚丽，可盆栽点缀客厅、阳台、庭院等处。

红背桂 *Excoecaria cochinchinensis*

常绿灌木。全体无毛。单叶对生，狭长椭圆形，正面深绿色，背面紫红色。花单性异株。蒴果球形，由3个小干果合成，熟时红色，径约1cm。花期几乎全年。

产亚洲东南部，我国华南常见栽培。喜温暖环境，耐半阴，忌暴晒；不耐寒、忌涝，喜疏松肥沃的酸性土壤，极不耐盐碱，要求通风良好。华南庭园常见的色叶植物，北方温室盆栽观赏。

'草莓奶油'红背桂

Excoecaria cochinchinensis 'Strawberry Cream' **大戟科海漆属**

红背桂品种。叶表面具深浅不一乳白色斑纹，叶背紫红色，鲜艳。习性及应用同红背桂。

麻风树（膏桐） *Jatropha curcas*

大戟科麻风树属

灌木或小乔木。叶互生，卵圆形，全缘或浅裂，基部心形，叶柄与叶片近等长。腋生聚伞花序，花黄色。蒴果近球形，黄色。花期9～10月。

原产热带美洲，现广布于热带世界各地。我国华南和云南南部有栽培，常作绿篱。种子榨油供工业用。

琴叶珊瑚 （日日樱） *Jatropha pandurifolia*

常绿灌木。有乳汁。单叶互生，倒阔披针形，叶下部具2～3对锐刺。花单性，雌雄同株；聚伞花序，花红色或粉红色，花瓣5。几近全年开花。

原产中美洲西印度群岛。喜高温、湿润，不耐寒、不耐干燥；喜光，稍耐半阴，喜有机质丰富的酸性砂壤土。在华南广泛种植，耐修剪，可观叶、花和果，叶形如提琴，几乎全年有花，观赏特性好。

细裂叶珊瑚桐 *Jatropha multifida*

常绿灌木或小乔木。光滑无毛。叶互生，掌状深裂，裂片狭，中上部又羽状分裂。花深红色，复聚伞花序状如珊瑚，有长总梗。

原产热带美洲。我国华南有栽培。喜光，也耐阴，喜暖热气候，耐干旱，不耐寒。花序红色、美丽，宜植于庭园或盆栽观赏。

佛肚树 *Jatropha podagrica*

亚灌木。高可达1m，茎基部膨大呈瓶状；分枝多，枝条常带红晕。盾形叶簇生枝顶，浅裂，叶背粉绿色。顶生聚伞花序，花序分枝也为红色，花小，橘红色；状如珊瑚，有长总梗。蒴果椭圆状。四季开花。

原产西印度群岛、中美洲或南美洲热带地区。树形奇特，叶片光亮，花及花序红色鲜艳而花期长，良好的温室盆栽观赏植物。

棉叶珊瑚 （棉叶膏桐） *Jatropha gossypiifolia*

灌木。全株具乳汁。叶互生，掌状3～5深裂，裂片全缘，叶柄及叶缘有腺毛，叶背及新叶皆紫红色，渐变绿色。二歧聚伞花序顶生或腋生，雄花有萼片和花瓣各5，花瓣褐红色，雌花有花萼而无花瓣。蒴果椭球形，具6纵棱。花期夏季。

原产热带美洲；热带地区多有栽培。花和叶美丽，在华南宜植于庭园或盆栽观赏。

龙脷叶 *Sauropus spatulifolius*

常绿小灌木。叶常聚生小枝上部，常向下弯垂，叶脉处灰白色。无花瓣；花萼花瓣状，红色或紫红色，雌雄花同枝，簇生无叶枝条中部或下部。蒴果扁球状，具3个分果片。花期2～10月。

原产越南北部，我国福建、广东、广西等栽培于药圃、公园、村边及屋旁。是有推广价值的观叶植物。

红雀珊瑚 *Pedilanthus tithymaloides*

直立亚灌木。茎粗壮近肉质，"之"字形扭曲。单叶互生，厚蜡质，近无柄，卵形，叶背中脉凸起。密集聚伞花序顶生，总苞鲜红色或紫红色，顶端近唇状2裂，内含多数雄花和1朵雌花。花期12月至翌年6月。

原产西印度群岛等地，我国北方常温室栽培，华南可露地越冬。

'彩叶'红雀珊瑚 （'斑叶'红雀珊瑚） *Pedilanthus tithymaloides* 'Variegata'

红雀珊瑚品种。绿叶上有白色和红色斑彩。余同红雀珊瑚。

蓖麻 *Ricinus communis*

一年生草本。全株被白色蜡粉，光滑无毛。叶互生，掌状分裂，盾状着生，具锯齿。花雌雄同株，总状或圆锥花序，无花瓣，无花盘；下部生雄花，上部生雌花；雄蕊多数，花丝多分枝，花柱深红色。蒴果卵球形或近球形，具软刺或平滑。花期6～9月，果期7～10月。

原产非洲东部，现广布于世界热带至温带各地。喜温植物，对冻害较为敏感。对酸碱适应性强，在我国广为栽培。

'红'蓖麻 *Ricinus communis* 'Sanguineus'

蓖麻品种。叶紫红色。是良好的庭院和街道绿化、花境及花坛材料。

　　落叶乔木或小乔木。托叶刺成对，1枚长直，1枚短而钩曲。单叶互生，卵形，缘有细钝齿，基生3主脉。小花簇生，黄绿色。核果椭球形，暗红色。花期5～7月，果期8～9月。

　　产我国及欧洲东南部。喜光，喜干冷气候，耐湿热，耐干旱瘠薄，耐低湿。果实营养价值高。花期较长，芳香多蜜，是良好的蜜源植物。

翼核果 *Ventilago leiocarpa*　　　　　　　　　　　　　　　　　　　鼠李科翼核果属

　　攀缘灌木。小枝褐色，有条纹。单叶互生，叶薄革质，卵状矩圆形，具疏细锯齿。花簇生叶腋或排成具短梗的聚伞花序，花小，5基数，白色。核果，基部具宿存萼筒，上部具一宽大矩圆形长翅，花期3～5月，果期4～7月。

　　产我国台湾、福建、广东、广西、湖南、云南。生于海拔1500m以下疏林或灌丛中，印度、缅甸、越南有分布。喜温暖湿润。果实奇特，果翅形如机翼，生于果突一侧。可作绿化或植于庭院。根入药。

'蓝宝石' 美洲茶 *Ceanothus* 'Blue Sapphire'

美洲茶品种。落叶灌木。高约1m。枝条伸展。叶互生，椭圆形，深绿色，嫩叶叶缘带紫色，秋叶变红。花小，花冠蓝色，花冠管细长。花期夏末至秋。

温带观花树种。极耐寒，耐盐碱，生长快。可作庭院美化，也是较好的花境背景材料。

安匝木 *Pomaderris paniculosa* subsp. *novae-zelandiae*

低矮蔓生灌木。小枝被毛。叶长椭圆形，有皱褶，下表面及叶柄密被毛。圆锥花序；花小，无花瓣。花梗、花萼密被褐色毛。果实小。花期10～12月。

新西兰特有植物。濒危。宜作园林地被。

葡萄瓮 （青紫葛） *Cyphostemma juttae*

落叶灌木。茎基膨大、粗壮，黄色，形如酒瓶，老株树皮易剥落；顶端分枝多。叶簇生于枝顶，叶片稍肉质，近无柄，叶狭卵形，边缘有不规则锯齿。伞形总状花序，小花黄色，花期夏季。浆果红色或黄色，似葡萄。

原产纳米比亚、南非、安哥拉等地。栽植于热带植物园或盆栽观赏。

葡萄 *Vitis vinifera*

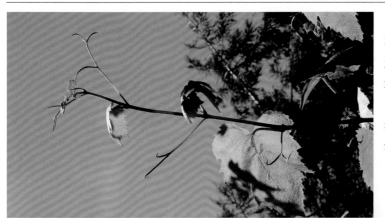

落叶木质藤本。叶互生，卵圆形，3～5裂。圆锥花序与叶对生；萼浅碟形，边缘呈波状，外面无毛；花瓣早落，淡黄绿色。花期4～5月，果期8～9月。

原产亚洲西部，现世界各地栽培，我国各地栽培。为著名水果，生食或酿酒，根和藤入药。

三叶爬山虎 *Parthenocissus semicordata*

木质藤本。卷须具分枝，遇附着物时扩大成吸盘。三出复叶，倒卵状椭圆形，边缘中部以上有锯齿。花小，呈黄绿色。浆果紫黑色。花期5～7月，果期9～10月。

产我国云南、四川和西藏等地；缅甸、泰国和印度也有分布。性喜阴，也耐阳光直射，耐寒，耐旱；垂直绿化的良好材料。

锦屏藤 *Cissus sicyoides*

多年生常绿木质藤本。茎节处生长红褐色细长、下垂的气根，具卷须。叶互生，长心形，有锯齿。聚伞花序，淡绿白色。果实为浆果，球形。

原产热带美洲。喜日照足，喜高温、多湿；蔓延力强，茎节处的红褐色气根如瀑布状悬垂，具独特热带风情；园林中常被应用于绿廊、绿亭等。

木质藤本。茎压扁状。掌状复叶互生，小叶长圆状披针形，有稀疏钝锯齿。复伞形聚伞花序生于老茎或腋生，花瓣5，绿白色。果近球形，橙黄色。花期4~6月，果期8~12月。

产我国福建、广东、广西、云南、贵州、西藏及东南亚。喜温暖湿润、喜阴，也耐光照射。姿态秀丽，茎扁平，形似扁担，老茎可生花；园林中常应用于棚架、墙垣、坡地。

台湾火筒树 *Leea guineensis*

常绿灌木或小乔木。高3～6m。二至三回羽状复叶互生，小叶卵状长椭圆形，具不整齐浅齿，侧脉下凹、平行，两面无毛。大型复二歧聚伞花序顶生，小花多；花瓣5，基部合生，红色或橙色。浆果扁球形，暗红色。花期夏季至冬季。

产非洲、中南半岛、东南亚地区及我国台湾；华南地区有栽培。喜光，喜高温多湿气候。葱绿繁茂，花序红艳且持久，是良好的园林观赏树种。

印度火筒树 （火筒树） *Leea indica*

直立灌木至小乔木。小枝具槽纹，无毛。二回或三回羽状复叶，小叶椭圆形，具尖锐锯齿。花序与枝条顶端之叶对生；花瓣5，白色或绿白色。浆果扁球形，红色至紫褐色。花期4～7月，果期8～12月。

分布我国广东、广西、贵州、海南；印度、柬埔寨、老挝等地也有。喜温暖潮湿，喜光，可作观赏植物，栽植于街边、花园和公园。

石海椒 *Reinwardtia indica*

常绿小灌木。叶互生，纸质，椭圆形。花序顶生或腋生；花瓣4或5片，黄色，旋转排列。蒴果球形，3裂。花果期4～12月，至翌年1月。

广布于华南地区，不耐寒。常栽培供观赏。嫩枝、叶入药，有消炎解毒和清热利尿功效。

星果藤 （三星果） *Tristellateia australasiae*

木质藤本。茎长可达10m以上。叶对生，纸质或半革质，卵形，全缘；叶柄顶端有1～2枚腺体。总状花序顶生或腋生；花瓣5，金黄色，具长爪。翅果星芒状。花期8月，果期10月。

产我国台湾，马来西亚等地也有。喜温暖湿润。花色艳丽，花期长，适宜用作庭园、花廊和花架攀缘、垂直和立体绿化植物配置。

台湾栾 *Koelreuteria elegans*

落叶乔木。二回羽状复叶互生，小叶基部极偏斜。圆锥花序，花瓣5，金黄色。蒴果膨胀成近球形，粉红色至红褐色。夏末至秋开花。

我国台湾特有，深圳等地栽培。性强健，耐旱，抗风，生长快。叶、花、果均美，是华南的秋色叶树种。宜作行道树及园景树。

全缘叶栾树 （黄山栾树） *Koelreuteria bipinnata* var. *integrifolia*

落叶乔木。二回羽状复叶互生，小叶卵状椭圆形，以小叶全缘无锯齿与原种复羽叶栾相区别，仅萌蘖枝之叶有锯齿。顶生圆锥花序，大型；花黄色，花瓣4（5）。蒴果之果皮膜质，膨大，红色。7～9月开花、结实。

产我国长江流域以南地区。开花时满树金黄，大型红色果序在秋日艳阳下分外美丽。华北南部及其以南地区栽作庭荫树、行道树及风景树，江浙百姓亦称之为元宝树。

常绿乔木。树皮粗糙；幼枝及花序被星状毛。幼叶紫红色，偶数羽状复叶互生，小叶长椭圆状披针形，表面侧脉明显。圆锥花序顶生，被星状毛，花小，花瓣5；春夏开花。果球形，外种皮黄褐色，稍粗糙；假种皮白色半透明，肉质多汁。春季开花，7~8月果熟。

产我国台湾、福建等地，亚洲南部和东南部有栽培。稍耐阴，喜暖热湿润气候。华南地区传统果树。

荔枝 *Litchi chinensis*

常绿乔木。树皮较光滑。偶数羽状复叶，叶形似龙眼。圆锥花序顶生，被金黄色短绒毛；花小，无花瓣。果卵形，外种皮红褐色，具小瘤体。春季开花，5～8月果熟。

产地及习性同龙眼。与龙眼齐名的传统名果，蜜源植物，常于庭园栽植，也可材用。

红毛丹 *Nephelium lappaceum*

常绿乔木。偶数羽状复叶互生，小叶薄革质，椭圆形，侧脉7～9对，全缘，两面无毛。圆锥花序，被锈色短绒毛；花单性，无花瓣，花萼黄绿色。果阔椭圆形，红黄色，被同色长弯软刺。夏初开花，秋季果熟。

原产马来半岛。喜高温多湿。树形美观，叶绿果红，是食用兼观赏的园林树种。

云南七叶树 *Aesculus wangii*

　　落叶乔木。高达20m。树皮灰褐色，粗糙。小枝皮孔显著。掌状复叶，叶柄长8~17cm；小叶椭圆形，具细锯齿，小叶柄短，长3~7mm。顶生圆锥花序圆筒形，被淡黄色毛；花冠漏斗形，白色，具黄色或玫瑰红色斑块。蒴果扁球形，黄褐色，常3裂，果壳薄。花期4~5月，果期10月。

　　产我国云南东南部。喜高湿，耐旱。冠大荫浓，树干挺拔，花量大，花期长，春季嫩叶红褐色至黄褐色，可作行道树和庭荫树，是优良的园林观赏树种。

河口槭 *Acer fenzelianum*

　　落叶乔木。树皮灰色或深灰色，平滑。小枝绿色，具褐色圆皮孔。叶对生，阔卵形，近革质，3浅裂，裂深为叶片的1/5~1/4；3主脉直达叶尖，网状脉明显。圆锥花序狭长，下垂。翅果紫黄色，被长毛，开展为钝角。果期9月。

　　分布于我国云南；越南北部也有。叶形优美，果序细长下垂，可观赏栽培。

'银边'复叶槭 （'银边'羽叶槭） *Acer negundo* 'Variegatum'

复叶槭品种。落叶大乔木。树干直立，高可达15m。羽状复叶对生，小叶边缘银白色，原种小叶淡绿色。花朵小，绿黄色。果序长而下垂，果翅内弯。花期4～5月，果期9月。

原种原产北美，本品种自国外引入。秋季叶色纯黄。喜光，喜潮湿且排水良好土壤。生长迅速，叶色美，树形高大，可作行道树、园景树和庭荫树。

橄榄 （毛叶榄） *Canarium album*

常绿乔木。幼枝被褐色绒毛，后脱落。羽状复叶互生，小叶长椭圆形，基部偏斜，全缘、革质，叶脉凸起，托叶被绒毛。圆锥花序腋生，略短于复叶；花小，芳香，白色。核果卵形，熟时黄绿色。果期9月。

产我国云南及越南、老挝等地。不耐寒，根系深。枝叶茂盛，华南地区良好的防护林和行道树种。果可食用，并有药效。

杧果 （芒果） *Mangifera indica*

常绿大乔木。叶互生，长圆形，全缘；叶柄粗，基部膨大。大型圆锥花序，被黄色微柔毛；花小，淡黄白色。核果肾形，果核扁。春季开花，5～8月果熟。

原产印度及马来西亚等地。喜光，喜温暖湿润气候及肥沃、排水良好的土壤，树冠浓密，嫩叶紫红，可作行道树及庭荫树。果实为著名的热带水果，品种多，深受百姓喜爱。

扁桃 *Mangifera persiciforma*

常绿乔木。老树干皮不规则纵裂。叶互生，狭披针形，全缘。圆锥花序无毛。核果较杧果小。春季开花，夏季果熟。

产我国广西、云南和贵州。枝叶茂密，树冠卵状塔形，非常整齐，主根长，侧根少，移植时需加带大土球。华南优美的园林绿化和行道树种。

腰果 *Anacardium occidentale*

常绿小乔木。小枝无毛或近无毛。叶革质，倒卵形，先端圆或微凹，无毛，叶脉两面凸起。圆锥花序，多花，密被锈色微柔毛；花黄色，杂性。核果，果托梨形，鲜黄色或紫红色，种子肾形。3~6月果实成熟。

原产热带美洲。喜温，强阳性树种，树冠开展，枝叶茂密，是良好的庭院绿化树种。种子可食，著名的干果。

加椰芒 *Spondias cythera*

漆树科槟榔青属

落叶乔木。羽状复叶互生，小叶革质，长椭圆形。圆锥花序，先叶开放或与叶同出，花白色，花瓣4~5。果椭圆形，肉质核果，可食。条件适宜时花果期可全年。

原产波利尼西亚，东南亚常见。嫩叶可食，是重要的热带果树。

清香木 *Pistacia weinmanniifolia*

　　常绿乔木。雌雄异株。小枝、嫩叶及花序稀生锈毛。偶数羽状复叶互生，叶轴有窄翅，小叶长椭圆形，全缘，先端圆钝或微凹，有刺芒状硬尖头。圆锥花序腋生。核果球形，熟时红色。花叶同放，花期3月，果期9～10月。

　　产我国云南、四川、广西及西藏东南部。材质细硬，为家具用材，种子可榨油；叶可提芳香油。适应性强，寿命长，株形美丽；春天嫩叶红色，如花般美丽，可作切叶。

人面子 *Dracontomelon duperreanum*

常绿大乔木。具板根。幼枝被灰色绒毛。羽状复叶互生，小叶互生，长圆形，基部歪斜，下面脉腋具簇毛。圆锥花序，花小，白色；花梗微被柔毛。核果8月成熟，黄色扁球形，果核上5个小孔排列如人的五官，故得此名。

原产我国广东、广西及亚洲东南部。喜光，喜温暖湿润气候。树干通直，树姿优美庄重，是优良的庭园绿化树种和行道树。

大叶肉托果 （台东漆） *Semecarpus longifolius / Semecarpus gigantifolia*

常绿乔木。小枝灰色，无毛，具长圆形棕色皮孔。叶互生，常集生顶端，革质，椭圆状披针形或卵状披针形，先端急尖或短尖，叶面有光泽，叶背苍白色，网脉两面突起。圆锥花序顶生，无毛，花白色，苞片边缘具细睫毛；花萼钟状。核果扁球形，果肉多汁，果托肉质膨大，红色或黄色，包于果的中下部。

产我国台湾；分布于菲律宾、印度尼西亚。叶片大，果实成熟时，肉质果托色彩鲜艳，可于庭院观赏，但果实可能引起皮肤不适。

常绿臭椿 *Ailanthus fordii*

常绿小乔木。叶聚生茎顶；小枝粗壮，密被微柔毛。奇数羽状复叶，小叶背面散生腺体，基部偏斜，全缘。圆锥花序大，密被锈色微柔毛；花瓣5，无毛。翅果熟时淡红褐色，纺锤形。果期12月至翌年4月。

产我国广东南部沿海和云南西双版纳地区。旱季落叶，可庭院栽培观赏。

楝树（苦楝）*Melia azedarach*

落叶乔木。树皮光滑，老则浅纵裂。二至三回奇数羽状复叶互生，小叶卵形至椭圆形，缘有钝齿。花堇紫色，芳香；腋生圆锥花序。核果球形，淡黄色，经冬不落。花期5月。

产我国华北南部至华南、西南。适应性强，喜温暖湿润气候，酸性、钙质及轻盐碱土上均能生长；生长快，寿命较短。适宜作庭荫树、行道树，江南习见速生用材树种；树皮、叶及果均可入药。

米兰 （米仔兰） *Aglaia odorata*

常绿灌木或小乔木。多分枝，幼枝顶部常被锈色星状鳞片。羽状复叶互生，叶轴有窄翅，小叶3~5，倒卵状椭圆形。圆锥花序腋生；花小而多，黄色，极香。浆果近球形。夏至秋季开花。

原产东南亚，现广植于热带及亚热带各地；我国华南及西南地区有栽培。花供熏茶或提取芳香油。长江流域及其以北地区常盆栽观赏，室内越冬。

麻楝 *Chukrasia tabularis*

乔木。树皮纵裂。叶通常为偶数羽状复叶，互生，无毛；小叶互生，纸质，卵形至长圆状披针形，基部偏斜。圆锥花序顶生，花序长约为叶长之半；花瓣黄色或略带紫色，花香。蒴果木质，近球形，顶端有小凸尖，表面具有淡褐色小疣点。花期4~5月，果期7月至翌年1月。

产我国西藏东部和云南等地。喜光，抗二氧化硫，幼叶紫红色，树干通直，树形美，可作行道树、庭荫树及荒山造林。

毛麻楝 *Chukrasia tabularis* var. *velutina*

落叶乔木。与原种主要区别在于叶轴、叶柄、小叶背面及花序轴均密被黄色绒毛。

产我国广东、广西、贵州和云南等地；印度和斯里兰卡等地也有分布。园林应用同麻楝。

桃花心木 *Swietenia mahagoni*

常绿大乔木。基部常扩大成板根。羽状复叶互生，小叶革质，基部明显偏斜。圆锥花序腋生，花白色，无毛。蒴果卵形，种子具翅。花期5~6月，果期10~11月。

原产中美洲及西印度群岛。喜温暖、喜光。树冠开展，是良好的庭荫树和行道树。该属植物为贵重家具用材，商品红木的主要来源。

大叶桃花心木 *Swietenia macrophylla*

半常绿乔木。树皮淡红褐色。偶数羽状复叶互生，披针形，先端长渐尖，叶基偏斜，叶革质，有光泽，背面网脉细致明显。花小，两性，白色，花丝合生；圆锥花序腋生。蒴果木质，5瓣裂；种子红褐色，顶端具翅。花期3~4月，果期翌年3~4月。

产热带墨西哥及中美洲。热带地区广泛栽培。喜光，喜暖热气候。枝叶茂密，树形美丽，是园林绿化的优良树种。木材纹理、色泽美丽，是世界著名商品材。

非洲桃花心木 （非洲楝 / 塞楝） *Khaya senegalensis*

常绿乔木。高达30m。偶数羽状复叶互生，小叶长椭圆形，全缘，先端突尖，有光泽。圆锥花序松散，花小，花瓣4，黄白色。蒴果球形，4裂；种子四周具薄翅。花期3~5月；果翌年6月成熟。

原产热带非洲及马达加斯加岛。喜光，喜暖热气候及深厚肥沃土壤，耐干旱，抗风；萌芽力强，生长快。树干通直，枝叶茂密，绿荫效果好；是热带优良行道树、庭园观赏树和速生珍贵用材树。

仙都果 （山陀儿） *Sandoricum koetiape*

半落叶乔木。具乳汁，树皮光滑或开裂，有时呈片状，幼枝密被棕色短毛。叶互生，长椭圆形，全缘或稍有凹痕，螺旋状排列。花两性，圆锥花序，花瓣5，反折，淡黄色。蒴果球形，凹陷，金黄色或粉红色，外果皮可食。春夏季开花。

原产东南亚、印度。生长迅速，可作观赏植物植于公园、花园或街道。木材可材用。果实在东南亚深受欢迎，果肉可加工食用、可提取香料及药用。

柑橘 *Citrus reticulata*

常绿灌木。小枝无毛，通常有刺。叶长卵状披针形；叶柄无翅或近无翅。花白色，淡香，簇生叶腋。果扁球形，橙黄色或橙红色。花期4~5月，果期10~12月。

原产我国东南部，长江以南各地广泛栽培。喜光，喜温暖湿润气候及肥沃微酸性土壤，不耐寒。著名水果，栽培历史悠久，品种极多。枝叶茂密，四季常青，春有花香，秋冬果实累累，植于庭园及风景区可兼收经济、观赏之利。

图为柑橘品种'年橘'（*Citrus reticulata* 'Nianju'），果成熟期1~2月，正值春节，故得名。

柚子 *Citrus maxima*

乔木。嫩枝、叶背、花梗、连翼叶、花萼及子房均被柔毛。嫩叶暗紫红色，厚，阔卵形或椭圆形。单花或总状花序腋生，白色。果圆球形、扁球形或阔圆锥形。花期4～5月，果期9～12月。

产我国长江以南各地。喜温暖湿润气候。花淡香，果可食，也可庭院观赏。

常绿灌木。高2.5~5m。枝开展，具枝刺。叶长椭圆形，缘有钝齿，叶柄几无翅翼。花芽及花瓣带紫色。果近球形，淡黄色至橙红色。花期4~6月，果期10~11月。

产我国华南及西南地区，多作果树栽培。可能是柠檬与枸橼或柑橘的杂交种。果味酸，用于制作饮料。

枸橼 （香橼） *Citrus medica*　　　　　　　　　　　　　**芸香科柑橘属**

常绿灌木或小乔木。高2~4.5m；枝具短刺。果大，卵形或椭球形，长10~25cm，有乳头状突起，熟时柠檬黄色，果皮粗厚而芳香，肉瓣小，味极酸苦，可制蜜饯。

原产印度北部。春夏开花多次，深秋金黄色的果实可观，宜植于庭园或盆栽观赏。

金橘 *Citrus japonica*

常绿灌木。小枝圆，有枝刺。叶较小，叶柄有狭翅或近无，顶端有关节。花瓣白色，外面淡紫色。果椭球形或卵形，柠檬黄色。花期3～5月，果期10～12月。

原产亚洲南部，我国南方各地栽培，华北偶见盆栽观赏。喜光，怕冷，春、夏季需水量大，冬季要少浇水；不耐移栽。果皮味甜。

佛手 *Citrus medica* var. *sarcodactylis*

常绿灌木。枝刺短硬。叶长椭圆形，具明显油点；叶柄无翅。花淡紫色，短总状花序。春分至清明第一次开花时，多为雄花；立夏前后第二次开花，秋季果熟。果黄色，鲜有香气。

原产我国东南部地区。果形奇特，果皮皱而有光泽，顶端分歧，似手指，名佛手，果实各心皮如拳（名"拳"佛手）或开展如手指（名"开"佛手），各地常盆栽观赏。果及花均供药用。

常绿灌木或小乔木。小枝圆，有枝刺。叶较小，叶柄有狭翅或近无，顶端有关节。花瓣里面白色，外面淡紫色。果椭球形或卵形，径约5cm，一端或两端尖，果皮粗糙，较难剥离，黄色。

原产东南亚，现广植热带地区。喜光，不耐寒，春夏季需水量大、不耐移栽。果味极酸而芳香，用于制作饮料、糖果、调料等。也可入药。

波斯来檬 （宽叶来檬） *Citrus × latifolia*　　　　　　　芸香科柑橘属

常绿小乔木。叶宽披针形，有光泽。花瓣5，白色，边缘淡紫色，微香。果实椭圆形。花期3～5月，果期9～10月。

由青柠（*C. aurantiifolia*）和柠檬（*C. limon*）杂交育成。世界范围内广泛栽植。喜光，喜肥沃而排水良好的土壤。一年四季开花结果，北半球冬季产量最高。可观赏栽培，花洁白而芳香，果可观赏。

常绿乔木。奇数羽状复叶互生，小叶卵形或卵状椭圆形，叶缘波状或具浅圆锯齿，叶背散生凸起细油点且密被毛。大型圆锥花序顶生，花瓣白色，稍芳香。果球形，淡黄色至暗黄色，被毛，果肉乳白色，半透明。花期3～5月，果期6～8月。

产我国华南及西南。喜半阴，喜温暖湿润气候及肥沃砂壤土，果味酸可食，枝叶优美，花香，可用于庭院观赏。

山黄皮 （豆叶九里香） *Murraya euchrestifolia*

常绿小乔木。奇数羽状复叶互生，小叶互生，近革质，宽卵形，全缘。伞房状聚伞花序，花瓣4（5），白色。果球形，鲜红色至暗红色。花期4～5月或6～7月，果期11～12月。

产我国台湾及广东、广西等地。果红艳可爱，可栽培观赏。枝叶可提取精油。

九里香 *Murraya exotica*

常绿灌木或小乔木。多分枝，小枝无毛。羽状复叶互生，小叶5～7，互生，倒卵形，全缘。花瓣5，白色，花极芳香；聚伞花序腋生或顶生。浆果近球形，朱红色。花期4～8月，果期9～12月。

产亚洲热带，我国华南及西南地区有分布。我国南方栽培广泛，常作绿篱和道路隔离带植物；长江流域及其以北地区常于温室盆栽观赏。花可提芳香油；全株药用。

咖喱 （调料九里香） *Murraya koenigii*

小乔木或灌木状。高可达4m。奇数羽状复叶，小叶17～31，斜卵形或宽卵形，全缘或具细钝齿。伞房状聚伞花序顶生或腋生，小花常50朵以上，花序轴及花梗被柔毛；花瓣5，白色，具油腺点。果长椭圆形，蓝黑色，种子无毛。花期3～4月，果期7～8月。

产我国海南南部、云南南部，越南、老挝、缅甸和印度等也有分布。喜温暖、湿润。鲜叶有芳香气味，用作调料、药用和工业用，也可栽培观赏。

细裂三桠苦 （三爪金龙） *Euodia ridleyi / Evodia ridleyi*

常绿灌木。三出复叶对生，叶柄细长，小叶细长狭窄，叶缘有锯齿，不规则波状，亮黄绿色、绿色或金色。花小，淡黄色或白色。

原产东南亚热带。我国华南庭园有栽培。株形紧凑，枝叶繁密，可作规则绿篱或庭院观叶植物，也可盆栽观赏。

胡椒木 （琉球花椒） *Zanthoxylum beecheyanum*

常绿灌木。全株有浓烈的胡椒香味。枝有刺，羽状复叶互生，小叶11～17，倒卵形，全缘，绿色有光泽，有细密油点，揉碎有浓烈香味，叶轴有狭翅，基部有1对短刺。花单性异株，雄花黄色，雌花橙红色。果椭球形，红褐色。春季开花。

原产日本和朝鲜；我国台湾及华南地区有栽培。喜光，喜暖热气候及肥沃和排水良好的土壤。株丛紧凑，枝叶纤柔典雅，长江流域、华南常作绿篱或盆栽观赏。

'紫叶'酢浆草 *Oxalis triangularis* 'Purpurea'

酢浆草品种。多年生草本。具肉质鳞茎状地下根茎。叶丛生，茎匍匐而披散。掌状复叶，互生或基生，3小叶，本品种小叶大，艳紫红色。伞形花序，花冠淡紫色或白色，端部呈淡粉色。3～12月零星开花。

原产北美。全光和半阴处均可生长，喜温暖湿润，也耐干旱。可盆栽观叶，匍匐性强，生长快，是良好的彩叶地被植物。

常绿乔木。树皮暗灰色。奇数羽复叶互生，小叶全缘，卵形，基部歪斜。聚伞或圆锥花序，花瓣稍卷，背面淡紫红色，有时粉红色或白色。浆果横切面星芒状，淡绿色或蜡黄色。花期4～12月，果期7～12月。

原产马来西亚等地，我国广东、广西、福建及台湾有分布。喜温暖湿润气候，常老干开花、结果。著名热带水果。花色美丽，果形奇特，常于路边、墙边或庭院栽培观赏，也可作大型盆栽。

非洲凤仙 （苏丹凤仙花） *Impatiens walleriana*

多年生草本。茎肉质，多汁，绿色或淡红色。叶互生，椭圆形，基部楔形。花腋生，通常2花，稀3～5花，花梗细，基部具苞片；花色丰富。蒴果纺锤形。在气候适宜地区全年开花。

原产坦桑尼亚、莫桑比克。喜温暖、湿润，喜光忌暴晒，夏季需稍遮阴；不耐干旱且忌积水。适应性较强，移植易存活，生长迅速。是流行的花坛、花境花卉，也可盆栽及悬吊观赏。

新几内亚凤仙 *Impatiens hawkeri*

多年生常绿草本。茎肉质，光滑，青绿色或红褐色。叶轮生，披针形，叶缘具锐锯齿。花单生叶腋，偶有两花并生，基部花瓣衍生成距，花色极为丰富，有洋红色、雪青色、白色、紫色、橙色等。花期长，盛花期6～8月。

原产非洲。喜温暖，耐阴，忌强光直射。要求肥沃、富含腐殖质的砂壤土。既可作观赏盆花，也可吊篮造型及花坛布景等。

通脱木 *Tetrapanax papyriferus*

落叶灌木或小乔木。枝粗壮，髓心发达，白色。幼枝密生星状毛或脱落性褐色绒毛。叶柄长，叶片大，互生，近圆形，掌状深裂，缘有锯齿及缺刻；托叶狭披针形。伞形花序集成疏散圆锥状，中轴及总梗密生绒毛；花小，花瓣4，白色。果实球形，紫黑色。花期10～12月，果期翌年1～2月。

我国特有，产长江流域至华南、西南各地。喜光，耐寒性不强，易萌蘖。叶形奇特，常庭园观赏。枝髓处理后切成纸片状，染色后制成工艺品，即我国传统民间技艺之一的"通草花"。亦可入药。

常绿小乔木。枝干具刺、毛。单叶互生，叶柄长；叶大，掌状7～11裂，裂片披针形，边缘再羽状深裂，裂片仅存中肋而呈叶柄状，基部合生。伞形花序组成大型圆锥花序；花瓣6～12枚，淡黄绿色。核果近球形。花期10月，果期翌年5～7月。

产我国西南部至印度北部及中南半岛。耐半阴，喜暖热湿润及肥沃、排水良好之处，不耐旱和寒冷。叶形奇特，似孔雀开屏，可供庭园或盆栽观赏。

刺通草 *Trevesia palmata*

　　常绿乔木。干细高、直立。掌状复叶互生，小叶长椭圆形，全缘。花小，红色，总状花序，核果近球形，紫红色。花期10～11月，果期12月至翌年1月。

　　原产澳大利亚昆士兰、新几内亚及印度尼西亚。喜温暖、湿润和半阴环境。叶形美丽，姿态丰满优美，可作室内大型盆栽或庭院孤植。

孔雀木 *Schefflera elegantissima*

　　常绿小乔木。掌状复叶互生，叶柄长，小叶细长条形，叶缘疏齿裂，幼叶紫红色，成熟叶暗绿色。顶生大型伞形花序，花小，5基数，花柱离生。

　　原产大洋洲及西南太平洋诸岛。喜光，喜温暖及较阴湿环境，冬季不低于15℃。树形和叶形优美，小叶雅致，适宜居室、厅堂和会场布置；暖地可植于庭园观赏。

常绿蔓性，常作灌木栽培。掌状复叶互生，小叶7~9，倒卵状长椭圆形。花绿白色，伞形花序总状排列，下垂。花期7~10月，果期9~11月。

产我国台湾、广东、海南和广西南部。喜半阴，喜暖热湿润气候，不耐寒，耐阴。可植于庭园或盆栽观赏。

'金叶' 鹅掌藤 （'黄金' 鸭脚木） *Schefflera arboricola* 'Gold Capella'/'Aurea'   **五加科鹅掌柴属**

鹅掌藤品种。部分小叶金黄色或绿色，具不规则黄斑。习性及园林应用同鹅掌藤。

广西鹅掌柴 *Schefflera kwangsiensis*

灌木。高约3m。枝纤细。掌状复叶，小叶3~5枚，小叶片纸质，倒卵状椭圆形或椭圆状披针形。圆锥花序顶生。果实球形，橙红色。果期6月。

我国云南西北部特产。良好的南方庭院观叶植物。

柏那参 （罗伞） *Brassaiopsis glomerulata*

常绿乔木。小枝具刺，幼时被锈红色绒毛。掌状复叶，总叶柄长，小叶5~9，小叶卵状长椭圆形，全缘或具疏齿，小叶柄长；幼叶被锈红色星状绒毛，后脱落。伞形花序组成大型圆锥花序，初被锈红色绒毛，后脱落；花白色，芳香。果扁球形，紫黑色，花柱宿存。花期5~6月，果期翌年1~2月。

原产我国云南西北部及越南。叶形美丽，喜温暖湿润气候，优良的庭院观赏树种。

　　常绿乔木。三至五回羽状复叶互生，总叶柄长；小叶对生，椭圆形，全缘，小叶柄短。伞形花序密集成头状，组成大型顶生圆锥花序，密被锈色星状绒毛，后渐脱落。果扁球形。花期10～12月，果期翌年2～3月。

　　原产我国云南及广东、广西，印度、缅甸等地也有分布。喜光，喜温暖湿润气候。树形丰满如罗伞，叶大，热带风情浓郁，是良好的庭荫树及行道树，幼树盆栽观赏。

粗齿假人参 （齿叶矛木） *Pseudopanax ferox*

常绿小乔木或灌木。树干细长光滑，具灰色斑纹。叶柄粗壮，叶异形，幼叶窄而细长，厚革质，边缘粗锯齿；成年叶长圆形至倒卵形，具齿或全缘。花小，雄花总状花序，雌花伞形花序。果实有棱，球状，褐色或紫褐色。

原产新西兰。喜干燥。叶形奇特，株形细高，可用于庭院栽植观赏。

雷苏假人参 *Pseudopanax lessonii*

常绿小乔木或灌木。树皮光滑，叶痕突出。叶厚革质，集生枝端，倒卵形至楔形，中部以上具齿，基部紫褐色。花序无明显主轴，雄花序总状，雌花序伞形，花小。果实球状，具棱。

原产新西兰。喜温暖，不耐寒。株形、叶形美丽，是良好的盆栽或温室植物，有彩叶品种。

蕨叶南洋森 （蕨叶福禄桐） *Polyscias filicifolia / Polyscias cumingiana*

常绿灌木。高达2.4m；枝常紫色。羽状复叶互生，小叶7~11，大小和形状多变，小叶常羽状深裂。花期秋季。

原产太平洋；现广植于世界热带地区。良好的盆栽观叶植物。

圆叶南洋森 *Polyscias scutellaria*

常绿灌木。三出复叶互生，小叶近圆肾形，缘有粗圆齿，叶面绿色。伞形花序组成圆锥花序，多花，花黄绿色。花期秋季。

原产新喀里多尼亚；热带地区多有栽培。耐半阴，喜高温多湿气候及湿润和排水良好的土壤，耐干旱，极不耐寒。叶美丽，宜植于庭园或盆栽观赏。

'斑叶'圆叶南洋森 *Polyscias scutellaria* 'Variegata'

圆叶南洋森品种。叶有不规则黄白斑块。习性及园林应用同圆叶南洋森。

'银边'圆叶南洋森 （'白雪'福禄桐） *Polyscias scutellaria* 'Marginata'

　　圆叶南洋森品种。叶缘有不规则白色斑纹。习性及园林应用同圆叶南洋森。

'芹叶'南洋森 *Polyscias guilfoylei* 'Quinquifolia'

　　南洋森品种。本品种叶片边缘有不规则的浅裂、深裂或锯齿。花小而多，绿色；圆锥状伞形花序。浆果状核果。

　　原种产波利尼西亚。耐阴，不耐寒，我国华南地区有栽培。常作绿篱或盆栽观赏。

'斑叶芹叶'南洋森 *Polyscias guilfoylei* 'Quinquifolia Variegata'

　　南洋森品种。叶有大片黄白斑。习性及园林应用同芹叶南洋森。

复羽叶南洋森 *Polyscias fruticosa*

常绿灌木。侧枝略下垂，树冠伞形。二至三回羽状复叶，小叶近革质，狭披针形或卵状披针形，缘有不规则锯齿或缺刻，侧脉羽状。顶生圆锥花序，花白色或浅黄色，浆果球形，黑褐色。春季开花，8~9月果熟。

原产印度至马来西亚、澳大利亚北部，世界热带地区广为栽培。我国华南有栽培，常作绿篱及盆栽观叶植物。

中华常春藤 *Hedera nepalensis var. sinensis*

常绿攀缘灌木。有气生根。叶互生，营养枝上三角状卵形，全缘或3裂，结果枝上长椭圆形。伞形花序或圆锥花序；花淡黄白色或淡绿白色，芳香，花瓣5。果球形，红色带黄色，花柱宿存。花期9~11月，果期翌年3~5月。

分布地区广。极耐阴，光照充足处亦可生长。喜温暖、湿润环境，稍耐寒，能耐短时-5~-7℃低温。可用其气生根扎附于假山、墙垣上，让其枝叶悬垂，如同绿帘，也可攀附树干上。

洋常春藤 *Hedera helix*

多年生小型藤本。枝蔓细弱而柔软，具气生根。叶柄长，营养枝上的叶3~5裂，三角状卵形，结果枝上的叶不裂。顶生总状花序或短圆锥花序；小花浅黄色或红色。果实球形，红色或黄色。花期9~11月，翌年5月果熟。

原产欧洲。喜温暖、湿润的环境，耐阴、耐寒，不耐酷暑高温。是优良的观赏植物，能攀附在其他物体上，可盆栽，也可作绿墙、吊盆栽植。

香菇草 *Hydrocotyle vulgaris*

多年生挺水草本。植株蔓生，节上常生根。叶柄长，盾状着生，叶面平展、光亮，圆盾形，叶缘波状。伞形花序，小花白色。

原产欧美。生长迅速，繁殖能力强，叶形、叶色虽佳，但具一定入侵性，应用时需谨慎。可植于路边浅水区，也可于玻璃容器中水培。

非洲茉莉 （灰莉） *Fagraea ceilanica / Fagraea sasakii*

常绿小乔木。全株无毛，茎绿色、光滑。叶对生，椭圆形，全缘，革质。花冠漏斗状，裂片5，白色，常1～3朵呈聚伞状。浆果卵球形，绿色。花期4～6月；果期7月至翌年3月。

产印度及东南亚；我国台湾、华南有分布。喜光，耐半阴，喜暖热气候，耐修剪。枝叶茂密，叶色浓绿光洁，花色白而清香。宜植于庭园观赏或作绿篱；或作盆栽于建筑物内外观赏。

'斑叶'灰莉 （'花叶'灰莉） *Fagraea ceilanica* 'Variegata'

灰莉品种。叶片有不规则黄色斑块。习性及园林应用同灰莉。

马钱子 *Strychnos nux-vomica*

乔木。单叶对生，纸质，卵形，叶基出脉3~5，具网状横脉。圆锥状聚伞花序腋生，花序梗被微柔毛；花瓣5，花冠筒状，绿白色至白色。浆果熟时橙色，球形。种子扁圆盘状，被毛。花期春夏两季，果期8月至翌年1月。

原产印度、斯里兰卡等地。喜热带湿润性气候，怕霜冻，喜石灰质或微酸性黏壤土。种子有毒，可入药。木材可制农具。

钩吻 *Gelsemium elegans*

常绿木质藤本。叶片对生，卵状长圆形。腋生三歧聚伞花序，花冠黄色，漏斗状，喉部有淡红色斑点。蒴果。花期5~11月，果期7月至翌年3月。

产我国江西、福建、台湾等地，也分布于印度、马来西亚和印度尼西亚等地。喜光，不耐低温、忌高温的短日照植物，怕霜冻。植株开花美丽，可用作垂直绿化或点缀疏林草地，北方可作温室植物。全株有毒，入药。

常绿钩吻藤 *Gelsemium sempervirens*

常绿木质藤本。叶对生，披针形。花单朵或呈小型聚伞花序腋生，花漏斗形，鲜黄色，有香气。蒴果。花期3月下旬至5月初。

原产亚热带和热带美洲。喜阳光，稍耐阴。喜温暖湿润和肥沃土壤，不耐寒。秋季叶变橙红色，园林应用同钩吻。植物汁液对皮肤有刺激作用。

长春花 *Catharanthus roseus*

常绿亚灌木。叶对生，倒卵状长圆形。花冠红色，高脚碟状，聚伞花序腋生或顶生，花2~3朵。蓇葖果双生，直立。花期、果期几乎全年。

原产非洲东部；现热带和亚热带地区广植。我国西南、中南及华东、华南地区常用于花园美化或植于花台、花境。

蔓长春 *Vinca major*

常绿蔓生亚灌木。茎匍匐，花枝直立。叶对生，椭圆形至卵状椭圆形，全缘，有缘毛，两面光滑。花单生叶腋，花冠蓝色，裂片5。蓇葖果双生。花期4~6月。

原产欧洲。喜半阴、湿润，对土壤选择不严，过于干旱则生长不良。北京能安全越冬并开花；花期较长，花色素雅，植株生长茂盛，可作园林地被。

非洲霸王树 （马达加斯加棕榈） *Pachypodium lamerei*

乔木状。茎干粗壮，分枝少，银灰色，密布坚硬锋利的锥形刺，刺常3枚一簇。叶簇生茎顶，椭圆形至狭长椭圆形，革质，叶面深绿，中脉白色。花白色，花瓣5，芳香。

原产马达加斯加。树形较雄伟、奇特，盆栽或地栽观赏均可，为多肉植物中的珍稀种类。

糖胶树 （黑板树） *Alstonia scholaris*

常绿乔木。枝轮生，具乳汁。叶3~8枚轮生，倒卵状长圆形或匙形，有叶柄。花白色，顶生聚伞花序。果细长，线形，外果皮近革质，灰白色。花期6~11月，果期10月至翌年4月。

产亚洲热带至大洋洲。喜阳光，喜温暖至高温环境，喜湿润。大枝层层有序，树冠优美，叶片多轮如托盘，叶色亮丽，果实垂挂如长条。可作庭园绿荫观赏树及行道树使用。

盆架树 *Alstonia rostrata*

常绿乔木。与糖胶树形态相近，唯叶3~4枚轮生。

产印度、缅甸及印度尼西亚等地。习性和园林应用同糖胶树。

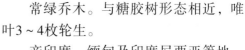

黄蝉 *Allamanda schottii*

常绿灌木。叶近无柄，叶3～5枚轮生，长椭圆形，两端尖，全缘，羽状侧脉在近叶缘处相连。漏斗状花冠柠檬黄色，花冠筒基部膨大，雄蕊花丝极短。蒴果球形，密生长刺。花期6月。

原产巴西。美丽的庭园观赏植物，华南庭园常露地栽培，也可作为盆栽及屋顶绿化材料。植株有毒。

软枝黄蝉 *Allamanda cathartica*

常绿藤状灌木。高3～5m。叶3～4枚轮生，有时对生，背脉有毛。漏斗状花冠黄色，花冠筒基部不膨大。蒴果球形，密生长刺。花期7～9月。

原产巴西及圭亚那。习性及园林应用同黄蝉。

软枝黄蝉品种。高3～5m。叶小，长椭圆形至倒披针形。花冠筒细长，花黄色，5裂，长7～10cm。习性及园林应用同黄蝉。

'大花'软枝黄蝉 *Allemanda cathartica* 'Grandiflora'　　　　　　　　　夹竹桃科黄蝉属

软枝黄蝉品种。花径可达10～14cm，淡黄色。习性及园林应用同黄蝉。

'重瓣' 软枝黄蝉 *Allemanda cathartica* 'Flore-Pleno'

软枝黄蝉品种。花重瓣，淡黄色。习性及园林应用同黄蝉。

紫蝉 *Allamanda blanchetii*

常绿蔓性灌木。叶常4枚轮生，长椭圆形至倒披针形，先端尖，全缘，背面脉上有绒毛。花腋生，花冠漏斗形，5裂，径达10cm，淡紫红至桃红色，雄蕊极不显著。花期春末至秋季。

原产巴西，热带地区常见栽培；我国深圳等地有引种。花美丽而花期持久，是庭园美化的好材料。

沙漠玫瑰 *Adenium obesum*

多肉类半落叶灌木或小乔木。树干肿胀状。叶互生，近无柄，集生枝端，倒卵形至椭圆形，全缘，肉质。花冠漏斗状，白色、红色至粉红色，中部色浅，裂片边缘波状；顶生伞房花序。春至秋季开花，夏季为盛花期。

原产东非至阿拉伯半岛南部。喜阳光充足及干热环境，不耐寒。花盛开时极为美丽，品种多，我国各地温室常见栽培。茎干汁液有毒。

海杧果 *Cerbera manghas*

常绿乔木。树皮灰褐色，全株具乳汁。枝条轮生，叶痕明显。叶集生枝端，倒披针形，全缘；羽状脉细。聚伞花序，花冠5裂，高脚碟状，白色，中心红色；芳香。核果熟时红色。花期6（3～10）月；果期8～12月。

产热带亚洲至波利尼西亚沿岸，我国华南有分布。生于海边或近海边湿润处，喜暖热湿润气候，抗风；根系发达，生长快，移栽易活。树形优美，叶大亮泽，花美丽而芳香，可作庭园及滨海绿化及防风林。果及种子有毒，含强心甙。

木长春（红花瑞木）*Kopsia fruticosa*

常绿灌木。高达3m。叶纸质，椭圆形或椭圆状披针形，顶部具尾尖，基部楔形。聚伞花序顶生；花冠粉红色，花冠裂片长圆形。核果单个。花期9月，果期秋冬季。

原产亚洲热带；我国广东有栽培。四季常绿，花大，花色素雅、美丽，可庭园观赏。

'斑叶'夹竹桃 *Nerium indicum* 'Variegatum'

夹竹桃品种。叶有不规则黄色斑纹。习性及园林应用同夹竹桃。

常绿直立大灌木，具乳汁。叶3～4枚轮生，窄披针形，革质，侧脉平行。花冠红色、粉红色或白色，漏斗形，裂片5，右旋；副花冠流苏状；顶生聚伞花序，6～11月开花，有香气。蓇葖果细长。

原产伊朗、印度等地，广植于热带、亚热带地区。喜光，喜温暖湿润气候，不耐寒，耐烟尘，抗有毒气体。我国长江流域以南地区可露地栽培，是常见的观赏花木，北方常温室盆栽。有粉红色重瓣品种'玫红重瓣'夹竹桃。

黄花夹竹桃 *Thevetia peruviana*

常绿灌木。具乳汁。叶互生，线状披针形，全缘，中脉显著。花冠黄色，顶生聚伞花序。核果扁球形，由绿色变红色、黑色。花期5～12月；果期8月至翌年春季。

原产热带美洲地区。喜高温多湿气候，极不耐寒。我国华南有栽培，长江流域及其以北地区时见温室盆栽观赏。全株有毒，种子可榨油。

红鸡蛋花 *Plumeria rubra*

落叶小乔木。高约5m；枝粗肥多肉，三叉状分枝，具丰富乳汁。单叶互生，常集生枝端，倒卵状椭圆形，长20～40cm，两端尖，全缘，羽状侧脉至叶缘处相连。顶生聚伞花序，花冠漏斗状，5裂，花桃红色，喉部黄色，芳香。蓇葖果双生，下垂。8月开花。

原产热带美洲，华南庭园中常有栽培，长江流域及其以北地区常温室盆栽观赏。华南常用于庭院、寺庙美化等，花、树皮均入药。

鸡蛋花 *Plumeria rubra f. acutifolia*

落叶小乔木。花冠白色，里面基部黄色，芳香。习性及园林应用同红鸡蛋花。

'三色'鸡蛋花 *Plumeria* 'Tricolor'

花白色，喉部黄色，花瓣周缘桃红色。习性及园林应用同鸡蛋花。

玫瑰树 （玫瑰桉） *Ochrosia borbonica*

常绿乔木。小枝灰白色。枝上部之叶3～4枚轮生，下部之叶对生，近革质，倒卵形，全缘，有光泽。聚伞花序，花冠高脚碟状，裂片白色或粉红色，芳香。核果近球形，双生，熟时红色，晶莹亮丽。花期几近全年，主花期6～7月。

原产亚洲东南部及马达加斯加。喜光，耐半阴，喜高温多湿气候，不耐干旱和寒冷。树形美观，枝叶茂密，花美丽素雅，果鲜红晶莹，宜植于庭园观赏。

倒吊笔 *Wrightia pubescens*

乔木，具乳汁。树皮深灰色，小枝棕褐色。除花外，全株均无毛。叶长圆状披针形至椭圆形，叶脉在叶背略凸起。顶生聚伞花序，花白色或淡黄色，花冠漏斗状，副花冠分裂为25～35枚流苏状鳞片。蓇葖果圆柱形。花期4～8月，果期7～12月。

原产我国广东、云南和广西等地，印度、泰国、马来西亚、印度尼西亚等地也有分布。生于低海拔山地稀疏林及村舍旁、山谷向阳处；喜土壤湿润、肥沃之处。可庭院栽培观赏，叶浸水可得蓝色染料，根和叶供药用。

催吐萝芙木 *Rauvolfia vomitoria*　　夹竹桃科萝芙木属

常绿灌木。具乳汁。叶膜质或薄纸质，3～4枚轮生，稀对生，广卵形或卵状椭圆形。聚伞花序顶生；花冠高脚碟状，淡红色，冠筒喉部膨大，内被短柔毛。核果离生，圆球形。花期8～10月，果期10～12月。

原产热带非洲，我国广东、广西有栽植。花果美丽，观赏期长，也可植于庭园观赏。植株有毒，全株入药。

萝芙木（鱼胆木）*Rauvolfia verticillata*　夹竹桃科萝芙木属

常绿灌木。叶3～4枚轮生，长椭圆形至倒披针形，全缘，无毛；无托叶。二歧聚伞花序顶生；花冠小，白色，5裂。核果椭球形，红色，2个离生。花期2～10月，果期4～12月。

原产亚洲热带，我国台湾、华南及西南有分布。主要是药用。花果美丽，观赏期长，也可植于庭园观赏。

红果萝芙木 *Rauvolfia verticillata* f. *rubrocarpa*　　　　　　　　　夹竹桃科萝芙木属

常绿灌木。叶膜质，长圆形或披针形，叶面浓绿色。花特征和原种萝芙木近似。核果离生，卵圆形，红色，果柄长。花期2～10月，果期4月至翌年春季。

分布于我国广东和广西。果实红亮，十分美丽，可植于庭园观赏。

单瓣狗牙花 （扇形狗牙花） *Tabernaemontana divaricata*

常绿灌木。具乳汁，全株无毛，枝和小枝灰绿色，有皮孔。叶坚纸质，椭圆形，侧脉下凹。聚伞花序腋生，通常双生，着花6~10朵；花蕾端部长圆状急尖；花冠筒白色，裂片5，芳香。蓇葖果极叉开或外弯；种子长圆形。花期6~11月，果期秋季。

产印度、缅甸、泰国及我国华南，多生于山地疏林中，耐阴。花色洁白、素雅，枝叶青翠，花期长且清香，园林应用普遍，是华南常见花木，亦可盆栽。根可药用。

'重瓣'狗牙花 *Tabernaemontana divaricata* 'Flore Pleno'

单瓣狗牙花品种。花冠白色，重瓣习性及应用同单瓣狗牙花。

旋花羊角拗 （毛旋花） *Strophanthus gratus*

常绿攀缘灌木。粗壮，全株无毛。叶对生，厚纸质，长圆形或长圆状椭圆形。聚伞花序顶生，花萼钟状，花冠白色，喉部红色，花冠裂片5，副花冠红色，顶端不延成长尾状。蓇葖木质，长圆形。花期2月。

原产热带非洲，我国台湾有栽培，已驯化。植株有毒。

　　常绿木质藤本。全株具白色乳汁。叶对生，卵形，中脉凸起。聚伞花序顶生或腋生，花冠高脚碟状，白色，花冠筒长4～6mm；花盘环状5裂。蓇葖果双生。花期5月。

　　产我国贵州和四川。喜光、强耐阴，喜空气湿度较大的环境。可用于花境布置，也是优良的盆栽植物。

飘香藤（愉悦飘香藤 / 红皱皮藤 / 双腺藤）　*Mandevilla × amabilis*　　　　　　夹竹桃科飘香藤属

　　常绿木质藤本，全株有乳汁。叶对生，长卵圆形。腋生总状花序，花冠漏斗形，5裂，粉红色、橙红色等。本品种花红色。花期主要为夏、秋两季。

　　原种产南美洲。喜充足的阳光，喜温暖湿润的环境，不耐寒。花期长，花色多，宜作盆栽或小型庭院美化植物。

清明花 *Beaumontia grandiflora*

常绿木质藤本。叶对生，椭圆形。聚伞花序顶生，花梗具锈色柔毛；花冠漏斗形，5裂，白色，芳香；雄蕊生于花冠筒喉部。蓇葖果，种子顶端具白色绢毛。花期春夏，果期秋冬季。

原产我国云南，印度也有。喜温暖湿润，要求肥沃且排水良好的土壤，全日照或半日照均可开花。适合廊架、墙边、阳台等绿化。

思茅藤 *Epigynum auritum*

常绿木质藤本。具乳汁。叶纸质，椭圆形，叶柄密被柔毛。圆锥状聚伞花序顶生，苞片线形，花冠高脚碟状，白色。蓇葖果叉生，种子顶端具黄色绢毛。花期4~7月，果期9~12月。

产我国云南南部。多用于建筑、围墙、花架等立体空间布置以及高速公路护坡绿化。

　　常绿灌木。高2～3m；小枝绿色。叶对生，线状披针形，全缘。聚伞花序下垂，花萼5深裂，花冠白色，副花冠黑色。蓇葖果卵球形，浅黄绿色，疏生刺毛；种子顶端具长毛。花期夏季；果期秋季。

　　原产非洲；我国华南地区有栽培。喜光，喜高温多湿气候，不耐干旱和寒冷。果形如气球，若被挤压扁，稍后能复原，是罕见的观花观果植物，宜植于庭园观赏。其带果之枝是新颖切花材料。

大花犀角（海星花）*Stapelia grandiflora*　　　　　　　　　　　　　　　　　　　**萝藦科豹皮花属**

　　植株矮小。茎四角棱状、灰绿色，具齿状突起，形如犀牛角。萼片披针形，有绒毛；花冠大，裂片5，似海星，淡黄色，内面具淡黑紫色横斑纹，边缘密生长细毛，具腐臭味。花期7～8月。

　　原产南非，世界各地多有栽培。花大艳丽，花形奇特，颇具园艺观赏价值，部分种类普遍引种栽培。

直立灌木。全株具乳汁。叶对生，卵状长圆形，两面被灰白色绒毛，叶柄极短，有时叶基部抱茎。聚伞花序；花冠淡紫色，基部淡绿色；副花冠比合蕊柱短，淡紫色。菁葵果膨胀，端部外弯。花果期几乎全年。

分布于印度、斯里兰卡、缅甸、越南和马来西亚等地，我国云南、四川、广西和广东等地有产。可作园林绿化树种，花可观赏；亦有药用和经济价值。

常绿藤本。节上生气根。叶肉质、对生。聚伞花序腋生，花白色，花冠筒短，花冠辐状，裂片内面具乳头状突起。蓇葖果线形，光滑；种子具白色绢毛。花期4～6月，果期7～8月。

产我国云南、广东、广西和台湾等地。喜高温高湿、半阴环境，也耐干燥；光照不足地区常盆栽观叶，在富含腐殖质、排水良好之处生长旺盛，适合作垂直绿化、盆栽、吊盆，也可附生于树上或景石上。

眼树莲 （瓜子金） *Dischidia chinensis*　　　　　　　　　　　　　萝藦科眼树莲属

　　藤本或攀缘状灌木。全株含乳汁。茎肉质，节上生根。叶小，肉质，卵圆形。聚伞花序腋生，近无柄，花小，黄白色，花冠坛状。蓇葖果细长圆柱形。花期4～5月，果期5～6月。

　　产我国广东和广西。喜温暖湿润，可用于园林绿化，攀附于树干或附生于景石。全株入药，可作棚架绿化。

非洲茉莉 （蜡花黑鳗藤） *Stephanotis floribunda*

木质藤本。枝蔓长可达4~5m。单叶对生，椭圆形，全缘，革质。聚伞花序；小花漏斗状，纯白色至象牙白色，芳香。蓇葖果柱状披针形。花期5~10月，果期9~11月。

原产马达加斯加。喜光，喜高温；花期长，繁茂而芬芳，是极受欢迎的小型棚架植物与室内盆栽藤本植物。长江流域亦可露地栽培。

通光藤 *Marsdenia tenacissima*

落叶藤本。全株具乳汁，茎粗壮。茎密生淡黄色绒毛。单叶对生，近心形。伞形聚伞花序，小花红黄色或黄绿色，花萼、花冠均5深裂。蓇葖果成对，角状纺锤形。花期夏季，果期11月。

产我国云南和贵州的南部。生于海拔2000m以下的疏林中。药用价值高。

南山藤 *Dregea volubilis*

木质大藤本。茎枝密被毛，枝具皮孔，小枝绿色。叶卵圆形，两面无毛或稍被短柔毛。聚伞花序下垂，花冠绿色或黄绿色，裂片宽卵形，具缘毛；花芳香。果双生，窄卵球形，种子扁卵圆形。花期4~9月，果期7~12月。

产我国贵州、云南、广西、广东及台湾等地。全株入药，可作棚架绿化。

古钩藤 *Cryptolepis dubia*

木质藤本。具乳汁。茎皮红褐色有斑点，小枝灰绿色。叶对生，椭圆形。聚伞花序腋生，短于叶片，花冠黄白色。蓇葖果成对，长圆形，种子顶端具白色种毛。花期3~8月，果期6~12月。

产我国云南、贵州、广东、广西等地，东南亚各地有分布。可作棚架绿化，或攀缘树上。

　　常绿小乔木或灌木。枝叶、花梗被短柔毛。叶互生，卵形，全缘，质软，有臭味。聚伞花序腋生，花浅粉红色。浆果卵圆形，熟时红色或橙红色。花期春夏，果期秋至冬季。

　　原产南美秘鲁。生长快，需水量大。果味如番茄，可食用。庭院观赏。

番茉莉（鸳鸯茉莉）*Brunfelsia acuminata*　　　　　　　　　　茄科番茉莉属

　　常绿灌木。高1～2m。叶互生，披针形，全缘。聚伞花序，花冠漏斗形，筒部细，初开时蓝紫色，后渐变为淡蓝色、白色。春至秋季开花。

　　原产美洲热带，我国华南地区有栽培。花繁叶茂，宜植于庭园或盆栽观赏。

　　半常绿灌木。多分枝，无毛。叶互生，卵形。花大，单生或2~3朵簇生枝顶，花冠高脚碟状，萼筒教长，花瓣宽大，初开时蓝色，后转白，喉部白色。花期几乎全年，盛花期10~12月，花朵夜间芳香；春季结果。

　　原产巴西，现世界暖地普遍栽培观赏。我国华南常见。

夜香树（木本夜来香）*Cestrum nocturnum*　　　　　　　　　　　　　茄科夜香树属

　　常绿灌木。枝条长而拱垂。叶互生，卵状长椭圆形，全缘。伞房状聚伞花序腋生或顶生；花冠筒细长，端5齿裂，奶油白色，夜间极香。浆果白色。夏秋开花。

　　原产热带美洲，现广植于热带各地。我国华南及西南地区有栽培，长江流域及其以北地区常温室盆栽。花期长，入夜后极香。

木本大花曼陀罗 （大花曼陀罗） *Brugmansia arborea*

　　小乔木。茎粗壮。单叶互生，卵状披针形，全缘，两面被柔毛。花白色，俯垂，花冠长漏斗状。蒴果平滑，浆果状，卵圆形。花期7～9月，果期10～12月。

　　原产南美厄瓜多尔和智利北部。喜光，不耐寒，对土壤要求不严。花朵硕大，还有粉红色、橙色等品种，是优良的庭院、墙角和屋隅等的美化树种，也可盆栽观赏。

曼陀罗 *Datura stramonium*

　　草本或亚灌木状。植株无毛或幼嫩部分被短柔毛。叶宽卵形，顶端渐尖，基部不对称，边缘裂片急尖。花萼筒状，花冠漏斗状，下部淡绿色，上部白色或淡紫色，檐部5浅裂，裂片有短尖头，子房密被柔毛。蒴果被坚硬针刺或无刺，4瓣裂，种子黑色。花期6～10月，果期7～11月。

　　我国各地可见，广布于世界各大洲。可药用或作观赏。全株有毒。

小乔木。小枝及叶柄具刚毛及粗直皮刺。叶片大，单叶互生，羽状中裂，裂片不规则卵形或披针形，上面具刚毛状单毛，下面被星状毛。二歧聚伞花序，花冠大，5裂，淡紫色至深紫色，外面被毛。果球形。花果期近全年。

原产南美玻利维亚至巴西，现热带、亚热带地区广泛栽培。喜高温，耐热、耐旱、不耐寒。花期长，花色优美，是优良的庭院观赏植物。

灌木。叶分裂或全缘，分裂叶羽状3~5裂，裂片线状披针形。花蓝紫色，直径约2.5cm；花冠筒隐于萼内。浆果椭圆形。花期秋季，果期冬季。

原产大洋洲。可栽于庭院观赏。叶及果突入药。

乳茄 *Solanum mammosum*

直立草本。高约1m。叶卵形，长5~10cm，宽几与长相等，常5裂，有时3~7裂，裂片浅波状，两面密被亮白色长柔毛及短柔毛。花冠紫堇色，筒部隐于萼内。浆果倒梨状，黄色。花果期夏秋。

原产美洲。果色鲜艳、果形美丽，多盆栽，是深受欢迎的年宵观果植物之一。

金杯藤 *Solandra maxima*

常绿木质藤本。叶互生，长椭圆形，具光泽。花顶生，大型，杯状，淡黄色或金黄色，具5条纵向深褐色条纹；略香；花萼5浅裂，雄蕊伸出花冠筒。浆果球形。花期12月至翌年春末夏初。

原产中美洲，我国华南、西南地区栽培。喜光照充足，喜温暖湿润，不耐寒，耐半阴；花大型美丽，适宜庭园垂直绿化，用于大型花架、荫棚等，也可盆栽观赏。

蓝星花 （三爪金龙） *Evolvulus nuttallianus*

常绿灌木。低矮，株高可达45cm，幼枝密生白色绵毛。叶互生，椭圆形，全缘，叶背密被白色绵毛。花腋生，花冠蓝色，中心白色，星形，背面有白色星状条纹。全年开花，但以春、夏季为盛。

原产北美洲，在我国南方有栽培。花小，可爱，适用于公共绿地和花园美化。

马鞍藤 （厚藤） *Ipomoea pes-caprae*

多年生草质藤本。茎细长平卧。叶互生、肉质，顶端微缺或2裂，裂片圆，基部阔楔形至浅心形。苞片小，阔三角形；萼片厚纸质，卵形，具小凸尖；花冠紫色或深红色，漏斗状。蒴果球形，4瓣裂。

喜光，耐热，耐瘠薄；四季常绿，叶形奇特，生长势强，几乎全年有花，花多且色泽艳丽，适于沿海滩涂、湿地栽植。

五爪金龙 *Ipomoea cairica*

多年生缠绕草本。茎细长，有细棱。叶掌状5全裂或近全裂，裂片卵状披针形或椭圆形，中裂片较大。聚伞花序腋生，1~3花，偶3朵以上；花冠漏斗状，紫红色、浅紫色或淡红色，偶白色。蒴果近球形。花期5~12月。

原产亚洲、非洲热带，现广泛栽培或归化，我国华南广布。生于平地、山地及路边。也作观赏栽培。

'紫叶'薯 *Ipomoea batatas* 'Atropurpurea'

番薯品种。多年生蔓生草本。具乳汁。叶互生，心形，紫色。花单生或组成腋生聚伞花序、伞形至头状花序；花冠漏斗形，粉色或白色。较少开花。

番薯原产南美洲及安的列斯群岛，现已广泛栽培。喜光，喜高温，性强健，耐阴，'紫叶'薯整个生长季枝叶一直是紫红色。植株匍匐状，可作地被、花境或盆栽布置立体花坛。

番薯品种。叶黄绿色。习性及园林应用同紫叶薯。

番薯品种。多年生草质藤本，匍匐或悬垂生长。叶不规则心形，叶面有紫红、乳白色斑纹。生性强健，不耐阴。用扦插或块根繁植。

马蹄金 *Dichondra micrantha*　　　　　旋花科马蹄金属

多年生匍匐小草本。茎细长，被灰色短柔毛，节上生根。叶互生，肾形至圆形，先端宽圆形。花单生叶腋，花梗短于叶柄，花冠黄色，深5裂。蒴果近球形。自然花期4月。

我国长江以南、台湾均有分布。广布于两半球热带亚热带地区。既喜光照，又耐荫蔽，具有一定的耐践踏能力。可作园林地被，也常盆栽作悬吊装饰。

福建茶 （基及树）　*Carmona microphylla*

常绿灌木。多分枝。单叶互生或短枝上簇生，匙状倒卵形，先端圆钝，上部具粗圆齿。花小，白色，花瓣5；2～6朵呈聚伞花序。核果球形，红色或黄色。花果期11月至翌年4月。

产我国广东、海南及台湾；日本、印度尼西亚及澳大利亚也有分布。喜光，喜温暖湿润气候。枝叶细密，适于修剪造型，常作绿篱及盆景材料。

赪桐　*Clerodendrum japonicum*

落叶灌木。全体近无毛。叶对生，广卵形或心形，缘有细齿，叶背密被锈黄色盾形腺体。顶生聚伞圆锥花序；花萼红色，5深裂；花冠鲜红色，筒部细长，端5裂并开展，花梗红色。浆果状核果，球形，绿色或蓝黑色，宿存萼片反折呈星状。花期5～11月。

产我国南部，日本、印度、马来西亚和中南半岛也有分布。大型红色花序鲜艳夺目，花期持久，是美丽的观花灌木，华南庭园有栽培，长江流域及华北多于温室盆栽观赏。根、叶、花均可药用。

'白花' 赪桐 *Clerodendrum japonicum* 'Album'

美丽赪桐品种。花白色，花萼淡粉红色。习性及园林应用同美丽赪桐。

垂茉莉 （垂花龙吐珠） *Clerodendrum wallichii*

落叶蔓性灌木。小枝四棱，有翅。叶对生，长圆形至披针形。圆锥花序下垂，花白色，花冠裂片5；花丝细长，果期时花萼膨大呈红色。核果紫黑色。初夏至秋冬开花。

产亚洲南部，广西、云南和西藏有分布，华南、华东有栽培。喜湿润、疏松、肥沃的土壤，较耐干旱。花姿清秀，花色素雅，宜植于庭园或盆栽观赏。

长管深裂垂茉莉 *Clerodendrum incisum*

落叶小灌木。叶对生，卵形，缘有粗齿。花序直立不下垂，腋生，3～7朵；花冠白色，花冠管细长，前端弯曲膨大。花期夏秋季。

原产热带非洲。花白色，花冠管形如五线谱之音符，我国南方地区可露地栽培作观花植物。

烟火树 （烟花树/紫叶假马鞭） *Clerodendrum quadriloculare*

常绿小乔木或灌木。叶对生，长椭圆形，叶缘波状，叶背暗紫红色。圆锥花序顶生，小花紫红色，花冠细长，先端5裂，裂片内面白色；花萼宿存，包被果实。浆果状核果。花果期冬至春，长达半年。

原产菲律宾与太平洋群岛等地。喜高温湿润。叶色突出，花形酷似盛放的烟花，姿态绮丽，孤植或群植均很美丽。

美丽赪桐 *Clerodendrum speciosissimum*

常绿半蔓性灌木。枝四棱形。叶对生，卵圆状心形，全缘或有波状齿，两面密生灰色短毛。圆锥花序，花冠筒较赪桐细长，鲜红色。果深蓝色。花期从夏至冬。

原产亚洲热带，我国海南有野生。极不耐寒，最低温度需高于15℃。花极美丽，华南地区可植于庭园观赏，北方时见盆栽观赏。

常绿攀缘灌木。枝四棱形。叶对生，卵形，全缘，三出脉。聚伞花序生于上部叶腋，花梗长，花萼膨大，纯白色；花冠高脚碟状，5裂，深红色，花丝细长，显著伸出花冠。核果球形，淡蓝至紫红色，光亮。花期夏秋。

原产西非，我国华北地区温室栽培。喜温暖，不耐寒，耐最低温度15℃，喜光，忌暴晒；枝蔓细柔，开花繁茂，红花白萼相映成趣，华南可露地栽培，用作地被、棚架等。

杂种红花龙吐珠 *Clerodendrum × speciosum*　　　　　马鞭草科大青属

龙吐珠和红花龙吐珠杂交育成，常绿木质藤本。花萼白色、粉红色，花冠深红色。

生长迅速，喜光，开花更繁密。习性与园林应用与龙吐珠类似。

红花龙吐珠 *Clerodendrum splendens*

常绿木质藤本。近似龙吐珠，但花冠朱红色，膨大的花萼深粉红色。

花开鲜红美丽，花萼经久不凋；园林应用与龙吐珠类似。

柚木 *Tectona grandis*

落叶大乔木。小枝四棱形，被星状毛。叶对生，厚纸质，全缘，卵状椭圆形或倒卵形，背面密被星状毛。圆锥花序顶生，花冠小，黄白色，有香气。核果球形，外果皮茶褐色，被毡状细毛。花期近全年。

原产印度、马来西亚等地。喜光，喜高温，根系浅，不抗风。叶大荫浓，可作庭院绿化及行道树，为著名用材树种。

五色梅 （马缨丹） *Lantana camara*

常绿灌木，有时匍匐状。全株具粗毛，并有臭味。叶对生，卵形，缘有齿，叶面略皱。花小，腋生头状花序；花初开时黄色或粉红色，渐变橙黄色或橘红色，最后成深红色。核果肉质，熟时紫黑色。全年开花，夏季最盛。

原产美洲热带，我国华南地区栽培，并已逸为野生。长江流域及华北常见温室盆栽观赏。

蔓马缨丹 （紫花马缨丹） *Lantana montevidensis*

多年生蔓性灌木。茎枝纤细成蔓状，被柔毛。叶卵形，对生，具粗齿。花冠管细长，向上略扩展，花冠5裂，淡紫红色。花期冬春季。

原产热带南美洲。喜阳光充足，喜温暖、湿润。观花地被植物，花期长，小花繁密，可用于地被绿化、固土护堤。

豆腐柴 *Premna microphylla*

落叶灌木。幼枝有柔毛。单叶对生，卵形，全缘或中上部具粗齿，两面具短柔毛；叶揉碎后有臭味。花萼5浅裂，花冠4裂，淡黄色，聚伞花序组成圆锥花序。核果球形。花果期5～10月。

产我国长江流域及其以南地区，日本也有分布。产区常用其叶浸汁制豆腐。根、茎和叶可入药。上海等地常作盆景材料。

蔓荆 *Vitex trifolia*

落叶灌木或小乔木。小枝密被短柔毛，三小叶复叶，有时侧枝具单叶。小叶长圆形或卵形，全缘。圆锥花序顶生，花冠二唇形，淡紫色或蓝紫色，5裂，雄蕊伸出花冠。核果近球形，黑色。花期4～8月，果期8～11月。

产我国华南、东南亚、南亚和澳大利亚。可作园林栽植，也可入药。

山牡荆 *Vitex quinata*

常绿乔木。高4～12 m。掌状复叶，小叶5，倒卵状长椭圆形至倒披针形，全缘。顶生圆锥花序，花淡黄色。核果，熟时黑色。花期5～7月，果期8～9月。

产亚洲东南部，我国华东及华南地区有分布。枝叶茂密，四季常青，是良好的绿化树种，也可作风景林。

兰香草 *Caryopteris incana*

落叶灌木。嫩枝被毛。叶厚纸质，被短柔毛，披针形、卵形或长圆形，边缘具粗齿，两面有黄色腺点。聚伞花序腋生、顶生，花萼杯状，花冠淡紫色或淡蓝色，二唇形，外面具短柔毛，花冠5裂，下唇中裂片较大，边缘流苏状；雄蕊与花柱均伸出花冠。蒴果倒卵状球形，被粗毛，具翅。花果期6～10月。

产我国华东、华南及中南各地，朝鲜、日本也有分布。喜光，喜温暖气候及湿润的钙质土，耐半阴。兰香草可点缀夏秋景色，其花色淡雅，可用于草坪、假山、水边、路旁，是优良的庭院绿化材料。

假连翘 *Duranta repens*

常绿灌木。幼枝方形，墨绿色。叶对生，长椭圆形，表面深绿色。聚伞状圆锥花序顶生，小花紫红色，花冠细高脚杯形，先端5裂。核果球形，光滑，橙黄色。花期冬春，可长达半年。

原产菲律宾与太平洋群岛等地，我国华南栽培观赏。花姿极其优美，果期仍可赏；适于华南和西南南部庭园栽培观赏。

'花叶'假连翘 ('斑叶'假连翘) *Duranta repens* 'Variegata'

假连翘品种。叶缘有不规则白色或淡黄色斑。习性及园林应用同假连翘。

'金叶'假连翘 *Duranta repens* 'Golden leaves'

叶片黄色。习性及园林应用同假连翘。

'金边'假连翘 *Duranta repens* 'Marginata'

假连翘品种，叶缘有不规则的金黄色斑。习性及园林应用同假连翘。

冬红 （帽子花） *Holmskioldia sanguinea*

常绿灌木。单叶对生，卵形，全缘或有锯齿，两面有腺点。聚伞花序腋生或聚生于枝端；花萼砖红色或橙红色，扩张成倒圆锥形；花冠长筒状，弯曲，端部5浅裂，砖红色或橙红色。核果4裂，包藏于宿存的萼内。花期冬末春初。

原产喜马拉雅至马来西亚；我国广州等华南城市有栽培。花色鲜艳，花萼扩展形似帽檐；是一种美丽的观花灌木。

蓝花藤 *Petrea volubilis*

常绿木质藤本，以茎缠绕爬升。小枝被毛，叶痕明显。叶对生，椭圆形，质地粗糙。穗状花序无或具分枝，花萼狭长，蓝白色，先于花瓣开展；花冠5裂，裂片花瓣状，蓝紫色。冬末至翌年夏末开放。

原产古巴。喜阳光，喜高温，生长旺盛。花紫蓝色，狭长蓝白色花萼衬托着蓝紫色花瓣，蓝白相映，分外清丽。美丽的花架、盆栽植物。

绒苞藤 *Congea tomentosa*

常绿木质藤本。小枝近圆柱形，有环状节，茎、叶和苞片密被柔毛。单叶对生，全缘。圆锥状聚伞花序，被毛，小花5~7朵，白色，内面有粉红色条纹，为3~4枚花瓣状的长圆形、粉紫色、被柔毛之苞片所围合。果球形，包藏于宿萼内。初春开放，花期数月。

产我国云南的西南部，泰国、老挝、缅甸也有分布。喜光，喜湿润排水良好的土壤。花期时粉紫色的苞片密密层层，淡雅而俏丽。无论攀缘还是修剪为灌木，观赏效果均十分突出。可用于庭院绿化及围墙、花架等立体空间布置。

细叶美女樱 *Verbena tenera*

多年生蔓生草本。枝叶纤细、柔弱，常在节处生根。叶对生，羽状深裂，裂片细。顶生伞房花序，花冠蓝紫色、红粉色或白色。花期5～10月。

原产南美洲。适应性较强，耐盐碱，喜温暖、湿润和阳光充足的环境，能耐半阴，可耐-10℃低温。枝条柔软、花朵致密，可地栽或植于各类容器中，既美化街道及各种建筑物，又可悬挂装饰。

藿香 *Agastache rugosa*

多年生草本。茎粗，高大直立，四棱形。叶对生，心状卵形。顶生穗状花序，花冠二唇形，淡紫蓝色。小坚果长卵状。花期6～9月，果期9～11月。

我国各地广泛分布，主产四川、浙江、湖南、广东等地，俄罗斯、朝鲜、日本及北美洲有分布。喜高温、阳光充足之处。全株具香味，常作芳香植物应用。用于花径、池畔和庭院成片栽植。全草入药。

防风草（广防风）*Anisomeles indica*

一二年生草本。茎粗，四方形，密被柔毛。叶宽卵形，被短毛。轮伞花序，在主枝和侧枝顶端排列成间断的长穗状花序，花冠淡紫红色。小坚果近圆形。花期8～9月。

分布于我国江西、湖南及广东、广西等地。喜高温、阳光充足环境。可用于花境、庭院自然式栽植。茎叶揉之有臭味，全草入药。

肾茶（猫须草）*Clerodendranthus spicatus / Orthosiphon aristatus*

多年生草本。茎直立，四棱形。叶片卵形，叶柄被短柔毛。轮伞花序；花梗与序轴密被短柔毛；花冠浅紫色或白色，花丝极细长。小坚果卵形。5～11月开花结果。

分布于我国广东、广西、台湾及福建，南亚及澳大利亚也有分布。可用作地被或花境栽植。

彩叶草 *Coleus blumei*

多年生草本常作一二年生栽培。茎直立、四棱。叶对生，卵圆形，缘具齿，叶常彩色，或具黄色、红色和紫色等斑纹。顶生总状花序，花小，淡蓝色或白色。小坚果平滑。花期8～9月。

我国各地普遍栽培。性喜阳光充足及温暖湿润气候，土壤要求疏松、肥沃土壤，不耐寒，越冬温度在12℃以上。常见观叶植物，品种多。常作花坛栽培，或作镶边、草坪点缀，也可盆栽、切叶。

活血丹（连钱草）*Glechoma longituba*

多年生草本。茎匍匐于地面，淡紫色，幼嫩时疏被毛。上部叶心形，具圆齿。轮伞花序2（～6）花；花冠蓝色或紫色，下唇具深色斑点，冠筒狭钟形。花期4～5月。

除青海、甘肃、新疆及西藏外，我国各地均产，俄罗斯远东及朝鲜也有。生长快、抗性强且养护容易，常见的乡土地被植物之一。春季蓝紫色的小花铺满地面，深受喜爱。

'花叶' 野芝麻 *Lamium maculatum* 'Silvery'

野芝麻品种。多年生草本。茎四棱，叶对生，两面疏被短柔毛，茎下部叶卵形，具齿，叶柄长达7cm；茎上部叶卵状披针形，叶柄渐短。轮伞花序，花淡紫色、近白色。本品种叶面具白色斑块。花期4~6月，果期7~8月。

原产中欧等地。喜光、不耐寒，要求土壤疏松、排水良好之处。可用作组合盆栽的陪衬叶材同各种花色的品种配置。也可以用于绿地中花境配色、镶边或作地被。

'特丽沙' 香茶菜 （'普莱帕里拉' 延命草 / '梦幻紫' 香茶菜） *Plectranthus* 'Plepalila'

多年生草本，灌木状。分枝多。叶卵圆形至披针形。花冠筒长，淡紫蓝色，具不规则的紫色斑纹。春末到秋末持续开花，冬季若保持充足光照及15℃以上温度，仍可开花。

南非康斯坦博西植物园用 *Plectranthus saccatus*（母本）和 *Plectranthus hiliardiae* 杂交育成。喜温暖、喜散射光，喜潮湿排水良好土壤，超过35℃时适当遮阴，否则生长减缓，暂停开花。小花如翩翩起舞的蝴蝶，养护容易，易开花且花期长，是近年深受欢迎的草本花卉之一。盆栽或花境、庭院观赏栽培。

银叶香茶菜 *Plectranthus argentatus*

多年生直立草本。茎四棱形，具槽。叶对生，卵状圆形，叶面密被毛，叶缘齿状。花序为由聚伞花序组成的顶生圆锥花序，花冠白色，上唇有蓝色斑纹，花期6~10月，果期9~11月。

原产澳大利亚。喜温暖湿润的环境，喜阴耐湿。可盆栽或花境、庭院观赏栽培。

墨西哥鼠尾草 *Salvia leucantha*

多年生草本。茎四棱，全株被柔毛。叶对生，有柄，披针形，叶缘有细钝锯齿，略有香气。总状花序顶生，被蓝紫色绒毛；小花2~6朵轮生，花冠唇形，蓝紫色，花萼与花冠同色。夏秋开花。

原产中美洲墨西哥中部及东部，我国观赏栽培较多。喜温暖、湿润且阳光充足之处。不耐寒，生长适温18~26℃，喜疏松、肥沃的砂质土壤。花叶俱美，花期长，适于公园、庭园等路边、花坛栽培观赏，也可作干花和切花。

绵毛水苏 *Stachys lanata*

多年生草本。全株密被灰白色绵毛。叶长圆状椭圆形，质厚。轮伞花序呈顶生穗状花序；花粉红色。花期夏秋。

原产巴尔干半岛、黑海沿岸至西亚。喜光，耐寒，最低可耐-29℃。易于管理，排水良好、光照充足之处生长良好。全株灰白色，绒毛绵密，触感柔软，常用于花境、岩石园、庭院等，是很好的镶边植物；因其独特质感，也常用于花艺搭配。

桂花 *Osmanthus fragrans*

常绿乔木或灌木。树皮灰褐色，皮孔突出。叶片革质，椭圆形，全缘或上半部具齿，无毛。聚伞花序簇生于叶腋，花黄白色、淡黄色、黄色或橘红色，芳香。果歪斜，椭圆形，紫黑色。花期因品种而异，以秋季为主，翌年果熟。

原产我国西南部，我国各地有栽培。喜光、耐半阴，喜温暖湿润。是我国传统花木，花香沁人心脾，园林应用广泛，也可食用及入药。

　　半常绿灌木或小乔木。小枝密生短柔毛。叶对生，椭圆形或卵状椭圆形，长3~5cm，背面中脉有毛。花白色，花冠裂片4，长于筒部，雄蕊伸出花冠，小花梗明显；圆锥花序，长4~10cm。花期3~6月，果期9~12月。

　　产我国长江以南各地。较耐寒，北京小气候良好处可露地栽培；枝叶细密，耐修剪整形，生长慢。可栽作绿篱。

'斑叶' 小蜡 （'花叶' 小蜡） *Ligustrum sinense* 'Variegata'　　　　木樨科女贞属

　　小蜡的栽培品种。叶有黄白色斑纹。习性及园林用途同小蜡。

'金边'卵叶女贞 *Ligustrum ovalifolium* 'Aureo-marginatum'

卵叶女贞栽培品种。半常绿灌木，树冠近球形，枝叶无毛。叶椭圆状卵形，原种叶绿色，本品种叶片边缘乳黄色。圆锥花序直立，花白色，花冠筒长为花蕊裂片长的2～3倍，雄蕊与花冠裂片近等长，花丝短于裂片。花梗短。花期7月，果期11～12月。

原产日本，我国常庭院栽培。宜作绿篱材料。

欧洲女贞 *Ligustrum vulgare*

落叶或半常绿灌木。高约3m，小枝无毛或近无毛。叶卵状椭圆形，无毛。圆锥花序，小花有梗，花冠筒与花冠裂片近等长，雄蕊不伸出花冠，芳香。核果球形，黑色。花期5～6月。

原产欧洲地中海地区。可作园景树及绿篱栽培。耐寒性较强。果可供鸟类过冬过冬食用。

尖叶木樨榄（锈鳞木樨榄） *Olea europaea* subsp. *cuspidata*

常绿灌木或小乔木。嫩枝具纵槽，密被锈色鳞片。叶对生，狭披针形，先端尖，全缘，表面深绿色，背面灰绿且密生锈色鳞片。圆锥花序腋生，花白色，花冠裂片4，长于筒部。核果近球形，熟时暗褐色。花期4～8月，果期8～11月。

产我国云南及四川西部，印度、巴基斯坦及阿富汗也有分布。枝叶细密，萌芽力强，耐修剪，易造型，嫩叶淡黄色，颇为美观，是优良的园林绿化树种。华南常见栽培。

　　常绿蔓性灌木，常作灌木栽培。全株密被淡黄褐色绒毛。单叶对生，卵形，基部圆形或心形。花序顶生或腋生，花冠白色，花冠筒长，裂片6甚至更多，裂片为筒部长之半，芳香。果椭圆形，褐色。花期10月至翌年4月。

　　原产印度及东南亚，世界各地广为栽培。我国各地温室有栽培，供观赏。

　　常绿灌木。枝绿色，细长拱形。三出复叶对生，叶面光滑。花黄色，径3.5～4cm，花冠6裂或半重瓣，花裂片长于花冠管。花期11月至翌年8月，3～4月最盛，果期3～5月。

　　原产我国云南、贵州、四川，现国内外广为栽培。喜光，稍耐阴，不耐寒。我国南方园林中颇为常见，植于路缘、岸边、坡地及石隙均极优美。本种与迎春（*J. nudiflorum*）相似，区别在于迎春为落叶灌木，花冠裂片4～6且短于花冠管，耐寒，栽培分布于偏北地区。

茉莉 *Jasminum sambac*

常绿灌木。单叶对生，卵圆形，全缘，有光泽。花白色，重瓣，浓香，通常3朵成聚伞花序。花期5～10月，7月为盛花期。

原产印度及我国华南。喜温暖湿润气候及酸性土壤，不耐寒。华南常露地栽培，可植为花篱；长江流域及其以北地区通常盆栽，温室越冬。我国传统香花植物，花可熏茶或提炼香精。花、叶和根均可入药。

厚叶素馨 *Jasminum pentaecurum*

常绿木质藤本。小枝黄褐色。单叶对生、革质。聚伞花序，花冠高脚碟状，6～10裂，白色，芳香。果球形，黑色。花期8月至翌年2月，果期2～5月。

产我国广东、广西、海南，越南也有分布。花芳香而美丽，可栽培观赏。植株入药。

炮仗竹 *Russelia equisetiformis*

常绿亚灌木。茎轮状分枝,绿色,细长而拱形下垂,具4~12条纵棱。叶轮生,多退化为小鳞片。花冠长筒形,端部5裂,鲜红色,1~3朵聚生于枝上部。全年开花。

原产墨西哥。喜光,不耐寒。花形花色美丽,华南露地栽培观赏。

香彩雀 *Angelonia salicariifolia*

多年生。叶对生,线状披针形,边缘具刺状疏齿。花腋生,花冠唇形,白色、红色、紫色或杂色。全年开花,夏季最盛。

原产美洲,我国广泛观赏栽培。性强健,可用于林缘、草地、建筑旁、篱架前成片种植观赏,或用于花坛、花台,也可盆栽。本种水陆两栖,也可植于湿地及浅水处。

裂叶地黄 (高地黄) *Rehmannia piasezkii*

多年生草本。全株被毛,叶长圆形,裂片具短尖齿,叶柄具翅。花单生叶腋,叶状小苞片2枚,花冠紫红色,膨大近囊状,内面黄色,具紫褐色斑点及长腺毛。蒴果。花期5~9月。

原产我国陕西、湖北。喜光,耐水湿。花期长,春末开花繁盛,其他季节零星开花,栽培容易,可作花境及地被栽培观赏。

美丽赫柏木 *Hebe speciosa*

常绿灌木。叶对生，卵圆形，深绿色，有光泽，边缘略带红色。顶生总状花序腋生，小花密集，粉色、红紫色，花冠管4裂，裂片平展，雄蕊突出花冠。蒴果。花期夏秋。

原产新西兰。本属多数为新西兰特有植物。喜光耐半阴，喜排水良好的土壤，现已育成较耐寒的品种，用于庭院观赏。

狭叶赫柏木 *Hebe diosmifolia*

常绿灌木。株形紧凑。叶对生，长卵形，深绿色，有光泽。花白色，有淡紫色晕。花期春、夏和秋季。

原产新西兰等地。为本属较耐寒的种类，适合作矮篱、地被等。盆栽也生长良好。

柔毛赫柏木 *Hebe pubescens* subsp. *sejuncta*

常绿灌木。高可达2m；茎叶、花萼密被柔毛，老枝棕红色。叶对生，倒卵形或倒披针形，深绿色，有光泽。花蓝紫色，后变白。花期5～7月。

新西兰科罗曼德半岛特有。在我国南方可露地栽培，作庭院美化。

'尼罗河宝石' 赫柏木 *Hebe* 'Jewel of the Nile'
玄参科长阶花属

　　常绿灌木。叶黄绿色，边缘带粉色，有光泽。花淡粉色，芳香。花期夏季。

　　在我国南方可露地栽培，作庭院美化。

'黑豹' 赫柏木 *Hebe* 'Black Panther'
玄参科长阶花属

　　常绿灌木。可高达1.5m。幼叶深紫色，老叶深绿色。花紫红色。

'阳光纹' 赫柏木 *Hebe* 'Sun Streak'
玄参科长阶花属

　　常绿灌木。叶浅绿色，叶缘有淡黄色斑纹。花淡紫色。花期夏季。

'白云' 赫柏木 *Hebe* 'White Cloud'
玄参科长阶花属

　　常绿灌木。株形紧凑，高约75cm。叶绿色，叶缘淡黄色。花蓝色，花期从春到秋。耐旱，不耐水湿，可布置岩石园或花境。

'白雾' 赫柏木 *Hebe* 'Wiri Mist'

常绿灌木。叶椭圆形，绿色，有光泽。花序短，白色，小花密集。花期晚春到夏季。

'银彩' 喜荫花 *Episcia cupreata* 'Sliver Sheen'

喜荫花品种。常绿多年生草本。匍匐状，多分枝。叶对生，叶面皱，密生绒毛；中脉及支脉银白色，脉侧淡灰绿色，叶背浅绿或淡红色。花单生或呈小簇生于叶腋间，亮红色。花期春季至秋季。

喜荫花原产南美洲，喜温暖及湿润环境，喜充足的散射光，耐阴，忌强光直射，喜疏松、肥沃的壤土；生长适温15～28℃。本品种叶皱，植株低矮紧凑，多盆栽于室内观赏，也可片植于蔽荫处、阴湿的山石旁。

叉花草 *Strobilanthes hamiltoniana*

多年生草本。叶对生，叶脉下陷明显，叶缘具齿。圆锥花序松散，分枝多，小花稀疏而多；花冠管细长、向上逐渐扩大呈漏斗形，5裂，紫红色。蒴果椭圆形，扁平。花期10月至翌年春天。

分布于东喜马拉雅，在我国分布于云南（腾冲、盈江到瑞丽）。喜湿耐阴。花朵轻盈、花色秀丽柔和，花期长，繁花朵朵，颇有热带风情。是热带地区秋冬和春季优良的露地和室内观赏花卉。枝叶是蓝色靛蓝染料来源。

鸭嘴花 *Adhatoda vasica/Jasticia adhatoda*

常绿灌木。茎节肿大，有环状托叶痕；嫩枝密生灰色毛。叶对生，卵状长椭圆形至披针形，羽状弧形脉，全缘，背面稍被柔毛；揉之有异味。穗状花序腋生，苞片大，覆瓦状；花冠二唇形，白色或粉红色，下唇3深裂，有红色条纹，上唇明显内曲，2浅裂。蒴果棒状。几乎全年开花，以夏季为盛。

产亚洲热带，我国华南地区有栽培或已野化。喜温暖湿润气候，不耐寒，较耐阴。花美丽而奇特，花期长；华南常庭园观赏，长江流域及其以北地区通常于温室盆栽观赏。

虾蟆花 （莨力花） *Acanthus mollis*

多年生大型草本。株高30～80cm，花期时最高可达180cm。穗状花序顶生，小花可达120余朵，苞片3，2枚细线状，中央1枚宽大，具细长齿；花萼2，上面1枚淡紫色，较大，呈微弯曲的头盔状；花冠白色或淡紫色，二唇形。蒴果椭圆形。花期5～8月，果期10～11月。

原产欧洲南部、非洲北部和亚洲西南部亚热带地区，常生长在油橄榄林下，地中海国家常见。喜肥沃、疏松排水良好中性至微酸性土壤，生长适宜温度15～28℃；喜全光，也极耐阴。株形壮观，宽大而深裂的叶片、高大的花序和其上淡紫色的头盔状萼片是其显著的识别特征，为理想的大型花境用材，也可作为耐阴地被植于群落下层。

可爱花 （喜花草） *Eranthemum pulchellum*

常绿灌木。小枝四棱形。叶对生，椭圆形至卵形，羽状侧脉弧形，缘具钝齿。穗状花序具覆瓦状，绿色叶状苞片，具明显脉纹；花萼5深裂，近白色；花冠淡蓝色或近白色，高脚碟状，5裂。蒴果棒状。花期冬春。

产印度喜马拉雅热带地区及我国云南。花朵密集而清雅宜人，华南多庭园观赏，长江流域及其以北地区常盆栽观赏。

多年生常绿草本。植株低矮，匍匐状，茎、叶柄密被绒毛。叶对生，卵形或椭圆形，网状叶脉银白色或红色。顶生穗状花序，花黄色。花期9～12月。

原产南美洲热带。喜温暖湿润的半阴环境。适温18～24℃，温度过低易枯萎，对湿度要求较高。适宜室内绿化、美化，也常盆栽或植于雨林缸等容器内栽植观赏。

灵枝草 （仙鹤灵芝草） *Rhinacanthus nasutus*　　　　　　　　　　　　　　　　　　**爵床科灵枝草属**

多年生直立草本或亚灌木。枝密被毛。叶对生、椭圆形，先端渐尖或急尖。圆锥花序顶生或生于上部叶腋，花冠筒白色，细长二唇形，上唇线状披针形，下唇宽大，3裂；苞片、花萼5裂，裂片条状披针形，内外均被柔毛。

原产我国云南，越南至印度也有分布，我国华南有栽培。花形小巧，形如洁白的仙鹤，可栽培观赏。枝叶入药。

金苞花 *Pachystachya lutea*

多年生草本，常灌木状。茎直立。叶对生，长卵形至长倒卵形，叶脉下凹。穗状花序顶生，苞片心形、橙黄色；花冠唇形、乳白色，自花序基部次第向上开放。花期从春至秋。

原产秘鲁。性较强健，喜阳光充足，喜温暖气候及砂质壤土，夏日避免阳光直晒，保持空气湿度，冬季室内气温不得低于13℃。是优良的盆栽花卉，也是华南常见的庭院及街道绿化、美化植物。

紫叶拟美花 *Pseuderanthemum carruthersii var. atropurpureum*

拟美花变种。常绿灌木。株高50~200cm，叶对生，广披针形，叶缘有不规则缺刻，叶色紫红色至褐色。顶生穗状花序，花冠紫红色或白色带深红色斑纹。花期夏秋。

原种产南美洲，我国南方有栽培。喜光，耐半阴，喜温暖湿润气候及排水良好、肥沃的砂质土或壤土。优良的观叶植物，适合庭院绿化美化；华北和长江流域也可室内盆栽观赏。

黄叶拟美花 *Pseuderanthemum carruthersii var. reticulatum*

拟美花变种。常绿灌木。叶椭圆形，革质有光泽，新叶黄色后具不规则黄绿色斑块或条纹。总状花序顶生，花粉色、紫色或白色。花冠常紫色，裂片白色。花期夏季。

习性及园林应用同紫叶拟美花。

多花山壳骨 *Pseuderanthemum polyanthum*

草本，叶对生，宽卵形，顶端急尖，基部楔形，光滑。花序顶生，穗状，无毛；花冠管细长，二唇形，上唇2枚裂片，下唇3枚，蓝紫色。

原产我国云南、广西及至印度等东南亚地区。喜温暖湿润。多为野生，因花形奇特，如粉蝶纷飞，可引种作园林绿化。全株可入药。

赤苞花 *Megaskepasma erythrochlamys*

常绿小灌木。株高3~4m。叶对生，椭圆形，全缘，长15~25cm，宽8~12cm。花序顶生，苞片长椭圆形，深粉色到红紫色，宿存期近2个月；花冠二唇形，白色，早落。蒴果。花期11月至翌年2月。

原产中南美洲热带雨林区。因苞片色泽鲜艳美丽、观赏期长而著名，可用于庭院居民区等绿化。

常绿灌木。小枝四棱形。单叶对生，卵状披针形，全缘。总状花序顶生；花红色，花冠长管状，二唇形，喉部稍膨大，花序梗赤褐色。瘦果。花期夏季至冬季。

原产中美洲热带雨林，热带地区普遍栽培。我国华南地区种植较多，作园林观赏。

常绿灌木。高达3m。叶椭圆形至矩圆形，基部下延，具柄。聚伞圆锥花序穗状，顶生；苞片和小苞片微小；花冠管略向下弯，紫红色，密被黄褐色毛。蒴果长圆柱形。花期长，12月下旬至1月现蕾，1月中旬至3月开花。

产我国云南南部和亚洲热带。喜高温高湿，不耐旱，生长适温 15～35℃，耐 0℃低温，但长期低温枝叶受冻；喜土层深厚、肥力中等、排水性良好、富含腐殖质的土壤。本种花期正值冬春，花序清新秀美，是优良的园林观赏树种。

常绿灌木。分枝多。叶对生，长椭圆形，先端突尖，缘有钝齿，深绿色，主脉及侧脉黄色或乳白色。穗状花序顶生，苞片橙红色；花冠管状，黄色。蒴果长圆形。夏季开花。

原产南美巴西，热带地区广为栽培。喜光，喜高温多湿环境。扦插或分株繁殖。花、叶艳丽，北方可温室盆栽观赏，华南地区多用于庭院绿化。

金翎花 （黄金羽花） *Schaueria flavicoma* 爵床科金翎花属

常绿灌木。叶对生，卵形或卵状披针形，亮绿色。圆锥花序直立，花萼淡黄色或金黄色，具羽毛状细长腺毛；花冠白色，二唇形，上唇仅1裂片，下唇裂片3。蒴果，花期5～11月，观赏期较长。

原产南美热带雨林，巴西特产。喜温暖湿润气候，忌强光，避免阳光直射，能忍受短期5℃以上低温，较耐阴，适宜散射光下生长。喜疏松肥沃的中性至酸性壤土。我国华南及西南南部地区可露地观赏，北方冬季需室内越冬。花期长，花色鲜艳，花形美丽似羽毛，故以"金翎"喻之，热带地区可全年开花。在原产地为蜂鸟和昆虫提供花蜜，故原产地也称"蜂鸟花"。

常绿灌木。叶对生,卵形,深绿色,有光泽。花略下垂,管状,红色,中下部黄色。花期晚秋至春。产南美洲。常用于花园美化,也可盆栽观赏。

虾衣花 （虾衣草 / 麒麟吐珠） *Justicia brandegeeana / Callispidia guttata / Beloperone guttata*   **爵床科爵床属**

常绿灌木。茎较细弱,密被细毛。叶对生,卵形,全缘,基部渐狭成柄。穗状花序顶生,下垂,苞片心形,覆瓦状排列,棕红色至黄绿色;花冠二唇形,白色,下唇具紫红色斑。几乎全年开花,以春、夏为盛。

原产墨西哥。我国华南栽培观赏,长江流域及其以北地区常温室盆栽。

硬枝山牵牛 （直立山牵牛／硬枝老鸦嘴） *Thunbergia erecta* 爵床科山牵牛属

常绿灌木。小枝细，四棱形。叶对生，卵状长椭圆形，近革质。花单生叶腋，叶状苞片2，花冠漏斗状，二唇形，花冠檐蓝紫色，冠筒白色，喉黄色。蒴果无毛。夏至冬初开花。

原产热带非洲西部。可植于林缘、坡地、宅旁或山石旁，花期长，花色美丽，颇受喜爱。

'白花' 硬枝山牵牛 （'白花' 直立山牵牛／'白花' 硬枝老鸦嘴） *Thunbergia erecta* 'Alba' 爵床科山牵牛属

硬枝山牵牛栽培品种。花白色。习性及园林应用同硬枝山牵牛。

大花山牵牛 （大花老鸦嘴） *Thunbergia grandiflora* 爵床科山牵牛属

常绿木质藤本。叶对生，阔卵形。单花腋生或顶生总状花序，花冠似漏斗，5裂，浅蓝色，喉部黄色，花萼退化为一隆起的边缘。蒴果，具喙状突起。花期12月至翌年5月。

产我国广西、广东、海南、福建等地。喜温暖湿润，喜光，耐半阴，不耐寒；常用于垂直绿化，适合庭院、棚架栽培，亦可点缀山石或盆栽观赏。果实成熟时裂开，似乌鸦嘴，故得名大花老鸦嘴。

翼叶山牵牛 *Thunbergia alata*

草质藤本。茎具2槽，被倒向柔毛。叶对生，叶柄具翼，叶卵状箭头形，被毛。单花腋生，漏斗状，花冠黄色，喉部黄白色，后变蓝黑色。蒴果呈略压扁之球形，被毛。春夏秋三季开花。

原产热带非洲，热带亚热带地区观赏栽培。喜温暖，不耐寒，喜光。花色鲜艳，喉部与花冠色彩对比突出，是良好的垂直绿化材料，也可用于护坡栽植、组合盆栽。

桂叶山牵牛 （桂叶老鸦嘴） *Thunbergia laurifoli*

藤本。茎枝近四棱形。叶长圆状披针形，全缘或具波状齿。总状花序顶生或腋生；花冠筒和喉白色，花冠裂片淡蓝色，圆形。蒴果具长喙。花期近全年。

我国广东、台湾有栽培。分布于中南半岛和马来半岛。可用于布置庭院、花架等。

彩叶木 （金叶木） *Graptophyllum pictum*

常绿灌木。茎红色。叶对生，叶柄短，椭圆形，叶表有淡红色、乳白色、黄色等形状各异的斑彩。总状花序圆锥状或穗状，顶生，花冠唇形，紫红色，雄蕊突出。盛花期夏季，温室全年可开花。

原产新几内亚。良好的观叶植物，我国南方可庭院栽培，作花境、花篱等，北方可室内盆栽。

翠芦莉 （芦莉草） *Ruellia simplex*

多年生草本。茎秆紫红色，节稍膨大。叶交互对生，线状披针形，全缘或具疏齿。花腋生，花冠漏斗状，边缘波状具细齿，花紫色、粉色或白色；花清晨开放，午后凋谢。蒴果长条形。花期3～10月。

原产墨西哥。耐高温、耐日晒又耐水湿，最低温6℃以上，气候温暖地区可持续开花。适应性强、姿色优雅美丽且栽培容易，可以弥补我国盛夏季节开花植物的不足，也是应用前景广阔的水景植物。

'粉花'翠芦莉 *Ruellia simplex 'Pink'*

翠芦莉品种。花粉色。习性及园林应用同翠芦莉。

大花芦莉 *Ruellia elegans*

多年生草本。株高60～90cm。叶椭圆状披针形，微卷，对生。总状花序腋生，总花梗长，花序高于株丛；花冠管长，侧弯，花冠裂片5，裂片鲜红色。夏秋季花开不断。

原产巴西。喜光耐半阴、耐热，不耐寒，喜肥沃的中性至微酸性壤土；生长适温20～30℃；适合公园、绿地或庭院的路边、林缘下丛植，或片植为地被，也可用于花坛或花境栽培观赏。

叉叶木 （十字架树） *Crescentia alata*

小乔木或灌木。叶簇生，三出复叶的小叶近无柄，与具宽翅的总叶柄排成"十"字形。花1~2朵生于小枝或老茎，花冠偏斜、褶皱、褐色或浅橙色，脉纹紫褐色，喉部膨大；花萼2裂，淡紫色。果近球形，光滑而坚硬，淡绿色。果期夏季，果常年可观赏。

原产墨西哥至哥斯达黎加。喜温暖、湿润的环境。老茎生花，叶、花、果奇特，庭院栽培观赏，果壳入药。

铁西瓜 （炮弹树/葫芦树） *Crescentia cujete*

常绿乔木。主干通直，枝条开展，分枝少。叶大小不等，阔倒披针形，顶端微尖，中脉被毛，常簇生。花单生，花冠管钟形，5裂，白色或淡黄褐色，内侧紫色，下垂；花萼2深裂，裂片圆形。蒴果圆球形，坚硬，黄色至黑色。花朵傍晚或晚上开放，原产地由蝙蝠传粉。

原产热带美洲，我国广东、福建和台湾等地有栽培。喜温暖，湿润，半日照。老茎生花结果，果实形如西瓜，非常奇特。在原产地为传统药用植物，圣卢西亚国树。

猫尾木 （毛叶猫尾木） *Markhamia stipulata* var. *kerrii*

常绿乔木。奇数羽状复叶对生，小叶长椭圆形，全缘，两面密被毛。总状花序顶生；花冠漏斗状，5裂，黄色或黄白色，基部暗紫色，花萼一侧开裂。蒴果极长，下垂，密被褐黄色绒毛。秋冬季开花，翌年8~9月果熟。

原产我国广东及云南南部。喜光，稍耐阴。喜温暖湿润气候。生长快，枝叶浓密，果形如悬垂的猫尾，集观叶、观花和观果为一体，适于小区、公园、庭院及街道等种植。

火焰木 *Spathodea campanulata*

乔木。树皮平滑，灰褐色。奇数羽状复叶对生，小叶椭圆形至倒卵形，全缘，叶脉下凹。总状花序顶生，花萼佛焰苞状，花冠一侧膨大，橘红色，具紫红色条纹，内面橘黄色。蒴果狭长椭球形，两端尖，黑褐色。花期较长，多集中于冬至春季。

原产热带非洲，我国华南及海南等地栽培较多。喜光，喜高温，生长适温23~30℃。花红艳似火，常作庭荫树或行道树，是优良的木本观赏树种。

吊瓜木 （吊灯树） *Kigelia africana*

常绿大乔木。奇数羽状复叶，交互对生或轮生；小叶长圆形或倒卵形，全缘，下面淡绿色，微被柔毛，近革质。花序下垂，小花稀疏；花冠裂片卵圆形，橘黄色或褐红色，果下垂，圆柱形。春末夏初开花。

原产热带非洲、马达加斯加。喜强光、耐干旱、耐瘠薄。树冠广伞形，四季常青，花成串下垂，宛如风铃在风中摇曳，果如吊瓜，是著名观赏树种。

火烧花 *Mayodendron igneum*

落叶乔木。树皮光滑，嫩枝具白色皮孔。二回奇数羽状复叶对生；小叶卵形至卵状披针形，基部偏斜，全缘。短总状花序，生于老干的侧枝上，花冠长筒状，下部狭长，橙黄色至金黄色。蒴果长线形，下垂。花期2～5月，果期5～9月。

产缅甸、印度及中南半岛，我国华南和西南也有分布。喜高温、高湿和阳光充足的环境。老干生花，先花后叶，可种植于草坪、水边或孤植、列植，作庇荫树或行道树，是优良的园林绿化树种。

常绿乔木。全株无毛。小枝和老枝灰色。一至二回羽状复叶对生，小叶纸质，卵形。聚伞圆锥花序腋生或侧生，花冠淡黄色，钟状，花冠筒内面被柔毛。蒴果狭长圆柱形。花期4月。

产我国海南、广东南部等地。耐半阴，也耐干旱瘠薄，生长快。喜温暖湿润气候。树形美观，花色淡雅，小花繁密，果细长下垂，观赏价值高。

美叶菜豆树 （牛尾连 / 红花树） *Radermachera frondosa*　　　　　　　　紫葳科菜豆树属

落叶乔木。二回羽状复叶，叶柄及叶轴微被毛；小叶5～7，椭圆形或卵形，顶生小叶先端长尾尖。花序顶生，花冠白色，细长管状。蒴果细长，近圆柱形，稍弯曲。花期几乎全年。

我国特有，产广东徐闻和增城及海南、广西。木材可作建筑材料、工具及家具用材等。花期长，优良的庭院、街道绿化树种。

落叶大乔木。二回奇数羽状复叶对生，羽片及小叶较多，小叶椭圆状披针形，全缘，顶小叶先端长而尖。花蓝色，圆锥花序。蒴果扁球形。花期春末至秋。

原产热带南美洲，我国华南及西南均有栽培。喜光及温暖多湿气候。美丽的观花乔木，可作庭荫树、行道树、园景树等。

‘白花’蓝花楹 *Jacaranda mimosifolia* ‘White Christmsa’

蓝花楹品种。花白色。习性及园林应用同蓝花楹。

木蝴蝶 （千张纸） *Oroxylum indicum*

　　直立小乔木。树皮灰褐色。奇数二至三（四）回羽状复叶对生，小叶三角状卵形。总状聚伞花序顶生，花大，花冠斜钟形，紫红色，内面淡黄色；花萼紫色。蒴果大，长而扁平，木质，悬垂。种子圆形，被环形宽薄翅，似蝴蝶。花期7~10月，果期10月至翌年2月。

　　产我国福建、台湾、广东、广西及云南、贵州、四川，越南、老挝等地也有分布。喜温暖湿润气候。花果美丽，是夏秋季理想的观花和观果植物；种子可制工艺品。

蔷薇风铃木 （玫瑰风铃木） *Tabebuia rosea*

　　落叶小乔木。树冠开阔，树皮浅灰色。掌状复叶对生，小叶5（3）枚，椭圆形，叶缘有细齿。圆锥花序顶生，花冠钟状，5裂，粉红色或紫红色，花管喉部黄色。蒴果长条形，开裂。种子具翅。花期春夏，果期秋季。

　　原产热带美洲。喜光，稍耐阴。枝叶疏朗，可植于宽阔的草坪，在水岸或缓坡片植或孤植，远观景观效果良好。

黄花风铃木 （金花风铃木 / 掌叶紫葳） *Tabebuia chrysantha*

常绿乔木。掌状复叶对生，小叶5（4），长椭圆形，先端尖，全缘或有疏齿。花冠漏斗状，5裂，稍二唇形，亮黄色；成密集的头状花簇。蒴果细长。花期3月。

原产墨西哥至委内瑞拉，我国华南等地有栽培。喜光，喜高温，不耐寒。春季盛花时，满树金黄亮丽。常作园林观赏树及行道树。

硬骨凌霄 *Tecomaria capensis / Tecoma capensis*

常绿半蔓性，常作灌木栽培。羽状复叶对生，小叶广卵形，有锯齿。顶生总状花序，花冠橙红色，长漏斗状，筒部稍弯，端部5裂，二唇形，雄蕊显著伸出筒外。蒴果扁线形。花期6~9月。

原产南非好望角。喜光、耐半阴，喜肥沃湿润土壤，耐干旱，不耐寒；耐修剪。是美丽的观赏花木。我国华南露地栽培，长江流域及北方城市多温室盆栽观赏。

黄钟花 *Tecoma stans*

常绿灌木或小乔木。羽状复叶对生，小叶披针形至卵状长椭圆形，有锯齿。顶生总状花序，小花密集，花冠亮黄色，漏斗状钟形，裂片5，2片向后反转，3片向前伸展，具红色脉纹。蒴果细长，种子有2薄翅。花期冬末至夏季。

原产美国南部、中美洲至南美洲，热带地区广泛栽培；我国华南有引种。喜光，喜暖热气候，不耐寒。花黄色亮丽，有淡淡清香，花期长，宜植于庭园观赏。

凌霄 *Campsis grandiflora*

落叶大型木质藤本。茎灰褐色，纵裂，以气生根攀爬。奇数羽状复叶对生，小叶7～9枚，无毛，边缘具粗齿。顶生聚伞圆锥花序，花大，花萼绿色，钟状，花冠钟状漏斗形，5裂，内面橙红色，下面橙黄色。蒴果长圆形，顶端钝。花期5～8月。

产我国长江流域及河北、山东等地；日本也有分布。喜温暖湿润气候，喜光，略耐阴，较耐寒。花期长、花色美丽。园林中用于墙面、花架等立体绿化。

粉花凌霄 *Pandorea jasminoides*

常绿木质藤本。无卷须。植株光滑。奇数羽状复叶对生，小叶5~9枚，披针形，革质，全缘。顶生圆锥花序，花冠白色，漏斗形，喉部粉红色；花萼小，钟状。蒴果长椭圆形。花期夏秋季。

原产澳大利亚等地。喜温暖，耐酷暑高温，稍耐轻霜。喜土壤湿润，不耐干旱，喜阳光充足、排水良好的土壤。可用于棚架、墙垣绿化，寒地可盆栽。全株可入药。

紫云（芸）藤 <small>（肖粉凌霄）</small> *Pandorea ricasaliana / Podranea ricasaliana*

与粉花凌霄区别为本种小叶有不明显锯齿，花冠粉红色，花萼膨大，蒴果长线形。花期春至秋。

原产南非。喜光，喜温暖至高温，极不耐旱，耐水湿；花大，花姿柔美；可作花架、盆栽、花篱之用。

蒜香藤 *Saritaea magnifica / Pseudocalymma alliaceum*

紫葳科紫铃藤属

常绿木质藤本。以卷须攀缘，茎、叶和花有蒜香。复叶对生，仅2小叶。聚伞状圆锥花序腋生或顶生，花冠漏斗形，5裂，裂片淡紫色至粉红色，盛开后渐淡，凋谢时白色。一年开花数次。

原产南美洲；热带地区广泛栽培。喜高温高湿，阳光充足；盛花时花团锦簇、宛如彩云，良好的花架、围栏材料，也可盆栽。

常绿木质藤本。株高可达10m以上。三出复叶对生，中间小叶特化成卷须状，植株以此攀缘；两侧小叶椭圆形，全缘。圆锥花序，花冠管状，裂片5，金黄色至橙红色。蒴果线形，种子具膜质翅。

原产南美洲巴西，在热带亚洲已作为庭园观赏植物广泛应用；我国广东、广西、海南、福建、台湾等地均有栽培。喜温暖、湿润，阳光充足；生长快，花繁密成串，犹如鞭炮，色艳、美丽；园林中常用作垂直和藤架绿化。

　　常绿藤木。三出复叶对生，因顶生小叶变态为卷须，小叶仅2（1）枚，椭圆形，光滑，先端尖，叶缘波状。花萼 5 齿裂，花冠漏斗状二唇形，裂片圆形，淡紫色，有紫色条纹，喉部淡黄色，雄蕊4。蒴果椭圆形，具刺。春至夏季开花。

　　原产巴西及阿根廷；热带地区多有栽培，我国广州、深圳等地有引种。扦插繁殖，生长快。花多而娇美可爱，常吸引蜜蜂、蜂鸟和蝴蝶等传粉者，藤架栽培，庭院观赏。

　　常绿直立或铺散灌木或小乔木，有时枝上生根。叶螺旋状排列，多集中于枝顶；叶柄无或极短。聚伞花序腋生，花冠白色或淡黄色。核果卵球状，具纵棱，白色。花果期4～12月。

　　产热带海边沙地或海岸峭壁，我国华南沿海有分布。良好的公共绿地绿化植物，也可防风固沙，是热带海岛的优势树种。

'南湾'草海桐 *Scaevola sericea* 'Nan-Wan'

草海桐品种。叶有不规则淡黄色斑纹。习性及园林应用同草海桐。

大黄栀子 *Gardenia sootepensis*

常绿乔木。单叶对生,倒卵状长椭圆形,全缘,薄革质,下表面具毛;叶大,长可达30cm以上,叶柄具毛。花大,乳白色,1~2天后转深黄色,高脚碟状,芳香。果椭球形,散布圆形皮孔。花期4~8月,果期6月至翌年4月。

原产泰国等地。喜光,也耐阴,庭院香花树种。

栀子花 *Gardenia jasminoides*

常绿灌木。单叶对生或3叶轮生,倒卵状长椭圆形,全缘,无毛,革质而有光泽。花冠白色,高脚碟状,浓香,单生枝端。浆果具5~7纵棱,黄色或橘红色。花期6~8月。

产我国长江流域至华南地区。喜光,耐阴,喜温暖湿润气候及肥沃湿润的酸性土,不耐寒。多于庭园栽培,北方则常温室盆栽。是著名的香花观赏树种,有重瓣品种,栽培也较普遍。果可作染料及入药。

落叶大乔木。树干基部略有板根；老树树皮粗糙。叶薄革质，较大，对生，椭圆形，侧脉平行。头状花序单生枝顶，花冠黄白色，漏斗状，无毛，花冠裂片披针形。果球形，熟时黄绿色。花、果期6~11月。

产我国广东、广西和云南，东南亚也有分布。速生树种。木材供建筑和制板用，可作园林绿化树种。

常绿小乔木或灌木。叶对生，长卵状椭圆形，叶长常不超过14cm。花白色，芳香，花冠5裂。浆果椭球形，长12~16mm，熟时红色，易脱落。云南花期2~7月，采果期从10月至翌年4月底结束。

咖啡属中最广泛栽植的种。抗寒力强，又耐短期低温，不耐旱，枝条比较脆弱，不耐强风，抗病力比较弱。我国云南栽培较多。

大粒咖啡 *Coffea liberica*

常绿小乔木或灌木。叶较大，长大于15cm，倒卵形至长椭圆形，有光泽。花冠6~7裂，白色。果近球形，长约2cm，熟时由红变黑色，坚硬。花期1~5月，果期4~6月。

原产非洲利比里亚，现广植各热带地区。我国台湾、华南及云南南部有引种栽培。可作观花观果树种栽培。

海滨木巴戟 （诺尼） *Morinda citrifolia*

灌木至小乔木。枝近四棱柱形。叶无毛而具光泽，全缘，交互对生，椭圆形，叶脉下凹；叶柄间托叶半圆形。头状花序，小花无梗；花冠白色，漏斗形，5裂，喉部密被长柔毛。聚花核果浆果状，卵形或桑椹形，由1至多数合生的花和花序托发育而成，幼时绿色，熟时白色。花果期全年。

产我国台湾、海南岛及西沙群岛等地，南亚、澳大利亚北部、波利尼西亚等广大地区。树干通直、树形圆整、优雅，果形奇特，常植于庭园观赏。果实可食用，根、茎可提取橙黄色染料，树皮入药。

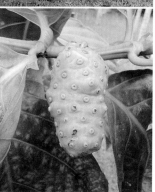

'金边'六月雪 *Serissa japonica* 'Variegata'

六月雪栽培品种。常绿或半常绿小灌木。枝密生。单叶对生，狭椭圆形，原种叶绿色，本品种叶边缘常黄色或淡黄色，革质。花小，花冠白色或带淡紫色，漏斗状，5裂。花期6~7月。

原产日本及中国。上海、杭州一带常作盆景或绿篱。喜温暖、阴湿环境，不耐严寒；萌芽力强，耐修剪。茎叶可入药。

龙船花 *Ixora chinensis*

常绿灌木。叶对生，倒卵状长椭圆形。花冠红色至橙红色，花冠筒细长，裂片先端浑圆；伞房花序顶生，夏季开花。核果球形，黑红色。几乎全年开花，5~9月为盛花期。

原产亚洲热带，喜光，耐半阴，不耐寒，喜排水良好而富含有机质的砂壤土。花红色美丽，花期长；盛花时花团锦簇，特别适宜露地栽植，应用于庭院、小区、道旁及各风景区，孤植、丛植、列植、片植都各有特色，是优良的庭园及温室观赏植物。

‘小叶’龙船花 *Ixora coccinea* ‘Sunkist’

常绿小灌木。叶对生，椭圆形至卵状椭圆形，表面暗绿而有光泽。花冠细，高脚碟形，红色或橙色，裂片4；伞房花序密集，径达15cm。核果。花期5~7月。

原产印度、斯里兰卡等地。喜温暖，喜光，我国华南引种栽培较多。园林应用同龙船花。

黄花龙船花 （黄龙船花） *Ixora coccinea* var. *lutea*

常绿灌木。叶倒卵状披针形或椭圆形，长10~12cm。花冠金黄色，裂片长卵形。春末至秋季开花。

原产亚洲热带。我国华南地区庭院或盆栽观赏。

'小叶橙色' 龙船花 *Ixora × williamsii* 'Dwarf Orange'

小叶龙船花栽培品种。植株低矮，叶片小，花橙红色。习性及应用同小叶龙船花。

'大王' 龙船花 *Ixora duffii* 'Super King'

园艺栽培品种。常绿灌木。叶大，长椭圆形，全缘，革质。花冠筒长，红色，柱头2裂，雄蕊4枚，与花冠裂片互生。夏秋开花。

原产亚洲热带。我国华南地区常见的庭园花卉，也可作切花。本品种叶片明显比园林中其他常见龙船花叶片长而宽，可区别。

　　常绿灌木。嫩枝被贴伏短柔毛。叶对生，卵状长圆形，背面被柔毛。花冠5裂，黄色，顶生聚伞花序，具大型、广椭圆形的白色叶状萼片；花梗极短或无。浆果球形。花期6~7月。

　　广布我国东南部、南部及西南部地区。全日照或半日照下均可栽培，性喜高温，耐旱，忌长期潮湿或排水不良。花美丽而奇特，宜栽于庭园观赏。茎叶入药，可清热疏风。

　　常绿灌木。叶对生，较大。顶生聚伞花序，具数枚椭圆形白色叶状萼片；花冠小，黄色。与玉叶金花的区别是本种叶较大，叶状萼片狭，花有梗。花期5~6月，果期7~10月。

　　产我国长江流域以南各地。宜栽于庭园观赏。

常绿灌木。叶对生，长椭圆形，羽状侧脉下凹。伞房状聚伞花序顶生，花冠金黄色，高脚碟状，叶状萼片粉红色，略反卷。花期6～10月。

热带地区广为栽培；我国华南地区有引种。盛花时粉红色的萼片如花般美丽，观赏期亦很长，是华南地区优良的庭院花卉。

常绿或半常绿灌木。枝叶密被棕色长柔毛。叶对生或轮生。伞房状聚伞花序顶生，花冠筒红色，檐部淡黄色，后白色，喉部红色；花萼5，其中1枚鲜红色、叶状。花期夏秋季。

原产热带西非；热带地区广泛栽培。美丽的观花树种。叶状萼片除鲜红色外，还有粉红色、橙红色、肉粉色或浅粉色等品种。

楠藤 *Mussaenda erosa*　　　　　　　茜草科玉叶金花属

攀缘灌木。小枝无毛。叶对生，纸质，侧脉4~6对。伞房状多歧聚伞花序顶生，总苞白色、叶状，花冠筒长，5裂，橙黄色，外被柔毛，喉部密被棒状毛。浆果近球形。花期4~7月，果期9~12月。

产我国香港、云南、海南和台湾等地，中南半岛和琉球群岛也有分布。不耐寒，喜光照充足、肥沃和排水良好之处；可用于花架或植于庭院观赏。

滇丁香 *Luculia pinciana*

常绿大灌木。小枝有明显皮孔。叶对生，长椭圆形至椭圆状披针形，全缘，侧脉明显下凹。伞房状聚伞花序顶生，花冠粉红色或浅玫瑰红色，高脚碟状，内侧具花瓣状突起（附属物）。蒴果。花期7～8月，果期10～11月。

产我国云南、广西和西藏东南部，越南、缅甸、尼泊尔和印度也有分布。花美丽，华南地区可庭园或盆栽观赏。

　　常绿灌木或小乔木。枝开展。叶轮生，倒卵状椭圆形，全缘，两面有毛。顶生聚伞花序，小花红色或橙红色，花冠管细长，裂片4～5。浆果暗红色或紫色。花期春末至秋。

　　原产南美洲及西印度群岛。喜光，耐半阴，不耐寒；耐修剪。花美丽，我国南方园林绿地常见，北方常温室盆栽观赏。

五星花（繁星花）*Pentas lanceolata*   茜草科五星花属

　　常绿亚灌木。全株被毛。叶对生，卵形、椭圆形或披针状长圆形，全缘，叶脉明显下凹，基部渐狭成短柄。聚伞花序集成伞房状，顶生；花冠红色，高脚碟状，筒部细长，先端5裂呈五角星形。花期3～11月。

　　原产热带非洲和阿拉伯地区；我国华南有栽培。喜暖热气候，不耐寒。花美丽而繁多，花期长；宜植于庭园或盆栽观赏。

'粉'五星花 *Pentas lanceolata* 'Bright Pink'

繁星花品种。花粉色。习性及园林应用同繁星花。

杂种污生境 （新西兰茜 / 随意污生境） *Coprosma × neglecta*

低矮灌木。高约50cm。枝红褐色。叶小，对生，长6～10mm，浓密，有光泽。花绿色，花瓣4～5枚，花径1～2mm。果实橘红色，直径6～7mm。

原产新西兰。可作地被植物。

大叶污生境 *Coprosma crassifolia*

灌木。可高达4m。枝条红色。叶对生，椭圆形或圆形，长6～10mm，无毛。花瓣4～5，黄绿色，花径1～2mm。果肉质，黑紫色。

原产澳大利亚。可作庭院绿化。

鳞斑荚蒾 *Viburnum punctatum*

常绿小乔木或灌木。冬芽裸露；幼枝、芽、叶背、花序、苞片、萼筒、花冠及果实均密被锈色圆形小鳞秕。叶硬革质，长圆状椭圆形，全缘或上部具浅齿。聚伞花序复伞状，花白色，径约6mm，雄蕊约与花冠裂片等长或稍长。果熟时先红后黑，椭球形。花期4～5月，果期10月。

产我国云南、贵州和四川，东南亚及印度尼西亚苏门答腊北部也有分布。生于密林中溪涧旁或林缘。喜温暖，耐水湿，是良好的花果观赏树种。

琼花 *Viburnum macrocephalum* f. *keteleeri*

落叶灌木。单叶对生，卵形。聚伞花序伞房状，花序中央为可育花，边缘为大型白色不育花。核果椭球形，先红后黑。花期4月，果期9～10月。

产我国长江中下游地区，多生于丘陵山区林下或灌丛中。产区各城市常于园林中栽培观赏，以扬州栽培的琼花最为有名。

'金叶'加拿大接骨木 *Sambucus canadensis* 'Adams'

加拿大接骨木品种。落叶灌木。枝髓白色。奇数羽状复叶对生，小叶7，长椭圆形至披针形。本品种小叶金黄色。聚伞花序扁平，小花密集，白色。果紫黑色。花期6～7月。

原产北美洲。抗寒，耐粗放管理，宜植于园林绿地观赏。

常绿灌木。直立，株高1～2m。单叶互生，羽状深裂，裂片狭长、柔软，银白色。头状花序，花小，亮黄色。夏季至初秋开放。

原产于地中海地区。喜排水良好的土壤。叶色美丽，叶形纤细，可用于花境、花径或庭院栽培，常用于观叶。

多年生草本。茎直立，单生或少数茎成簇生。叶浅裂，卵形，边缘银白色，下表面白色。头状花序或复伞房花序，花黄色。花期8～9月。

原产中亚及东亚。喜凉爽和通风良好、阳光充足、地势高燥的环境。不择土壤，但宜富含腐殖质、排水良好的砂质土壤。株形饱满，轮廓分明，纽扣状的黄色小花与绿叶相映成趣，是优秀的观花、观叶地被植物。广泛用于花坛、花境，或布置假山、路缘、草坪绿地等。

多裂五色菊 （多裂雁河菊 / 鹅河菊 / 短叶雏菊） *Brachyscome multifida*

一年生草本。多分枝。叶深裂，灰绿色。头状花序，径约2.5cm，单花顶生或腋生；管状花黄色，舌状花1轮，有蓝色、玫红色或白色等。花期夏秋。

原产澳大利亚西南部；喜全日照，适生于干燥向阳环境。花色花形清丽素雅，我国南方庭院观赏栽培较多，可盆栽或布置花径、花境等。

矢车菊 *Centaurea cyanus*

菊科矢车菊属

一年或二年生草本。茎灰白色，被薄蛛丝状卷毛。叶基生或互生，狭长。伞房花序或圆锥花序，头状花序蓝色、白色、红色或紫色。瘦果椭圆形。花果期2~8月。

原产欧洲及远东地区、北美洲等，我国南北均有观赏栽培。适应性强，喜光，不耐阴湿，较耐寒，喜冷凉，忌炎热。喜肥沃、疏松和排水良好的砂质土壤。

金头菊 *Chrysocephalum apiculatum*

多年生草本植物。形态变异大，株高7～60cm，从直立、匍匐直到垫状。茎、叶被丝状毛，灰绿色。叶线状披针形、倒披针形或披针形，先端尖至圆形，边缘平或反曲。头状花序顶生，黄色。花期近全年，春末至初夏盛花。

原产澳大利亚的所有地区，广布。庭院栽植观赏。

佩兰（泽兰）*Eupatorium fortunei*

多年生草本。根茎横走，淡红褐色。茎直立光滑。叶长椭圆形或长椭圆状披针形，羽状脉。头状花序密被毛，排成复伞房状，总苞片覆瓦状排列，花白色或带微红色。花期7～11月。

广泛分布于我国北部、中部、西南部及南部，日本和朝鲜也有。全株及花揉之有香味，似薰衣草，多用于花境、路边、假山及庭院装饰美化。

芙蓉菊 *Crossostephium chinense*

常绿半灌木。分枝多，枝叶密被灰色短柔毛。叶聚生枝顶，狭匙形或狭倒披针形。头状花序盘状，黄色。瘦果矩圆形。花果期全年。

产我国中南及东南部；中南半岛、菲律宾、日本也有栽培。盆栽观赏或装点庭院；也可药用。

大吴风草 *Farfugium japonicum*

多年生草本。根茎粗壮。叶基生，莲座状，肾形，有长柄。花葶高于叶面，被淡黄色毛；头状花序，小花黄色。花期8月至翌年3月。

原产我国湖北、湖南、广东、广西、福建、台湾，日本也有。生长于低海拔地区的林下、山谷及草丛。喜温暖，耐阴，是良好的林下地被和花境等材料。

'花叶'大吴风草 *Farfugium japonicum* 'Aureo-maculatum'

大吴风草品种。叶片具乳黄色斑点。习性和园林应用同大吴风草。

巨大吴风草 *Farfugium japonicum var. giganteum*

多年生草本。叶片大，近圆形，直径最大可达45cm；叶柄长，末端被绒毛。头状花序成簇，呈松散的圆锥花序，小花黄色。花期夏末至秋。

原产日本。喜半阴或全阴、潮湿的环境，不耐旱。园林应用同大吴风草。

麦秆菊 *Helichrysum bracteatum*

一年或二年生草本。茎直立。叶长披针形。头状花序单生枝端，花黄色，总苞片覆瓦状排列成花瓣状，黄色、白色、红色或紫色，具显著蜡质光泽。瘦果无毛。花期8~10月。

原产澳大利亚。喜阳光充足、空气干燥环境，不耐寒，忌酷热。不择土壤，适应性强。花色鲜艳，干膜质的总苞经久不凋，除作花坛、花境外，还可作干花。

鲁考菲木 *Leucophyta brownii*

常绿低矮灌木。茎被银白色绒毛。叶银灰色，鳞片状，芳香。花顶生，淡黄色或奶白色。花期夏季。

原产澳大利亚。可盆栽观赏或装点花园，或作地被植物。

'金百万'黄帝菊 *Melampodium poludosum* 'Million Gold'

一年生草本。多分枝，茎黑褐色。叶对生。头状花序小而繁密，舌状花平展，花色金黄。花期从5月直到霜降。

原产中美洲。抗湿热，忌积水，耐35℃以上高温，喜光照与潮湿环境，也耐半阴。适应性强、易养护，花期长、花多，炎热季节仍热烈地开放，是我国长江流域及华南园林中常见的夏季观花植物。常用于花境、花坛、路缘及庭院，也可盆栽。

小花奥勒菊木 *Olearia lirata*

灌木。小枝灰白色。单叶互生，狭长倒卵形，边缘有时呈波浪状或有齿，叶背灰白色。头状花序组成大的顶生圆锥花序，舌状花狭长，白色，管状花淡黄白色。花期8~11月。

澳大利亚东南部的特有种。半阴到全阴处皆可生长，喜潮湿、排水良好的黏土，可耐受轻霜。花繁茂，姿态轻盈，花期长，适宜庭院栽培观赏。

尖叶罗达纳菊 （大叶美蟹甲） *Roldana petasitis*

大型常绿灌木。高2~3m。叶片近圆形，叶缘具大的浅波状齿，叶表面有绒毛。花蕾深酒红色，开放后黄色。花期冬季到早春。

原产墨西哥。适应性强，喜光照充足和避风处。植株紧凑，叶形美丽，花期长，是良好的庭院美化材料。

大叶斑鸠菊 *Vernonia volkameriaefolia*

落叶小乔木。枝粗壮，圆柱形，被淡黄褐色绒毛。单叶互生，具短柄，倒卵形，顶端短尖或钝。头状花序，于枝端排列成复圆锥花序；花淡红色或淡红紫色。花期10月至翌年4月。

产我国华南地区。喜温暖，略耐阴。可用于庭院和公共绿地美化。

雪叶菊 *Senecio cineraria*

多年生草本常作一年生栽培。全株具白色绵毛。叶长椭圆形，羽状深裂。头状花序集成伞房状，单花径约1cm，黄色或白色。

原产地中海。喜凉爽通风、潮湿环境。要求富含腐殖质的疏松、肥沃、排水良好的砂质壤土。不耐寒，忌炎热干燥、雨涝、强光和霜冻。是优良的观叶植物，可作花坛、花境镶边或作切叶。

蔓黄金菊 *Senecio confuses*

多年生草质藤本。枝条蔓性，横卧地面生长，易发根。叶互生，长卵形或阔卵形，先端尖，缘具疏齿。花序顶生或腋出，舌状花瓣橙红色，筒状花橙黄色。花期春末至秋季。

原产墨西哥。生命力强，耐旱耐湿，喜光，抗高温。花期长，非常吸引蝴蝶，适合花廊、花架、蔓篱或地被。

一枝黄花 *Solidago decurrens*

多年生。茎直立，不分枝或中部以上有分枝。中部茎生叶椭圆形，叶两面有短柔毛或下面无毛。头状花序较小，舌状花椭圆形，花黄色。花果期4～11月。

原产我国华东、中南及西南等地。花繁密且花期长，可作花坛、花境及庭院美化。

蟛蜞菊 （三裂蟛蜞菊 / 南美蟛蜞菊） *Wedelia trilobata*

多年生草本。全株被短刚毛，茎匍匐，节部具不定根，上部茎直立。叶对生，椭圆状披针形，近无柄，主脉3，全缘或具1～3对粗疏齿。头状花序单生，舌状花2～3齿裂，黄色，管状花黄色。花期几乎全年。

原产热带美洲，我国已有逸生。喜光、耐热、耐瘠薄，喜湿不耐寒，不择土壤。生长适温18～30℃。可植于路边、花台或水岸边观赏，也可作为护坡、护堤的覆盖植物，有一定入侵性。

黄花蔺 *Limnocharis flava*

多年生草本。叶丛生，卵形；叶柄长，粗壮，三棱形。伞形花序，苞片绿色，花瓣3枚，淡黄色，边缘白色。果圆锥形，为宿存花被片所包。种子马蹄形，具薄翅。花期3～4月。

产美洲热带、东南亚等地，不耐寒。我国云南西双版纳和广东沿海也有分布，常成片生长于沼泽地或浅水中。喜光、喜肥，肥沃土壤中植株生长旺盛，观赏期长，是水面绿化的优良材料。

水罂粟 （水金英） *Hydrocleys nymphoides*

多年生浮水植物。叶卵形至近圆形，全缘、光亮，叶背具气囊。花瓣3枚，扇形，黄色，基部棕红色。蒴果披针形。花期6～9月。

原产巴西、委内瑞拉。喜温暖、湿润，喜日光充足的环境，越冬温度不宜低于5℃。叶色青翠，花色金黄、美丽，是良好的水体绿化材料，湖泊、池塘和溪流中均可栽植。亦可盆栽。

多年生水生或沼生草本。具块茎。沉水叶条形或披针形；挺水叶宽披针形、椭圆形至卵形。花葶高，花序具3～8轮分枝；花两性，外轮花被片小，绿色，边缘膜质，内轮花被片3枚，白色。瘦果椭圆形。

我国广泛分布，生于湖、河、溪、塘的浅水区及低洼湿地。喜光，喜温暖湿润、阳光充足地区。较耐寒，华北亦可栽植，园林应用广泛。

沼地棕 *Acoelorraphe wrightii*

茎丛生，高3～12m，基部具叶鞘纤维。掌状叶，深裂至叶中部，裂片线形，较坚硬，叶背银灰色。肉穗花序淡黄色。核果，熟时黑褐色。

原产中美洲。喜阳，耐荫蔽，较耐寒，耐涝；为体量较大的掌状叶棕榈科植物，可孤植作为主景，或用作树篱。

轮羽椰 （轮羽棕 / 香花棕） *Allagoptera arenaria*

地上茎近无，具地下茎。羽状复叶，羽片每2～4（～5）枚近轮状簇生于叶轴，线形，先端尖，叶面有蜡质，背面苍白色，被白色绒毛。花序直立。果长椭圆形，被褐色毛状秕糠。

原产巴西。羽片轮生，颇美丽，叶面可采集工业用蜡；果肉可食、酿酒。园林应用潜力大，尤其适合海边沙质土地的绿化、美化。

　　茎单生，高10～25m，干径约15cm，光滑，具梯形环纹，基部膨大。羽状复叶，生于茎顶，羽片二列，线状披针形，叶背银绿色，中脉明显；叶鞘形成明显茎冠。花单性同株，圆锥花序乳白色。果鲜红色。

　　产澳大利亚南部，我国引种较早，半归化。喜温暖湿热，不耐寒，抗风，抗大气污染；茎干通直，树冠扩张如伞，集观形、观花、观果于一体，适宜在公园、绿地应用，极富热带情趣。

茎丛生，高3~15m，具明显的环状叶痕，似竹茎。羽状复叶，长35~60cm，具多条纵脉，中下部羽片披针形，先端镰刀状，渐尖，上部羽片先端具齿裂。花序与槟榔相似，但雄蕊3。果实较槟榔小，纺锤形，熟时深红色。种子胚乳嚼烂状。

产亚洲热带地区。耐半阴，不耐寒；枝叶常年青绿，形似翠竹，红果绚丽，宜植于庭园或盆栽。

槟榔 *Areca catechu*

茎单生，高20～30m，茎冠绿色且光滑，环状叶痕明显。羽状复叶簇生茎端，羽片狭长披针形，长30～60cm，先端有不规则齿裂。雌雄同株，花序多分枝，小花白色，发育雄蕊6。果实长圆形，橙黄色。

产我国海南及台湾等地，东南亚也有分布，我国汉代已有栽培。喜高温多湿环境；树姿挺拔，华南地区常庭园栽植或作行道树；当地人传统的咀嚼嗜好品，但易引发口腔癌。

砂糖椰子 *Arenga pinnata*

茎单生，高可达10余米，叶鞘留干残体呈黑色粗纤维状，密被茎干。羽状复叶簇生于茎顶，羽片约60对，排列不整齐，尖端啮蚀状，叶背灰白色。花序大，腋生，分枝多。花期6月，花后2～3年果熟。

产东南亚。花序汁液可制糖，树干髓心可提取制作西米，果含糖量高，叶鞘纤维可制作缆绳。亦可用于庭园绿化。

南椰 *Arenga westerhoutii*

茎单生，高约10m。羽状复叶，羽片较规则，先端啮蚀状或2裂，叶面深绿色，叶背灰绿色。与砂糖椰子类似，其叶鞘留干残体呈黑色粗纤维状，包被茎干。花序从上至下而生，最下部花序的果成熟时，植株死亡。

原产我国。喜光，耐阴，较耐寒；羽片整齐均匀，适合丛植，为优良的庭园观赏树种。

双籽棕 （菱羽桄榔/野棕） *Arenga caudata*

茎丛生，高约2m。羽状复叶，长40～50cm，羽片不等边四边形，叶背银白色，先端边缘具不规则的啮蚀状小齿，顶部羽片呈不规则等边四边形。花序腋生，常穗状。果球形，熟时红棕色。

产我国海南。喜半阴；体型较小，丛生密集，叶形奇特，果序鲜艳。根可入药。

茎丛生。密被棕色叶鞘纤维。羽状复叶直伸，可弯垂，小叶狭长，因排列整齐似鱼骨而得名，边缘及顶端啮蚀状。花黄色，芳香，花序结实后下弯。果近球形，熟时红色。花期4～6月；果期6月至翌年3月。

产菲律宾。喜温暖湿润。株形美观，果实鲜艳且挂果时间长，适合在公园绿地、建筑物旁栽植观赏。

茎丛生，高2～4m。羽状复叶，长2～3m，羽片排列整齐，互生，基部仅一侧有耳垂，先端边缘啮蚀状，上面深绿色，背面灰绿色。花序生于叶间，分枝多。核果近球形，充分成熟后红色或紫红色。

我国产福建、台湾等地。喜温暖湿润，较耐寒，耐阴；花具浓香，姿态秀美，可植于公园、庭园观赏。

虎克桄榔 *Arenga hookeriana*

茎丛生，高0.6~1.8m。叶倒阔椭圆形，缘具大型尖锯齿，叶面深绿色，叶背银灰色。花序单生叶腋，直立，极少分枝。核果椭球形，成熟时红色。

原产泰国南部、马来西亚。耐阴，喜排水良好土壤，适合植于荫蔽处作下层植被。

美丽直叶椰 *Attalea spectabilis*

茎单生，极短。羽状复叶，叶长8~12m，直立生长或中上部稍下弯，羽片极多数，长线形，先端渐尖，基部羽片长1~1.5m，上部羽片长30~40cm，宽1~1.5cm。花序直立。果大，卵圆形。

原产巴西。可观赏，种子可榨油。

亚达利亚棕 *Attalea cohune*

茎单生，株高可达15~20m，胸径70cm以上。羽状叶大型、直立，小叶170~190对，叶片纤维发达，叶柄粗硬，树干基部常被老叶覆盖。肉穗花序腋生，雌雄同株异序，偶有同序；雌花序圆形，雄花黄色，花瓣3，佛焰苞革质。聚合核果较大，果近球形，具乳头状突起，种子1~3粒。

原产墨西哥南部至中美洲地区，喜光、喜高温高湿；抗风，耐1~3℃低温。树形高大雄伟、壮观，适作风景树。果实作甜食或牲畜饲料，种仁可食。树干可供建筑用。

大果直叶椰 *Attalea macrocarpa*

茎单生，高7~8m，粗壮，叶柄基部宿存。大型羽状复叶，近直立生长，中上部稍弯成拱形，羽片极多数，长线状披针形，叶柄坚硬木质化。雌雄同株异序，偶有同序，花浅黄色。果实阔椭圆形。

产巴西。生长慢，耐寒性差；株型高大，气势雄伟，可作园景树或行道树；种子可榨油，根提取物可入药。

贝加利椰 （马岛葵 / 马岛窗孔椰） *Beccariophoenix madagascariensis*

茎单生，高可达12m，干径约30cm。羽状复叶，长可达5m以上，幼株的羽片因近轴分裂而具有窗孔状缝隙。花序约长1.2m。果实约长3.5cm。

原产马达加斯加，单种属物种。幼株的叶片形态奇特优美，窗孔状缝隙明显，常被作为盆栽或丛植观赏。

霸王棕 （俾斯麦桐） *Bismarckia nobilis*

茎单生，高大，灰绿色，基部稍膨大。叶片带蓝灰色，扇形，巨大，掌状裂，叶柄与叶片近等长，有刺状齿。雌雄异株，雄花序具红褐色小花轴；雌花序较长而粗。果实卵球形，褐色。

产马达加斯加西部稀树草原地区，我国华南及东南地区有引种。树姿雄壮，叶片及叶柄硕大，坚挺而直，蓝绿色，故比之为德国"铁血宰相"——俾斯麦，可用于营造热带海滨景观，可孤植作为主景植物，也可列植。

'蓝'霸王棕 *Bismarckia nobilis* 'Silver'

霸王棕品种。掌状叶，银灰色，覆有白色的蜡质及淡红色的鳞秕。

叶身坚韧直伸，再加上庞大的体型以及独特的叶色，可构成极具热带特色的景观。习性及园林应用同霸王棕。

白藤 *Calamus tetradactylus*

攀缘藤本，茎丛生、细长。羽状复叶，2～3羽片成组，不等距排列，披针状长圆形，边缘具小刺；叶鞘、叶柄及叶轴具刺。雌雄花序异型，雄花序少数分枝，雌花序二回分枝。果球形，淡黄色。花果期5～6月。

产我国海南、广东、广西等地，越南有分布。喜温，不耐寒，生长期需适度郁闭，成藤后可耐全光照射；去鞘藤茎为编织的优良材料。

东澳棕 （北澳椰） *Carpentaria acuminata*

茎单生，高可达20m，光滑，灰白色，具显著环状叶痕；茎冠显著。羽状复叶，羽片先端具啮蚀状齿。多分枝的花序着生于茎冠之下。果色鲜红。

产澳大利亚昆士兰州。树型高大，树干挺直，果实鲜丽，具浓厚的热带风情，可作行道树栽植。

糖棕 （扇叶糖棕） *Borassus flabellifer*

茎单生，高12~18m，粗壮。叶大型，掌状分裂，裂片约80，先端2裂；叶柄粗壮，边缘有不规则锯齿；宿存的叶基黝黑色，呈网格状。雌雄异株，雄花序可长达1.5m，雄花小，黄色；雌花序长约80cm，花较大。果实大，近球形，熟时黑褐色。

产印度、缅甸、柬埔寨等地，我国华南、东南及西南地区有引种。株型高大，树冠宽阔，可供观赏，热带气息浓郁；未开放的花序可制糖。

布迪椰子 （弓葵） *Butia capitata*

茎单生，高3~6m，径粗，可达40~50cm，叶柄基残存。羽状复叶，弯曲如弓形，羽片条形，革质，先端尖，银灰色；叶柄两侧具刺。花单性，紫红色，雌雄同株。核果熟时橙红色。

原产巴西南部及乌拉圭。喜光，耐寒性强，生长较缓慢；茎干笔直，叶形规整，适合列植作为行道树。

董棕 *Caryota obtusa*

　　茎单生，高大具明显的环状叶痕。二回羽状复叶大型，集生于茎端，先端下弯，小叶革质，边缘具不规则齿状缺刻，先端无尾尖；叶鞘边缘具网状棕色纤维。圆锥状肉穗花序具密集的穗状分枝。果球形，成熟时红黑色。

　　产我国云南南部、广西及西藏南部，印度也有分布。叶片巨大，排列整齐，树冠广阔，为庭园绿化配景、室内摆设的良好材料。

鱼尾葵 （长穗鱼尾葵） *Caryota ochlandra*

　　茎单生，绿色，被白色绒毛，具环状叶痕。二回羽状复叶大型，小叶革质，先端有不规则齿状缺刻。圆锥状肉穗花序，长1.5~3m。浆果球形，熟时红色。花期5~7月，果期8~11月。

　　产我国广东、广西、海南、福建、云南，中南半岛及印度也有分布。喜酸性土壤，耐阴，抗风；小叶叶形奇特，酷似鱼尾，树干通直，华南地区可丛植于庭园造景。

丛生鱼尾葵 （短穗鱼尾葵） *Caryota mitis*

茎丛生，小乔木状。干绿色，被白色绒毛。小叶与鱼尾葵相似，但较小，叶柄被褐黑色的毡状绒毛；叶鞘边缘具网状的棕黑色纤维。花序短，长约60cm。

产我国广东、广西及海南，印度也有分布。生长迅速，抗风，抗污染；茎干丛生，树形较鱼尾葵更富层次感，果实圆润，可室内栽植。

单穗鱼尾葵 *Caryota monostachys*

茎丛生。矮小，高1～3m，茎干绿色，被白色绒毛。二回羽状复叶，小叶基部两侧不对称，叶缘具不规则的齿缺；叶鞘边缘具网状褐色纤维。花序多为单穗，不分枝。果实球形，熟时紫红色。

产我国广东、广西、云南、贵州，印度等地也有分布。耐阴性强，适用于庭园栽植；种子油可作工业添加剂。

缨络椰子 （拱叶竹节椰）　*Chamaedorea cataractarum*

茎丛生，高达80cm，有明显的环状叶痕。羽状复叶排列整齐，每侧羽片13～16，老叶拱形而下垂，裂片条状披针形，叶脉在正面下凹，背面凸起；叶柄正面平，背面圆。雌雄异株，肉穗花序细长，花小，黄色。果卵球形，淡红色。

产墨西哥。耐阴性强；株型清秀，叶色浓绿，可作盆栽摆放在室内或用于庭园配置。

鱼尾椰子　*Chamaedorea metallica*

茎单生，较矮，高0.5～1m。羽状叶单生，先端2裂，状似鱼尾，革质，叶色浓绿且富金属光泽。雌雄异株，肉穗花序直立，花序轴橙红色。果橙红色。

原产墨西哥。株型小巧，耐阴性强，是极佳的室内盆栽观赏植物。

袖珍椰子 *Chamaedorea elegans*

茎单生或丛生，细长如竹，具不规则花纹。羽状复叶，裂片条形至披针形，互生，顶端羽片基部常合生为鱼尾状。雌雄异株，穗状花序腋生，花黄白色。花期春季。果充分成熟时黑色，果序梗转为橙红色。

产墨西哥。小型棕榈科植物，小巧精致，富热带风情。耐阴性强，可净化空气，适合室内盆栽观赏。

欧洲棕 （欧洲矮棕） *Chamaerops humilis*

茎丛生。高3～6m，枯叶宿存。掌状叶，半圆形，深裂至叶的2/3～3/4，裂片再裂至一半或更深；叶柄具刺。肉穗花序生于叶腋间，小花鲜黄色。浆果褐色。

产地中海地区。喜光，耐旱，耐寒性强，生长慢；株型独特，可孤植或丛植，亦有作绿篱或盆栽欣赏。

红叶青春棕 （红叶青春葵／大果红心椰） *Chambeyronia macrocarpa*

茎单生，高约15m，有明显的环状叶痕，叶鞘形成明显的茎冠。羽状复叶，向下弯成拱形，新抽幼叶红色至淡橙红色，约10天后变为绿色。雌雄同株同序。果卵形，红色。

原产新喀里多尼亚。适应性强，生长迅速；嫩叶红艳，富有生机，可孤植于庭园作为主景，亦可丛植或列植。

琼棕 *Chuniophoenix hainanensis*

茎丛生。叶鞘处具吸芽。叶掌状，裂片14～18，线形，长55～65cm，先端尖或2浅裂；叶柄腹面具深凹槽。花两性，紫红色。果近球形，红黄色。花期4月，果期9～10月。

我国海南特产。喜暖热，不耐寒，较耐阴。花序、果序优美且鲜艳，可作园林观赏树及室内盆栽；茎秆坚韧，可作粗口径藤类代用品。

小琼棕 （矮琼棕） *Chuniophoenix nana*

茎丛生。高1.5~2m，干较细而不具吸芽，被残存的褐色叶鞘。叶半圆形，掌状4~7深裂，裂片先端尖，中央的裂片较大，最外侧的裂片最小。花淡黄色。果熟时鲜红色。花期4~5月，果期8月。

我国海南特产，国家二级保护植物。绿叶红果，较耐阴，适于园林配植或用作绿篱。

银扇葵 （银叶棕） *Coccothrinax argentea*

茎单干，高可达10m，有时基部具分蘖。叶掌状，裂片多数，线形，叶背银白色；叶柄无刺；叶鞘无纵裂。花序短且具分枝。果球形。

原产多米尼加和海地等地。耐旱，抗盐碱；叶背色泽美丽，适合庭院、公园等场景的绿化。

老人棕 （老人葵／古巴银棕） *Coccothrinax crinita*

茎单生，株高达9~11m，被浓密、细长的浅棕色纤维。叶圆形，掌状深裂，裂片狭窄、挺直。雌雄同株；花序腋生，短于叶柄。果实球形，具厚条纹。花期6~8月，果期秋季。

原产古巴。喜光、耐轻微霜冻，土壤须排水良好。茎干密被长纤维，全株似须发浓密的老人，十分奇特。可盆栽、庭园栽植观赏。

椰子 *Cocos nucifera*

茎单生，高15~35m，有环状叶痕。羽状复叶革质，羽片条状披针形，叶柄粗壮。肉穗花序腋生，单性花同序，多分枝；佛焰苞纺锤形。核果大，近球形，果腔内有固体及液体胚乳（即椰汁）。

我国主产地为海南及台湾、云南热带地区。喜湿热，寿命长；滨海地区绿化美化的优良树种，抗风；全株均可用于生产。

'黄矮'椰子 *Cocos nucifera* 'Golden'

椰子栽培品种。茎干较细。羽状复叶的叶柄及花序的佛焰苞均呈浅黄色。果实外果皮黄色。

原产马来西亚，我国海南有种植。果皮和种壳薄，椰肉细腻、甘香。椰子水鲜美清甜。习性及应用同椰子。

'红矮'椰子 *Cocos nucifera* 'Samoan Dwarf'

椰子栽培品种。茎干较细。高常不足15m，羽状复叶，叶柄和花序的佛焰苞均呈橙红色。果实外果皮橙红色。

原产马来西亚，我国海南有种植。椰果水分、糖分含量高，相比海南本地椰子口感大幅度改善，习性及应用同椰子。

比利蜡棕（壮蜡棕）*Copernicia baileyana*

茎单干，高可达20m，圆柱形或膨大，老茎光滑，干径粗壮，可达66cm。掌状叶，幼叶坚挺不下垂，质感粗硬，表面有蜡质；叶柄粗，短于叶身，具弯刺。花两性，花序长约3m。果卵形，黑色。

原产古巴。喜光，较耐旱；株型雄壮，质感厚重，可孤植作造景中的主景植物；叶片可采集工业用蜡。

白蜡棕 *Copernicia alba*

茎单干，高可达30m，高大、粗壮，常被叶鞘残基及纤维。掌状叶近圆形，深裂，叶片灰绿色，革质；叶柄基部两侧具尖齿，被灰白色蜡质。花两性。果熟时褐色。

产巴拉圭。叶片形如扇，适用于庭园绿化观赏；叶片可采集工业用蜡。

贝叶棕 *Corypha umbraculifera*

茎单生，高18~25m，密被环状叶痕。叶大型，掌状深裂，裂片剑形，70~100枚，先端2浅裂；叶柄粗壮，具沟槽，边缘有短齿。圆锥花序，花两性，乳白色。果球形。花期2~4月，果期5~6月。开花结果后即死亡，寿命35~60年。

产缅甸、印度及斯里兰卡，最早传入我国云南，寺庙附近栽植较多。树形美观，也是园林观赏植物。叶片可代纸用于刻写佛经，被称为"贝叶经"。幼嫩种子及树干内淀粉可食用。

高大贝叶棕 *Corypha utan*

茎单生，高可达25m，掌状叶极大，宽2~3m，深裂；叶柄明显长于叶身，具粗壮黑刺。花序顶生，大型。果实球形。花期2~4月，果期翌年5~6月。

产澳大利亚、菲律宾、印度、缅甸等地。喜光；株高、叶大，叶柄长，花序雄壮，具独特观赏性。幼时生长慢，开花结果后死亡。

猩红椰子 （红槟榔） *Cyrtostachys lakka*

茎干丛生，高3.5～5m，茎冠呈红色或橙红色。羽状复叶长1.2～1.5m，先端锐尖，叶表面深绿色，背面灰绿色；叶鞘、叶柄猩红色。穗状花序腋生，下垂，圆锥状分枝，红色。核果，熟时蓝黑色。

产马来西亚、印度尼西亚、新几内亚。喜高温高湿，喜光，耐半阴。叶柄及叶鞘呈猩红色，有较好的观赏效果。

黄藤 *Daemonorops margaritae*

茎丛生，初直立，后攀缘。羽状复叶，羽片多数，线状剑形，排列整齐，叶轴先端延伸为具爪状刺的叶鞭；叶柄背面凸起，具刺；叶鞘被红褐色的鳞秕状物。雌雄异株，花序直立，二至三回分枝。果球形。

产我国广东、广西、江西及台湾等地。园林应用与省藤属相似。藤茎也可作藤编，根、茎可入药。

金棕 （飓风椰 / 网子椰子） *Dictyosperma album*

茎单生，高约15m，有环状叶痕。羽状复叶，长约4m，羽片排列整齐，线形，叶面灰绿色，叶背银白色。雌雄同株，花大，淡红色。果卵形，淡紫色。

产毛里求斯。喜高温、湿润气候，较耐寒，抗风性强；叶色多样，老叶浓绿，新叶暗红，宿存的叶环形态奇特，庭院栽培观赏。

翁宁散尾葵 （安尼金果椰） *Dypsis onilahensis*

茎丛生，灰绿至蓝绿色，被白粉，有环状叶痕，具茎冠。羽状复叶，拱形下垂，深绿色；羽片下垂，先端尖；叶柄绿色。雌雄同株，花序下垂，多分枝。果卵球形，黄绿色。

原产非洲。与散尾葵极似，但植株较散尾葵纤细而秀丽，适于盆栽或庭院栽培观赏。

红叶迪普丝棕 （红叶金果椰） *Dypsis catatiana*

茎单生或丛生，高约1.5m，节间通常具垂直浅绿色条纹。叶全缘或二列呈鱼尾状，中绿色，背面苍白色，幼叶略带红色。

原产非洲。可作园景树，庭院栽培观赏。

茎单生或2~4丛生，高可达18m，具环状叶痕。羽状复叶，羽片排成三列，幼时呈阔披针形，后逐渐变为线形；叶鞘茎冠略呈三角形。肉穗花序下垂。果实倒卵圆形，熟时紫色。

生长迅速，树冠较密，可作园景树或行道树；顶叶芽、果实可供食用；材质坚硬可用于建筑。我国还引种有2个品种，*D. madagascariensis* 'Single trunked'（马岛散尾葵）和 *D. madagascariensis* 'White form'（马达加斯加棕）。

茎丛生。高7~8m，茎干具环状叶痕。叶柄、叶轴和叶鞘常黄绿色；羽状复叶，羽片二列状，平展、光滑、黄绿色。圆锥花序生于叶鞘之下。花期5月，果期8月。

不耐寒，最低温度不低于5℃，温度过低会进入休眠；为小中型的棕榈类植物，华北常见盆栽观赏，华南地区庭院栽培较多。叶片可作切叶，大型花束、花篮常用。

　　茎单生，高可达10m，叶柄基宿存。羽状复叶簇生于茎顶，长3~6m，羽片线状披针形，基部外折，靠近下部羽片退化成针刺状；叶柄宽。花雌雄同株异序，着生于叶柄基部，雄花序穗状，雌花序指状。果实卵球形，熟时橙红色。

　　产非洲热带地区。速生油料作物，除观赏外，果肉及种子可提炼棕榈油；残渣可作生物质燃料。

南格拉棕 （小果截叶椰子） *Gronophyllum microcarpum*　　　　　　棕榈科截叶椰子属

　　茎常单生，高可达8m。羽状复叶，直立；羽片先端平截具齿，不下垂。花序长约50cm，具分枝。果实圆柱形，约1cm长，黄白色转红色。

　　原产大洋洲。喜温暖湿润，适度荫蔽之处。株型优雅，果黄红双色，小巧可爱。可植于园林绿地观赏。

两广石山棕 （线穗棕竹） *Guihaia grossifibrosa/ Rhapis filiformis*

茎丛生，直立或外倾。叶扇形，掌状深裂至近基部，裂片10~21，披针形。花序直立，分枝多，较细，雄花序被淡黄色鳞秕。果实椭圆形，成熟时蓝黑色。花期10月。

产我国广西南部、越南北部。庭院或盆栽观赏。

酒瓶椰子 *Hyophorbe lagenicaulis*

茎单生，高约2m，上部细，中下部常膨大，形似酒瓶，有明显叶痕。羽状复叶集生茎端，羽片40~60枚，披针形，二列；叶柄有时淡红色；叶鞘圆筒形。雌雄同株，穗状花序，佛焰苞柔软。果实卵圆形。开花至果熟需18个月。

产马斯克林群岛，我国华南地区有引种，常见。喜高温，光照充足，不耐寒，不耐阴，生长慢。树形奇特，观赏价值高，可孤植或丛植庭园；也用于道路绿化。

棍棒椰子 *Hyophorbe verschaffeltii*

茎单生，高可达6m，基部略细，中上部粗大，状如棍棒。羽状复叶，丛生于顶端，长达2m，小叶30～50枚，二列；叶鞘包成圆柱形，常被白粉。肉穗花序。浆果黑紫色。

产马斯克林群岛。树干粗壮奇特，树冠浓密，宜作为行道树列植，或群植、孤植观赏；栽培需带土球移植。

何威棕（豪威椰/荷威椰/金帝葵） *Howea forsteriana*

茎单生，高15～20m，具环状或斜向上叶痕，基部膨大。羽状复叶，近平伸，长约3m；小叶披针形、下垂，间隔较明显；叶鞘开裂。雌雄同株，肉穗花序。果熟时红褐色。北半球花期1月初。

原产澳大利亚豪爵岛。喜富含钙质的碱性土壤；小叶裂片细长、清秀，叶色浓绿，盆栽时高1～2m，常作中大型室内盆栽。

泰氏棕（菱叶棕/马来葵/苏门答腊棕） *Johannesteijsmannia altifrons*

无明显地上茎干。叶倒卵状菱形，羽状脉，叶两面绿色，具多条向内折叠的脊，先端为锯齿状；叶柄细长，基部具刺。花两性，花序三回分枝。果球形，具凹槽。

产马来半岛及印度尼西亚，我国有引种。喜高温高湿，耐半阴，不耐寒；可作群落下层景观，亦可盆栽栽培。

沙旦分枝桐 （皮果桐） *Hyphaene coriacea*

茎单生或丛生，粗壮，常单侧膨胀，具明显的灰黑色叶柄（鞘）残基。叶灰绿色，聚生枝端，掌状分裂，裂片向内折叠，先端尖或2裂。花序腋生，分枝少；雌雄异株，稀同株。果梨形，成熟时褐色，果肉多汁。

原产马达加斯加和非洲东南部半干旱地区，生于干旱地区或河旁。植株美丽，我国华南及东南地区可庭园栽培观赏。材质坚硬，具黑褐色条纹，可作高级家具或建筑材料；果、根可药用。

黄脉葵 （黄棕榈） *Latania verschaffeltii*

茎单生，基部膨大，高可达15m。叶扇形，掌状深裂，长达1.5m，浅绿色，叶面无白粉，幼株叶脉具刺，主脉及叶柄边缘黄色；叶柄被灰白色绵毛。核果倒卵形。

产毛里求斯。幼苗叶柄及叶脉呈金黄色，是观赏棕榈中之珍品。

蓝脉葵 （橙脉棕） *Latania loddigesii*

茎单生，高5～15m。叶扇形，掌状分裂，被白粉，主脉带红色，幼时色更深；幼株叶片灰蓝色；成株后，叶片为浅灰蓝色，叶柄及叶基部覆被白色绒毛。花序生于叶间，雌雄异株。果倒卵形或梨形。

产毛里求斯。叶色美丽，适于无霜冻地区栽植作观叶树种。

红棕榈 （红脉榈/红脉葵） *Latania lontaroides*

茎单生，高达15m以上。叶掌状深裂，长1.2～1.8m，裂片先端渐尖，灰绿色，主脉及边缘皆为红色；幼株叶柄、叶脉红色，成株变淡。肉穗花序，褐色，花序从叶腋间抽出。

产毛里求斯。喜光，我国厦门以南地区可安全过冬；室内盆栽时选用幼株；成株可作行道树，丛植或孤植，或植于建筑物周边。

穗花轴榈 *Licuala fordiana*

　　茎丛生。高1.5~3m，干不明显。叶圆扇形，掌状深裂至基部；裂片先端具有4钝齿，狭楔形。肉穗花序长0.5~1m，有少量分枝。核果球形。花期5~7月，果期9~12月。

　　产我国海南及广东东南部。耐阴性强，喜湿润环境，不耐寒；可室外观赏，也是优良的室内绿化植物。

圆叶轴榈 （扇叶轴榈） *Licuala grandis*

　　茎单生，高2~3m，老叶鞘宿存。叶掌状，圆形或半圆形，边缘浅裂，亮绿色；叶柄具直刺或弯刺。果球形，成熟时红色。

　　产巴布亚新几内亚的新不列颠岛。耐阴，不耐寒。叶形圆润雅致，有放射形的褶皱，观赏性强，适于室内盆栽。

　　茎单生，高可达5m。茎干被叶鞘棕丝。叶近圆形，边缘锯齿状，嫩叶未展开时如剑，展开后如巨扇，叶柄具倒钩刺。雌雄同株，花序分枝5～8。果熟时橙黄色。花期3～6月，果期5～8月。

　　我国华南地区的植物园有栽培。叶青翠如滴，直立如巨伞，老叶稍下垂，形色皆美。棕榈科观叶类的佼佼者，优良的庭园绿化材料；幼株可盆栽观赏。

海南轴桐 （刺轴桐） *Licuala hainanensis / Licuala spinosa*　　　　　　　棕榈科轴桐属

　　茎丛生，高2～5m，被褐色纤维。叶近圆扇形，辐射状深裂，裂片先端啮蚀状；叶柄两侧或近基部具黑褐色皮刺。花雌雄同株，肉穗花序腋生，具分枝，佛焰苞被红褐色的易脱落的鳞秕。果实圆球形或倒卵形，橙色至紫红色。花期3～4月，果期5～6月。

　　原产我国海南，印度、中南半岛和东南亚热带地区也有。生于林下或林缘半阴蔽或阴湿处。叶形雅致、奇特，是优美的盆栽及庭园观赏植物。

　　茎单生，高10～20m，。叶宽肾状扇形，掌状深裂至中部，裂片线状披针形，明显下垂；叶柄两边有黄绿或淡褐色倒刺。肉穗圆锥花序黄绿色，花小，两性。核果椭圆形，黑褐色。花期春夏；果期11月。

　　产我国广东、广西南部、海南、福建等地，日本东南部也有分布。喜暖热多湿，耐阴耐寒，抗风，抗大气污染；生长慢，寿命较长，树形优美，叶片可制葵扇，为园林结合生产的优良树种。

　　茎单生，高12～25m，被叶鞘残基与纤维，下部有不明显的环状叶痕。掌状叶深裂，先端常2裂，裂片长线形，下垂；叶柄具宽刺。花序分枝多。果序下垂，果卵圆形，黑色，具光泽。果期8月。

　　产澳大利亚。耐旱性极强，不耐涝；可用于半荒漠地区的绿化栽植。

茎单生，粗壮，高10～15m，叶鞘残基与纤维紧密包裹茎干。掌状叶浅裂，近圆形，裂片80～90枚，先端2裂；叶柄具粗刺。花序分枝可达5，花小。果椭球形，熟时淡灰紫黑色。

原产东南亚。适于庭园栽培观赏或作行道树。

被榕绞杀的越南蒲葵

茎单生，高18～27m，基部略膨大。叶近圆形，掌状浅裂，裂片60～90枚，坚挺不下垂，先端2浅裂；叶柄常长于叶片，具粗尖齿。果球形，熟时鲜红色，后变为黑褐色。

原产东南亚。生长迅速、植株高大，可作行道树、公园或庭院绿化树种；幼株晶翠美观，可室内观赏。

大蒲葵 *Livistona saribus*

茎单生，高15~25m，被叶鞘残基及纤维。大型叶，长达1.5m，掌状裂，裂片先端不下垂，具短2裂；叶柄细长并具黑褐色大倒刺。花序分枝多。果球形，蓝黑色。花果期9月。

产于我国广东封开、海南和云南南部。叶浅裂而呈圆形，树形高大雄伟。

红蒲葵 *Livistona mariae*

茎干单生，高15~18m，干径约38cm，基部膨大。叶圆形，直径达3m，较坚硬；掌状裂，灰绿色有光泽；叶柄长约1.8m，有多数小刺；幼株之叶发红。花浅黄色至黄绿色；花序密集。果球形，熟时茶褐色至黑色。

产澳大利亚中部半荒漠地区。幼叶红色，观赏价值高。

美丽蒲葵 *Livistona jenkinsiana/ Livistona speciosa*

茎单生，高15~20m，粗壮。叶近圆形，掌状分裂，深绿色，叶背稍苍白，中心部分裂片常较浅，周围裂片渐深，但裂片大小、叶裂深度不等；叶柄具略扁平的黑褐色弯刺。花序腋生、下垂，长1.2~1.5m。果倒卵球形，浅蓝色，种子顶端具1小突尖。花、果期10月。

原产我国云南及缅甸。云南南部村寨常见栽培，生长健壮，喜温暖、湿润，稍耐寒。植株高大，株形优美，可庭园栽植，或作行道树。果实可食。

裂果棕 （凤尾椰子） *Lytocaryum weddellianum*

茎单生，植株低矮，罕达3m，干粗约5cm。羽状复叶，深绿色，具光泽，长可达90cm，叶柄长20～30cm；羽片40～60枚。果实球形，小，成熟时开裂。

果实形似椰子，可食用，植株可用于盆栽或小空间栽植观赏。

巴基斯坦棕 （中东矮棕） *Nannorrhops ritchian*

茎丛生，常匍匐状，被叶鞘残基。叶片宽扇形、坚硬，浅灰绿色或灰白色，掌状深裂，裂片先端2裂，小裂片挺直，叶柄具细齿。大型圆锥花序顶生，长可达2m。果近球形或椭圆形，稍有皱纹。种子坚硬。

单种属，原产阿富汗北部山区及半荒漠地区。耐寒、耐旱，喜阳光，是最耐寒的棕榈科种类之一，可在我国长江以南庭园栽培推广。花序大而醒目，观赏价值高，常植于深绿色植物前。虽开花后即死亡，但基部或基部上部可萌生新茎。果可食用。

三角椰子 *Neodypsis decaryi / Dypsis decaryi*

茎单生，高3～6m，灰白色，基部略膨大。羽状复叶，羽片线形，灰绿色，下部裂片可见丝状纤维；叶柄棕褐色，残存叶鞘于茎端排列成三角形。肉穗花序，腋生，黄绿色。核果熟时黄绿色。

产马达加斯加。叶鞘形状奇特，树形优美，为园林造景的优良树种；幼株可作盆栽观赏。

红鞘椰子 （红领椰子） *Neodypsis leptocheilos*

茎单生，高可达12m，顶部聚生的叶鞘具红褐色鳞秕。羽状复叶，羽片排列整齐；叶柄短；雌雄同株，花序腋生，有分枝。果倒卵形。

产马达加斯加。喜温暖，较耐寒；叶片修长，叶鞘红褐色，庭院或盆栽观赏。

黑桐 （黑狐尾椰子） *Normanbya normanbyi*

茎单干，高可达18m，干基部稍膨大，具环状叶痕。羽状复叶，正面深绿色，背面灰白色；羽片先端近平截，轮生于叶轴，形似狐尾。果卵形，熟时红色。

原产澳大利亚昆士兰州。树冠优美，叶形独特，果序鲜艳，观赏价值高，适于华南庭园栽培。

软叶刺葵 （江边刺葵/美丽针葵） *Phoenix roebelenii*

棕榈科刺葵属

茎丛生或单生，高1～3m，叶柄基部宿存，三角状。羽状复叶，羽片线形，较柔软，背面具鳞秕，叶柄下部的羽片成细长软刺。果长圆形，成熟时枣红色。

产缅甸、老挝、越南，我国广东、广西、云南地区有栽培。树形美丽，常种植于江岸边、庭园；北方常室内盆栽观赏。

茎单生，高10~16m，干径可达33cm。羽状复叶，灰绿色；羽片剑形，2~4列排列；叶轴下部常簇生针刺；叶柄短，橙色，基部会宿存在茎干上。花序长60~100cm，小花白色；佛焰苞近革质，开裂成2舟状瓣。果序密集，橙黄色。

原产印度。抗寒、抗旱，喜高温；生长较快；可孤植，亦可列植或群植，营造热带风光，树液可提制棕糖。

加拿利海枣 （长叶刺葵） *Phoenix canariensis*

　　茎单生，高10～15m，干上有波状叶痕，枯叶残存。羽状复叶，长达4～5m，顶生，树冠开展；叶柄基部包被有黄褐色叶鞘。雌雄异株，肉穗花序多分枝，花小。果熟时橙黄色。

　　产非洲加拿利群岛及附近地区，20世纪初我国福建已有引种。抗风、树形舒展，美化效果好，为良好的滨海树种，华南地区可用作行道树；较耐寒，北方常盆栽幼株用于室外园林布置，降温前移入室内。

茎单生，高达20～25m，叶柄基部宿存。羽状复叶，长可达6m；羽片条状披针形，硬直，有白粉；基部小叶成针刺状。密集圆锥花序，雌雄异株。果实椭球形，成熟时橙黄色。花期3～4月；果期9～10月。

产西亚和北非。果实可食，花序汁液可制糖，叶可造纸。茎干挺拔，果期更有别样的观赏特点。

刺葵 *Phoenix hanceana*

茎丛生或单生，高2～5m。羽状复叶较坚硬，长可达2m；羽片线形，长25～25m，单生或2～3枚簇生，在叶轴上呈4列排列，基部小叶呈针刺状。佛焰苞不开裂，雄花近白色。核果长圆形，熟时橙红色，后变紫黑色。

产印度和我国华南。抗盐碱，抗水湿，耐旱，生长速度慢。热带地区可用于滨海景观绿化；果实、嫩芽可供食用。

非洲刺葵 *Phoenix reclinata*

茎丛生，高约15m，整丛高度均匀。羽状复叶长2～6m，亮绿色，羽片坚韧，背面具白色鳞秕。花序腋生。果实椭圆形，约长2cm，熟时橙色或褐色。

原产非洲。喜阳光，耐寒；巨大的丛生茎别具特色；密植会导致树冠缩小。

无茎刺葵 *Phoenix acaulis*

茎单生或丛生，短，半球状，株型矮小。羽状复叶，浅灰绿色，质地坚韧，羽片排列稀疏；叶鞘褐色，具网状纤维。花序分枝粗壮。果实长椭圆形，熟时紫黑色。花期3～4月，果期5～6月。

我国广东、广西、云南地区有引种，耐贫瘠。因其茎干独特，适合观赏栽植。

斐济桐 （斐济金棕 / 太平洋棕） *Pritchardia pacifica*

茎单生，高约10m，叶基宿存，后逐渐脱落。叶掌状，质地坚挺；直径可达1.8m，浅裂至叶片1/3，叶鞘具纤维。花两性，花序黄色，三回分枝，长约1m。果球形黑色，径约1.2cm。

原产斐济等太平洋群岛。宜避风种植，叶片浅裂，别具风姿，可列植作行道树或庭园种植；幼株可盆栽。

秀丽皱籽棕 （秀丽射叶椰） *Ptychosperma elegans*

茎单生，高可达12m，茎冠显著；干纤细，具竹节状叶痕。羽状复叶长达3m，达数10片，羽片长达60cm，先端啮蚀状。花序长约50cm。果实椭球形，熟时红色。

原产澳大利亚东北部。叶痕形状独特，果序红艳，树形秀雅，可列植造景。

昆奈椰子 *Ptychosperma cuneatum*

茎单生，茎干直径2～3cm，高3～5m。羽状复叶，新叶红色，后为绿色；羽片楔形，先端不整齐啮齿状。果实成熟后黑色。

原产巴布亚新几内亚，生长在潮湿、炎热的雨林地区。茎干细长，植株秀丽，适合庭园栽植观赏。

奇异皱籽棕 *Ptychosperma hospitum*

茎丛生，高4～5m，淡红褐色，总茎短。羽状复叶，叶长1～1.5m，羽片先端截形；叶柄具褐色鳞秕，基部及叶鞘具灰白色秕糠。果椭圆形，熟时黄色。果期10～11月。

产澳大利亚及新几内亚。较耐寒、耐旱、耐半阴。株型秀雅，可供观赏，适用于华南地区庭园造景。

青棕 *Ptychosperma macarthurii*

茎丛生。高3～7m，茎干细长，基部略膨大，具竹节状环纹。羽状复叶，羽片8～12对，二列，条形，先端宽钝截状，有缺刻。雌雄同株，肉穗花序短而有分枝，小花浅黄色。果熟时鲜红色。

原产新几内亚岛至澳大利亚的约克角半岛。喜湿，较耐寒，生长较快；红果艳丽，叶色鲜绿，适宜庭园绿化或盆栽于室内观赏。

紫果穴穗椰 *Ptychosperma lineare*

茎丛生。与青棕近似，但羽状复叶的羽片比青棕窄，果实成熟时黑紫色，可与青棕相区别。

象鼻棕 （酒椰） *Raphia vinifera*

茎丛生或单生，高可达10m。羽状复叶大型，长达13m，叶轴下表面常橙色；叶柄粗壮。花序粗壮、下垂，外被灰色、苞片状的佛焰苞，形似象鼻。果实椭圆形或倒卵球形，被坚硬、覆瓦状排列的褐色或红褐色、具光泽的鳞片。花期3月，花后第3年果熟。

原产非洲热带。叶片、花序壮观，可作主景植物；果色具光泽，果形可爱，观赏价值高。象鼻棕开花结实后死亡，应用时应搭配不同株龄植株。

棕竹（筋头竹）*Rhapis excelsa*

茎丛生，高2～3m，茎干细不分枝，上部包裹松散、黑色网状纤维。掌状叶集生茎顶，5～10掌状深裂，裂片宽2～5cm，先端平；叶柄顶端的小戟突常半圆形。花序分枝多而疏散，淡黄色。果倒卵形。花期5～7月，果期10月。

产我国华南，日本冲绳也有分布。耐阴，耐湿，喜散射光；可室内观叶，长江流域常见。

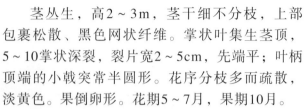

矮棕竹 （细叶棕竹） *Rhapis humilis*

茎丛生。高1.5~3m。叶形与棕竹相似，但裂片7~20枚，裂片狭长，宽0.8~2cm；叶柄顶端小戟突常三角形。果实球形，熟时褐色。

产我国广西、云贵东部及南部。耐阴，华南常用于布置庭园；长江流域以北地区常盆栽观赏，亦为优良的室内绿化植物。

多裂棕竹 （金山棕） *Rhapis multifida*

茎丛生。高2~3m，干径1.5~2.5cm，茎上部叶鞘处网状纤维较粗。叶掌状深裂，裂片多达20（25）~30枚，裂片狭条形，先端渐尖，缘有细齿，两侧及中间的1枚裂片较宽，并有2条纵脉，其余裂片仅1条纵脉。

产我国云南南部。叶片细裂而清秀，在华南地区多为盆栽或山石盆景；亦是优良室内观赏植物。

国王椰子 *Ravenea rivularis*

茎单生，株型高大，最高可达25m，有环状叶痕，基部常膨大。羽状复叶，随生长由平直渐弯拱，小叶线形，先端尖，排列整齐；叶轴及叶柄常被绒毛。花序具分枝，花白色。核果圆形，熟时红褐色。果期秋季。

原产马达加斯加南部。抗风力强，生长迅速，耐移植；树姿伸展，羽叶刚逸，是优美的热带观赏树种。尤其适用于多台风地区绿化，亦可用于开阔场地。

香棕 （美味胡刷椰 / 尼卡椰子） *Rhopalostylis sapida*

茎单生，高可达8～10m，灰白色，环状叶痕密集。叶聚生枝端，叶柄短，叶鞘抱茎呈膨大的椭球状；叶质硬，羽状全裂。花序分枝多，小花紫色或淡紫色。果卵球形，熟时红色。

原产新西兰，常生于阴湿处。能耐短时-6℃低温。花色、果色美丽，株形奇特，我国南方可庭园栽培，供观赏。

茎单生，直立，高可达20m，光滑，具明显绿色茎冠，中下部略膨大。羽状复叶，每侧羽片可达250枚，排列成4列。雌雄同株，花序多分枝，开花前花序形如垒球棒。果实近球形，暗红色至淡紫色。花期3～4月，果期10月。

原产中美洲、西印度群岛及美国佛罗里达州南端，世界著名热带树种。喜光照及高温，不耐寒；株型高大，华南地区常作行道树和庭园绿化，或丛植、群植或作风景林。

菜王椰 （甘蓝椰子） *Roystonea oleracea*

茎单生，直立，高30～40m，茎冠较长。干基部膨大，向上则呈圆柱形，具环状叶痕。羽状复叶，小叶100～200对，排列成二列。雌雄同株，花序多分枝，佛焰苞半露。果熟时紫黑色。花期3～4月，果期7～9月。

原产南美洲。树干高大挺拔，冠形美观，适合群植或作行道树；嫩茎在原产地也作蔬菜。

龙鳞桐 （菜棕） *Sabal palmetto*

棕榈科箬棕属 / 菜棕属

茎单生，9～18m，干基常见密集的根系，宿存叶基常交叉状，有网状粗纤维。因中肋弯曲，掌状叶呈明显弯拱形下弯；叶柄明显长于叶身。花序与叶等长或更长。果实球形，熟时黑色。花期6月，果期秋季。

原产美国东南部及南美洲。喜光，耐盐碱，要求肥沃且排水良好土壤，生长缓慢；叶形独特，美观大方，适合孤植作主景；幼叶可食。

茎单生，高9～18m。掌状叶长达1.8m，叶片末端呈明显的弯拱形；裂片先端2裂，有少量丝状物，具细条纹和明显的二级和三级脉，叶柄比叶片长。雌雄同株，花小，黄绿色至近白色。果熟时深褐色。果期10月。

产中美洲。耐寒，抗旱，抗风；树形雄伟优美，在暖地可栽作行道树及园景树。

小箬棕（矮菜棕）*Sabal minor*　　　　　　　　　　　　　　　棕榈科箬棕属／菜棕属

茎单生或无，高约1m或更高。叶掌状分裂，近蓝绿色，裂片先端二叉状，具早落的丝状纤维，叶柄无刺，叶鞘开裂。花序直立。果实球形，熟时黑色、有光泽，径8～9mm。果期10月。

产美国东南部。耐旱且耐寒性强；株型矮小，叶色蓝绿，花序伸出叶片之外，适合温带地区草坪配植。

墨西哥箬棕 *Sabal mexicana*

茎单生，高 11 ~ 20m，直立、粗壮，灰色，常有老叶残基。掌状叶大，螺旋状着生于茎顶，深裂，具明显中肋，裂片线状披针形，后弯。花序与叶等长或稍长于叶；雌雄同株。果球形或椭球形，熟时黑色。

产墨西哥、危地马拉，我国南方地区有引种。喜阳光，耐寒，土壤适应范围广，酸性、微碱性和黏湿土壤均可生长；可用于庭园栽培观赏。

百慕大箬棕 *Sabal bermudana*

茎单生，高约7m，粗可达55cm。叶大、质硬，掌状分裂，裂片深度约为叶片之半，裂片较宽，顶端2裂，稍下垂，叶柄粗壮。雌雄同株，花序浅黄色。核果较大，稍呈梨形。

原产百慕大群岛。生长缓慢，喜光、耐霜冻，短期-14℃仍可生存。喜排水良好的土壤。庭园栽培供观赏。原产地常将叶片用于编织、茎干汁液制酒精饮料。

滇西蛇皮果 *Salacca griffithii / Salacca secunda*

茎丛生，极短，几无主茎。叶长可达6m，羽状全裂，羽片排列整齐，末端两羽片基部合生，叶面、叶缘具小刺；叶柄具簇生针刺。雌雄异株，花序分枝，梗粗壮。果实形状依种子数变化，球形（含1粒种子），近双生形（2粒种子）或近三棱形（3粒种子），果皮薄，密被暗褐色具光泽的鳞片。

唯一原产我国的蛇皮果属水果，产云南西部，生长于低海拔沟谷边。我国南方地区有栽植，生长良好。亦可庭园栽培，供观赏或作绿篱。嫩芽与果可食。

蛇皮果 *Salacca zalacca / Salacca edulis*

茎丛生，几无主茎，高可达7m。羽状复叶大型，羽片长披针形，不规则排列；叶鞘背面、叶轴、叶柄及羽片基部具密刺。雌雄异株，花序异型，具分枝。果近球形至梨形，被紫色至黄褐色有光泽的鳞片，内含有3粒种子。

原产印度尼西亚。棕榈科著名水果，果肉白中带黄，口感爽脆。可供观赏或作绿篱。

金山葵 （皇后葵） *Syagrus romanzoffiana*

茎单生，高8～15m，灰色，具环状叶痕。羽状复叶，长可达4～5m，羽片极多数，长线状披针形，成组排列，宽约3cm，叶柄被易脱落的鳞秕状绒毛。花序生于叶腋，分枝多，悬垂。果椭球形，熟时橙黄色。花期4月，果期9～10月。

原产巴西、乌拉圭和阿根廷。不耐寒，抗风力强；树干挺直，叶片长且繁茂，易移栽；果实味甜可食。

纤叶棕 （大果皇后椰） *Syagrus macrocarpa*

茎单生，高5～10m。羽状复叶，拱形下弯；羽片常卷曲。果实较大，长约8cm，宽约6cm。

原产大西洋沿岸，被世界自然保护联盟（IUCN）列入濒危物种。著名的观赏棕榈，可庭院栽植，或散植、丛植于草坪或水边观赏，适合暖温带和热带栽植。欧洲常作盆栽观赏。果实略带甜味，可供食用。

德森西雅棕 （秘鲁凤尾棕） *Syagrus tessmannii*

茎单生，高可达7m，基部膨大呈扁球状。羽状复叶，羽片多数，在中轴两侧二列排列，叶两面浓绿色，具光泽。果熟时黄色或橙黄色。

原产秘鲁，我国华南地区有引种。树形优美，可庭园栽培观赏。

燕尾棕 （变色山槟榔） *Pinanga discolor*

茎丛生。高可达3m，纤细如竹，密被深褐色斑点。羽状复叶长约1m，正面深绿色，背面灰白色。羽片4~8对，长圆状披针形，宽5~12cm，先端截形，具齿裂。肉穗花序2~4个分枝。果实近纺锤形，熟时紫红色。

我国产华南及云南。喜温暖湿润气候；可在背阴处露地栽培，或室内盆栽观赏。

豆棕 （牙买加扇葵） *Thrinax excelsa*

茎单生，高6~9m，被撕裂状叶鞘纤维。掌状叶深裂，裂片线状披针形，背面具银白色软毛；叶柄长，叶舌明显凸起。花序长、多分枝，小花淡红色至紫红色。果球形。果期秋季。

原产牙买加，我国华南地区有引种栽培。生长良好，可孤植、丛植于庭园观赏。

棕榈 *Trachycarpus fortunei*

　　茎单生，密被网状叶鞘纤维。掌状叶，簇生茎端，深裂至中部以下，裂片较硬直，先端硬挺或下垂；叶柄具细齿。雌雄异株，圆锥花序鲜黄色。花期4月，果期12月。

　　产我国长江以南，日本有分布。喜温暖湿润，较耐寒、耐阴。抗污染，可植于庭园或盆栽观赏。纤维网状叶鞘常称作棕皮，供制棕绳、蓑衣、毛刷等；花、果和种子可入药。

阿根廷长刺棕 *Trithrinax campestris*

　　茎单生，株高6m，胸径20～25cm，密被纤维和宿存叶柄。叶劲直伸展、掌状深裂，深绿色至灰蓝色，叶背灰色、被蜡质，主脉在叶背明显突起；叶柄扁平，坚硬多刺。雌雄同株，花序多分枝，白色。核果扁球形，黄色至褐色。花期秋季，翌年夏末果熟。

　　原产阿根廷、乌拉圭的稀树草原，科尔多瓦山脉和圣路易斯山脉也有分布，非常耐干旱、耐寒。观赏性较强的中小型棕榈，叶纤维坚韧，可能是棕榈科中叶片最坚韧的种类，蜜源植物。

竹马椰子 （扶摇桐） *Verschaffeltia splendida*

茎单生、较细，高15～25m，具黑色长硬刺，基部具裸露的支柱根。因叶龄不同，叶片呈不规则的深裂、2裂或羽状全裂，裂片先端啮蚀状。花单性同株，花序长。果近球形，绿色。

产塞舌尔群岛。叶会因大风撕裂，需避风栽植；茎刺及裸露的支柱根为其独特的观赏部位。

　　茎丛生，密集，被叶柄（鞘）残基及纤维，高2～3m。羽状复叶，羽片长椭圆形，常交互排列，稀疏，最前端的羽片常波状3裂，中部及上部羽片缺刻深波状，边缘具不规则的锐齿；羽片基部截形、非耳垂状。雌雄同株。果椭圆形。花期6月，果期8月。

　　产我国广西、湖南南部及云南，越南有分布。优良的庭园观赏树种，亦可盆栽。

泰国瓦理棕 （琴叶瓦理棕） *Wallichia siamensis*　　　　　　棕榈科瓦理棕属 / 琴叶椰属

　　茎丛生。高2～3m。羽状复叶，下部羽片交互排列，最顶部羽片楔状扇形，3裂，边缘啮齿状，正面绿色，背面灰白色，下部羽片无明显3裂。雌雄异株。花期8～10月，果期翌年3～4月。

　　产我国云南西部。可作庭园绿化树种。

圣诞椰子 *Veitchia merrillii*

茎单生，高4～9m，基部膨大，具环状叶痕。羽状复叶，弯拱状，叶长可达2m，羽片长线形，排列紧密；叶脉背面被稀疏条状糠秕。雌雄同株，花序长约50cm。果卵球形，熟时红色。花期春夏，果期在圣诞节前后。

原产菲律宾，喜温暖。果序鲜红，圣诞节、元旦期间观赏，颇具欢快的节日气氛。

老人葵（丝葵 / 华盛顿棕）*Washingtonia filifera*

茎单生，高大，褐色，基部通常不膨大。掌状叶大型，裂片边缘具卷曲、近白色纤维状细丝。花序大型，下垂，花乳白色。浆果状核果，熟时黑色。花期6～8月，果期冬季。

产美国加利福尼亚州和亚利桑那州。适应性较强，生长快，树形雄壮，树冠如盖，是热带亚热带地区著名的景观及海岸防护林树种。老叶枯干后下垂而不落，在干上常聚成独特的叶裙，远望如老人胡须，故得名。

茎单生，高大，茎干较丝葵细，基部膨大。掌状叶，裂片开裂至基部2/3处，下部边缘被脱落性绒毛，幼龄树的裂片边缘具丝状纤维，随树龄增长而消失。叶柄边缘红色，密生钩刺。

产墨西哥及美国加利福尼亚州等地。宜在庭园和街道栽培，或作海岸防护林兼景观绿化树种；叶片可盖屋顶，编织篮子；果实及顶芽可供食用。

方框内为大丝葵，其左右两侧皆为丝葵

狐尾椰子 （二枝棕） *Wodyetia bifurcata*

茎单生，干细高，银灰色，光滑，环状叶痕明显。叶鞘绿色光滑，具冠茎。羽状复叶，略弯垂，聚生茎端，小叶轮生于叶轴上，状似狐尾；叶柄粗短。雌雄同株，穗状花序粉红色，多分枝。果熟时橙红色。花期5~7月，果期8~9月。

原产澳大利亚，我国华南地区有引种。抗风，生长快，适应能力强。可作行道树或园景树，幼株可盆栽观赏。

红刺露兜 （红刺林投 / 扇叶露兜树） *Pandanus utilis*

常绿乔木。树干光滑，支柱根粗壮。叶螺旋状簇生枝端，剑状长披针形，革质，边缘及叶背中肋有红色尖刺。花单性异株，雄花序下垂，佛焰苞白色；花丝长，花香。聚花果下垂，球形或椭球形。花期1~5月。

原产马达加斯加，现热带地区广泛栽培。喜光，也耐阴，喜高温多湿气候，抗风，不耐寒。喜有机质丰富、排水良好的砂壤土。叶可用作编织材料。我国华南各地均有栽植，作防风林、园篱、街道及公园绿化美化。可盆栽观赏。

露兜树 *Pandanus tectorius*

常绿小乔木或灌木。分枝多，干基部具支柱根。叶簇生枝顶，螺旋状排列，具锐刺，刺不为红色。雄花序穗状，佛焰苞白色，芳香；雌花序头状。果球形，橘红色，悬垂。花期1～5月。

原产亚洲热带、澳大利亚南部等地。我国华南广为栽培，习性、园林应用与红刺露兜类似。

'金边'露兜 *Pandanus sanderi* 'Rochrsianus'

常绿小乔木或灌木。本品种多分枝，干基部有支持根。叶螺旋状排列，聚生枝顶；叶缘及背面中脉具刺，叶边缘黄色。雌雄异株，雄花序顶生成簇，雌花序密集成头状，花香。聚合果橙红色，可食。花期6月。

原产印度尼西亚东北岛屿等地，我国广州、深圳等地观赏栽培。喜光照及高温多湿，抗风，较耐阴，不耐寒且不耐旱，适宜土壤肥沃湿润，富含腐殖质。本品种叶多而密，为优良的庭园木本观叶植物；叶片还可作插花材料。

花叶露兜 （威氏露兜树 / 斑叶露兜） *Pandanus veitchii*

常绿小乔木或灌木。干基有粗壮的支柱根。叶剑状带形，较窄，先端尖，叶缘及背面中肋具刺，叶面绿色，有多条乳黄色纵条纹。聚合果球形。

原产波利尼西亚及太平洋诸岛；我国有栽培。叶极雅致美观，宜植于庭园或盆栽观赏。

'狭叶金边' 露兜 （'金边' 禾叶露兜树） *Pandanus pygmaeus* 'Gold Pygmy'

禾叶露兜的品种。常绿小乔木或灌木。叶狭长带形，绿色，边缘黄色，有刺。

原产摩鹿加群岛和波利尼西亚。喜光，稍耐阴；喜高温、多湿气候。不耐寒、不耐干旱。以富含腐殖质、湿润的壤土生长最佳。我国南方常见观赏栽培。

　　常绿附生木质藤本。分枝细，营养枝曲折，以气生根附生树干，花果枝多披散或下垂。叶片披针形，长2～4cm；叶柄叶片状，长13～15cm，宽1cm。肉穗花序黄绿色，佛焰苞线状披针形。浆果球形，鲜红色。花期3～4月，果期5～7月。

　　产我国广东南部及沿海岛屿、广西、云南，越南北部也有。适宜攀附于乔木主干或景石，作层间绿化或庭院绿化。

麒麟尾（麒麟叶）*Epipremnum pinnatum*　　　　　　　　　　　　　　　　　　　天南星科麒麟叶属

　　常绿草质藤本。茎粗壮，多分枝；气生根紧贴树干或石面上。叶片薄革质，羽状深裂，裂片条形，沿中肋两侧各有1行散布的小穿孔。肉穗花序圆柱形，粗壮；佛焰苞外面绿色，内面黄色，浆果小，种子肾形。

　　产我国台湾、广东、广西、云南的热带地区，印度、马来半岛至菲律宾、太平洋诸岛和大洋洲有分布。喜温暖湿润半阴处，忌霜冻和强光直射；叶片浓绿有光泽，叶形富于变化，是优良的室内大型垂直绿化材料，可用于装饰大厅，攀附室内山石、岩壁。

爬树龙 *Rhaphidophora deculsiva*

常绿附生藤本。叶片大，羽状深裂或全裂，6～7对以上，裂片狭长。佛焰苞两面黄色，舟形，肉穗花序绿色，圆柱形。花期5～8月，翌年夏秋果熟。

产我国福建、台湾、广东、广西等地。喜光、喜温暖潮湿之处，可攀附于树干上或匍匐于地面、景石。本种与麒麟尾极相似，但麒麟尾叶片沿中肋两侧散布有小穿孔。

大叶绿萝 （黄金葛） *Scindapsus aureus* 'All Gold'

常绿多年生草本。茎节间具沟槽，具气生根，可攀附树干、墙壁等处，最长可攀缘10余米。叶革质，长圆形，茎上部叶片大，下垂茎上叶小，叶片具不规则黄色或白色斑块，

原产波利尼西亚。喜散射光，喜湿不耐寒、不耐晒；气根发达，常攀缘生长在雨林的岩石和树干上。栽培养护容易，可室内盆栽，也可水培种植，是良好的室内观赏和室外垂直绿化植物。

常绿大藤本。茎粗壮，气生根可长达1～2m。嫩叶心形，无孔，长大后羽状深裂，叶脉间有穿孔。肉穗花序乳白色，佛焰苞淡黄色。花期8～9月。浆果淡黄色，果于翌年花期之后成熟。

原产墨西哥，现已引种到世界各地。喜温暖、湿润、半阴蔽，不耐寒，夏季忌阳光直晒，攀缘性强，别具热带风趣，可盆栽装饰厅堂、会场、假山和道路角隅处。

合果芋 *Syngonium podophyllum*   天南星科合果芋属

多年生常绿蔓性草本。根略肉质、肥厚。茎具气生根，可缠绕攀缘。叶上表面叶脉及其周围黄白色；叶戟形或箭头形，老龄株叶片3～5裂，鸟足状。

原产热带美洲，现广为栽培。喜高温高湿具明亮散射光处，生长适温15～25℃，喜富含腐殖质的微酸性壤土。叶形别致，状似蝶翅，可作图腾柱、绿墙或室内盆栽观赏。

合果芋品种，叶片白色或大部分白色。习性及园林应用同合果芋。

'紫'芋 *Colocasia esculenta* 'Tonoimo' 　　　　天南星科芋属

芋栽培品种。多年生草本。地下块茎粗厚，可食。叶片大，卵状心形，叶柄紫褐色。肉穗花序较佛焰苞短，佛焰苞绿色或紫色，向上缢缩。

产我国和日本。生性强健，喜高温、湿润和半阴环境。本种叶柄颜色特别，观赏性强，可植于池塘、溪畔或湖沼、湿地。

野芋 *Colocasia antiquorum*

多年生草本植物。具球形块茎和匍匐茎。叶片薄革质，盾状卵形，基部心形，叶柄肥厚。花序梗明显比叶柄短；肉穗花序藏于黄色的佛焰苞内，佛焰苞管部长圆形，淡绿色，檐部狭长线状披针形。花期7～9月。

产我国江南地区。生长于林下阴湿处；本种花序之佛焰苞未展开时，狭而长，十分醒目，可栽植水边观赏。

石菖蒲 *Acorus tatarinowii*

多年生常绿草本。高20～30cm；根茎芳香。叶近二列状排列，质厚，狭线形，基部对折、无中肋，宽不足6mm。肉穗花序，花梗绿色，佛焰苞叶状。花果期5～8月。

原产我国及日本等地。喜阴湿，亦可耐受较高的郁闭度；强光下叶片变黄。不耐旱，稍耐寒，在长江流域可露地生长。叶有光泽，株丛茂盛，性强健，是南方湿润、荫蔽林下的良好地被，也是水旁石缝、溪流附石及室内盆栽的绿化材料。

金钱蒲（随手香）*Acorus gramineus*

多年生草本。矮小，紧密丛生状；根茎芳香。叶质较厚，线形，叶基对折，无中肋，平行脉。肉穗花序黄绿色。果黄绿色。花期5～6月，果期7～8月。

原产印度、泰国。喜阴湿，稍耐寒，可用作地被植物、盆栽或点缀园林水景、湿地或水边景石缝隙等，也可作花坛镶边材料。手触叶片后香气长时间不散，故又名随手香。

'花叶'金钱石菖蒲 *Acorus gramineus* 'Variegatus'

金钱蒲品种，植株更矮小，叶片有黄色条纹。习性及园林应用同金钱蒲。

菖蒲 *Acorus calamus*

多年生草本。肉质根茎横走。叶基生，剑状线形，基部对折；中肋在叶片上下表面隆起。花序梗三棱形；肉穗花序黄绿色，斜上或近直立，狭锥状，佛焰苞剑状线形。浆果红色。

全球温带、亚热带都有分布，我国各地均产。叶翠绿，株形直立，宜植于湖、塘岸边，或点缀在庭园水景和临水假山的一隅，也可盆栽，观赏价值高。菖蒲叶有香气，可提取芳香油，我国端午节有屋檐悬挂菖蒲叶的习俗。

'白斑'亮丝草 *Aglaonema commutatum* 'Albo-variegatum'

斜纹粗肋草品种。多年生常绿草本。茎直立不分枝，节间明显。叶柄具长鞘；叶互生，长圆形，中肋粗。本品种叶片具大且明显白斑。佛焰苞直立，内面白色。浆果长圆形，红色。

原产非洲热带、菲律宾和马来西亚等地。喜高温多湿和半阴环境。不耐寒，忌干旱和强光暴晒。喜散射光，较耐阴，宜肥沃、疏松和保力水强的酸性壤土。耐阴，华南常作庭院栽培，北方常用于室内盆栽观叶。

'银王'亮丝草 *Aglaonema commutatum* 'Silver King'

斜纹粗肋草品种。叶片茂密，披针形，叶面大都为银灰色，有金属光泽，其余部分散生墨绿色斑点或斑块，叶背灰绿，叶柄绿色。

习性及园林应用同白斑亮丝草。

黑叶观音莲 *Alocasia × mortfontanensis*

常绿多年生草本。植株较小。叶墨绿色，波状凹凸不平，箭状长卵形，基部裂片窄三角形，边缘波状，叶脉宽，主脉白色。

由楼氏海芋（*A. lowii*）与美叶芋（*A. sanderiana*）杂交而成。喜温暖、潮湿，需半阴，冬季不低于16℃。叶形奇特、优美，深绿叶色与白色叶脉对比十分明显。盆栽及庭院绿化美化俱佳。

多年生草本。块茎大，扁球形。单叶，叶3全裂，裂片二歧分裂或羽状深裂，叶柄散布苍白色斑块，具疣凸。肉穗花序无梗，佛焰苞长，外面绿色，有紫色条纹和绿白色斑块；果序圆柱形，具疣突；浆果椭圆状，红色。傍晚开花，散发出浓烈的腐臭味，完成授粉后，花朵便逐渐凋谢。单花期5天左右。花期4～5月，果期10～11月。

产我国台湾。本种因奇特的花朵和花期"臭味"著名，是热带奇花异卉，常温室观赏，也用于布置专类园。

多年生草本。地下块茎巨大，径可达65cm，重可达100kg。单叶，叶巨大；叶柄似树干，长3～4m，叶径超5m，3全裂。佛焰苞巨大，侧面合抱而呈巨大的喇叭状，外绿内紫，肉穗花序，雌雄异花同序，雌花开放1～2天后，雄花开放，整个花序花开放过程中散发类似腐肉味道，吸引甲虫、蝇类昆虫授粉。巨魔芋一生开3～4次花，开花时叶片枯萎死亡，每次不超过2天。

印度尼西亚苏门答腊特有植物，濒危物种。喜疏松、肥沃的土壤和充足光照，但光照过强会灼伤叶片；适温为白天25～38℃，晚上20～25℃。巨魔芋是世界著名热带花卉，观赏价值独特。

常绿多年生草本。叶互生，卵状心形至圆心形。花序梗细长，肉穗花序淡黄色，直立，圆柱形，小花多数；佛焰苞深红色或橘红色，具细长尖尾，花期冬季。

世界各地广为种植，以变化丰富的佛焰苞著名，多作室内盆栽或切花；也用于蔽荫的园路边、水岸边种植观赏。

水晶花烛 *Anthurium crystallinum*　　　　　　　　　　　　天南星科花烛属

常绿多年生草本。叶暗绿色，心形，有天鹅绒般光泽，叶脉银白色。花序柄大都伸长，稀很短，佛焰苞绿色，平直或反折，肉穗花序远远长于佛焰苞。花期夏季。

原产哥伦比亚。喜温暖、湿润和半阴环境。叶形、叶色美丽，四季绿意盎然、清雅可爱，常盆栽装点室内，可置于会议室、客厅等欣赏，也常植于热带观赏温室。

'勃古' 天南星 *Arisaema heterophyllum* 'Baguo'

天南星品种，多年生草本。块茎扁球形。单叶，叶柄下部3/4鞘筒状；叶鸟足状分裂，本品种裂片多，狭长倒披针形。花序柄从叶柄鞘筒内抽出；佛焰苞管部圆柱形，檐部卵形或卵状披针形，先端骤窄渐尖；肉穗花序两性或单性雄花。花期4～5月，果期7～9月。

原种产我国南北各地。喜阴湿，可作林下、灌丛地被栽植，也可入药。

花叶芋 *Caladium bicolor*

多年生草本。株高50～70cm，块茎扁圆形，黄色。叶戟状卵形至卵状三角形，布满各色透明或不透明斑点或条纹，背面粉绿色。佛焰苞绿色，喉部带紫色，苞片锐尖，顶部褐白色。花期4月。

原产南美亚马孙河流域。性喜高温高湿、喜半阴，喜散射光而不耐寒，要求土壤疏松、肥沃、排水良好。叶片色彩美丽，品种变化多，养护简单，是著名的观叶植物，可布置会场、居室及观赏温室。

'白玉'黛粉叶 *Dieffenbachia* 'Camilla'

多年生常绿草本。高30~45cm，丛生。茎直立，节间短。叶宽卵形，缘波状，叶面乳白色，边缘绿色，叶顶尖锐。

喜半阴，忌强光，喜高温、潮湿。忌强光直射与寒霜。要求疏松、排水良好的土壤。应用同大王黛粉叶。

大王黛粉叶 *Dieffenbachia amoena / Dieffenbachia seguine*

常绿多年生草本。茎秆粗壮具环纹。叶柄具鞘，叶片椭圆形，薄革质，散生乳白色的斑纹或斑块。佛焰苞自叶腋抽出，浅绿色，肉穗花序，淡黄色。浆果橙黄绿色。

原产中美洲和南美洲。喜半阴，忌强光，喜高温、潮湿。忌强光直射与寒霜。要求疏松、排水良好的土壤。常见观叶植物，华南可露地栽培，北方常布置会场、居室及观赏温室。

　　大王黛粉叶品种。叶片主脉的两侧具白色或鹅黄色斑点和条纹形成的区域。习性及应用同大王黛粉叶。

千年健（猫须草） *Homalomena occulta*　　　　　　　　　　　　　**天南星科千年健属**

　　常绿多年生草本。根茎匍匐。叶纸质，箭状心形，侧脉弧曲上升。肉穗花序，佛焰苞绿白色，花前席卷成纺锤形，盛花时上部略展开成短舟状，具约1cm的喙。花期7～9月。

　　分布于我国广西、云南、海南、广东等地。喜阴，喜温暖湿润而郁闭，忌寒冷干旱和强光直射，强光下生长缓慢，叶色变黄，甚至被灼伤。本种叶繁密茂盛，终年常绿，是良好的林下地被。根茎入药。

三叶树藤 （三裂喜林芋）*Philodendron tripartitum*

附生或地生多年生草质藤本。具气生根。叶柄圆柱形，具长鞘；叶片薄革质，浅绿色或黄绿色，3深裂，裂片近相等，中裂片长披针形，肉穗花序。佛焰苞微白色或白绿色，向上变黄色。浆果鲜红色。

原产拉丁美洲。喜温暖湿润、半荫蔽环境；攀缘能力强，可攀附山石、墙垣，也可栽培为图腾柱的形式。

春羽 *Philodendron bipinnatifidum*

常绿草质藤本。茎粗壮，有明显叶痕，有气生根。叶大，幼时三角形，随生长逐渐深裂成羽状，缺刻多且边缘波状。肉穗花序直立。佛焰苞内侧乳白色，种子外皮红色。

原产巴西。喜高温、多湿的环境，耐阴，忌强光；叶形奇特，四季常绿，可丛植于林缘、池畔、路缘或片植，华北地区常室内作盆栽观赏。

'小天使' 喜林芋 （'仙羽' 蔓绿绒） *Philodendron* 'Xanadu'

栽培品种。常绿多年生草本。茎直立。叶片长椭圆形，羽状中裂至深裂，裂片披针形，全缘，革质而浓绿。佛焰苞下部红色，上部黄绿色，肉穗花序白色。浆果。花期春季。

喜温暖、湿润和半阴环境。不耐寒，喜疏松、排水良好的微酸性砂质壤土；生长适温18～28℃。叶片四季绿意盎然，叶态奇特，华南可露地应用，是主要的观叶植物，也可盆栽置于室内观赏或布置热带温室，植于路边、水边或假山附近。

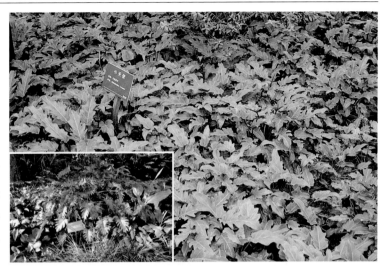

'红宝石' 喜林芋 （'红公主' 喜林芋） *Philodendron* 'Red Emerald'

栽培品种。常绿蔓性草本。茎粗壮，节部有气生根，可攀爬。叶柄腹面扁平，背面圆；叶片长心形、大型，稍硬，暗绿色，具光泽；叶柄、叶背和新梢暗红色。佛焰苞外面深紫色，内面紫红色，肉穗花序白色。

喜温暖、湿润，较耐阴，不耐寒，忌阳光直射；常盆栽观赏，适宜摆放在客厅、办公室，或吊盆栽植。华南露地栽培，作彩叶地被或花坛、花境等。

'黑叶' 蔓绿绒 （'紫黑叶' 喜林芋） *Philodendron mandaianum* 'Red Duchess'

栽培品种。常绿蔓性草本。茎常生不定气根。叶柄具明显长鞘；幼叶紫红色，后逐渐转为紫褐色、暗紫绿色，有光泽；叶片长三角状或宽披针形，基部心形。佛焰苞紫红色，肉穗花序略短于佛焰苞。

喜温暖湿润，不耐寒，宜植于酸性土壤。株形优美，是优良的室内观叶植物。

白掌 *Spathiphyllum floribundum*

　　常绿多年生草本。具短根茎。叶长圆形，基部楔形。佛焰花序高出叶丛，直立向上，微香，佛焰苞稍卷，叶状，白色或绿色。花期长，近全年。

　　原产哥伦比亚。喜温暖湿润、半阴的环境，忌强烈阳光直射。夏季可适度遮阴，光照不足则开花少。喜肥沃、含腐殖质丰富的壤土。白色的佛焰苞如羽毛或一叶扁舟，轻盈多姿，是十分流行的盆栽植物，生长旺盛，在我国南方地区可地栽应用。

绿巨人 *Spathiphyllum candican*

　　常绿多年生草本。叶长圆形，叶色浓绿。佛焰苞直立向上，稍卷，白色；肉穗花序圆柱状，小花密集。浆果。花期5～10月。

　　原产美洲热带地区，我国各地栽培。喜温暖及半阴，较耐热，不耐寒，喜疏松、肥沃的微酸性壤土；生长适温18～28℃。流行的大型室内观叶植物，可布置会议室、客厅等较大的室内空间。

马蹄莲 *Zantedeschia aethiopica*

多年生草本。具块茎。叶基生，革质而厚，心状箭形或箭形，先端锐尖或渐尖，叶柄下部具鞘。肉穗花序圆柱形，黄色。佛焰苞白色，有时带绿，管部淡黄色，佛焰苞管部短，檐部略后仰，具锥状尖头；浆果淡黄色。花期2～3月，果期8～9月。

原产非洲东北部及南部。较喜光，也略耐阴，耐水湿。冬季如光线不足，则着花少或完全无花，喜疏松肥沃、腐殖质丰富的黏壤土。水陆两栖，浅水以及沼泽地带均可生长。洁白的花朵气质清雅而美丽，是著名的切花及盆栽观花植物。

吊竹梅 *Tradescantia zebrina /Zebrina pendula*

常绿多年生蔓性草本。茎披散匍匐或悬垂。叶片基部鞘状，卵形或椭圆形，被长柔毛，上面紫色或绿色，杂有白色或紫色条纹，下面紫红色。花粉紫色，花瓣3。花期7～8月。

原产墨西哥。喜温暖及阳光充足的环境，耐阴蔽、耐热，不耐寒，忌水湿；喜排水良好的砂质土；生长适温18～30℃。枝叶匍匐、悬垂，叶观赏性强，适合背阴的路边、山石或滨水的池边种植，也可作疏林地被；也可棚架、廊架悬挂栽培。

多年生草本。茎簇生多分枝，株丛高25~50cm。叶互生，披针形。伞形花序顶生，花瓣、萼片均3片，萼片绿色，卵圆形，花瓣广卵形，蓝紫色。蒴果椭圆形。花期6~10月下旬。

原产美洲热带地区。喜温湿半阴环境，耐寒，最适温度15~25℃，不择土壤，忌积水，在中性或偏碱性的土壤中生长良好。花期长，株形秀美，可于树丛或疏林下片植，花坛、道路两侧丛植效果也较好，也可盆栽供室内摆设，或作垂吊式栽培。

蚌花（紫背万年青）　*Tradescantia spathacea*　　　　　　　　鸭跖草科紫露草属

多年生草本。植株高约50cm，丛生；茎粗壮。叶密集，无柄，长圆状披针形；叶上面深绿色，下面紫色。伞形花序腋生，苞片2，大而对折形如蚌壳，花白色，卵形。蒴果。花期5~8月。

原产墨西哥。喜温暖湿润和阳光充足环境。株形自然紧凑，叶色美丽，苞片与蚌壳极为形似；常于草地、路边、林缘或疏林下成片种植，或与其他观叶植物形成不同色块；也可植于庭院、墙下；盆栽可用于阳台、天台等处。

'条纹小'蚌花 *Tradescantia spathacea* 'Dwarf Variegata'

蚌花品种。株高20～30cm。叶面具粉红色、乳白色及黄绿色纵条纹，叶背紫色。习性及园林应用同蚌花。

'小'蚌花 *Tradescantia spathacea* 'Compacta'

蚌花品种。茎节密生，不分枝。习性及园林应用同蚌花。

紫鸭跖草 *Tradescantia pallida /Setcreasea purpurea*

常绿多年生草本。茎匍匐或下垂。叶长椭圆形，卷曲，先端渐尖，基部抱茎，叶终年紫色。聚伞花序顶生或腋生，花瓣3，粉红色；花丝长，粉红色。花期5～11月。

原产墨西哥。喜光，耐半阴，喜高温多湿，耐干旱，不耐寒。观叶植物，性强健，生长快；可用于庭院的花坛；园路、草坪作地被或镶边，或植于石隙中作垂直绿化，也适合与其他色叶植物配植营造不同色块景观；盆栽可用于居室绿化。

纸莎草（埃及纸莎草）*Cyperus papyrus*

多年生大型水生植物。高可达2～3m；茎秆钝三棱形、粗壮，顶端簇生放射状排列的狭线状总苞。叶退化呈鞘状。伞形花序，小花梗细长下垂。瘦果灰褐色，椭圆形。花期夏季。

原产非洲。喜温暖及阳光充足处，耐热，耐瘠薄。狭线形总苞纤细优美，亭亭玉立，常丛植、孤植或散植于浅水区，与其他水生植物配植也极富特色。在古埃及用来造纸。

旱伞草 （非洲莎草／风车草） *Cyperus involucratus*

多年生水生植物。株高30～150cm；根状茎短粗；近圆柱形的茎秆顶端簇生伞状排列的长披针形总苞，向四周展开。聚伞花序，花黄褐色。小坚果椭圆形，褐色。

原产东非，我国南北各地均见栽培。水生观赏植物。

水葱 *Schoenoplectus tabernaemontani*

多年生草本。根状茎粗壮，须根多；茎圆柱状，中空，基部叶鞘膜质，最上部叶鞘具线形叶片。聚伞花序，松散，略下垂，小穗单生或簇生。花果期6～9月。

产我国南方水域。生于湖边、水边、浅水塘、沼泽地或湿地草丛中，耐低温，北方大部分地区可露地越冬。可有效清除污水中有机物、氨氮、磷酸盐及重金属。

'细叶'芒 *Miscanthus sinensis* 'Gracillimus'

芒品种。多年生草本。本品种叶线形，直立，纤细，顶端呈弓形。顶生圆锥花序，花色最初粉红色渐变为红色，秋季转为银白色。花期9～10月，最佳观赏期5～11月。

原种我国广布。喜光，耐半阴，耐干旱，也耐涝，喜湿润、排水良好的土壤。

两耳草（猫须草）*Paspalum conjugatum*

多年生草本。植株具长匍匐茎，秆直立。叶鞘具脊；叶舌极短，与叶片交接处具一圈纤毛；叶片披针状线形，质薄。总状花序2枚，纤细。花果期5～9月。

分布于热带及温暖地区，我国产台湾、云南、海南、广西。喜暖热湿润，适生年均气温为18～26℃，湿润、肥沃、通透性良好的微酸性土壤上生长最好。低湿处生长繁茂。为优良饲草，可作固土和草坪地被植物。

玉带草（花叶蔄草）*Phalaris arundinacea* var. *picta* /*Phalaris arundinacea* f.*variegatum*

多年生草本，具根茎。秆高60～140cm，有6～8节。叶鞘无毛，叶舌薄膜质，叶扁平，绿色间有白色或黄色条纹，质地柔软，形似丝带。花果期6～8月。

喜温暖、阴湿，较耐寒，忌雨涝。对土壤要求不严，在气候温暖和砂质土中生长最茂盛。优良的地被观叶植物，用途广，可用于花坛、花境及与其他彩叶植物配置。

钝叶草 *Stenotaphrum helferi*

多年生草本。秆下部匍匐，节处生根，可向上抽出高10~40cm的直立花枝。叶鞘松弛，叶舌极短，叶片顶端微钝，具小尖头，基部截平或近圆形，两面无毛，边缘粗糙，常具黄白色宽窄不一条纹。

产我国广东、云南等地；缅甸、马来西亚等亚洲热带地区也有分布。喜湿润，好肥，耐阴性强，但不喜光。耐热、耐湿、耐盐碱又耐践踏，竞争力强。适合城市高架桥与疏林地带或高层建筑周围等光照不强之处，潮湿低洼地带建植草坪时也可应用。可用于南方水土保持、荒山绿化。也是优良的牧草。

芦竹 *Arundo donax*

多年生草本。根状茎发达。秆粗大直立，具多数节。叶条形，基部抱茎；叶鞘无毛或颈部具长柔毛；叶舌先端具短纤毛。圆锥花序极大，分枝稠密，斜升。花果期9~12月。

亚洲、非洲及大洋洲热带地区广布。喜温暖、喜水湿，耐寒性弱，生于河岸道旁、砂质壤土上；园林水景中常见，秆可作管乐器中的簧片，幼茎叶可作青饲料。

'花叶'芦竹 *Arundo donax* 'Versicolor'

叶片具黄白色条纹。其他特征及园林应用与芦竹相似，观赏性强。

薏米 *Coix lacryma-jobi* var. *ma-yuen*　　　　　　　　　　　　　　

　　粗壮草本。秆直立丛生。叶片扁平宽大，开展。总状花序腋生成束，近球形之总苞质地较薄，有纵长条纹，手指按压可破；与原种骨质念珠状总苞有别。花果期夏秋。

　　原产我国台湾，可栽培观赏。

芦苇 *Phragmites australis*　　　　　　　　　　　　　　　　　　

　　多年生草本。根状茎发达。秆直立，具多节。叶片披针状线形，无毛。圆锥花序大型。

　　产我国各地。生于江河湖泊、池塘沟渠边和低湿地。繁殖能力强，根状茎可迅速形成连片的群落，为固堤造陆先锋环保植物。也常用于各类水景。

糯竹 （香糯竹／香竹） *Cephalostachyum pergracile*

竿丛生，节下被白柔毛，竿环平。竿箨迟落，厚革质，初被黑色硬毛，毛脱落后呈光亮的栗褐色；叶片狭披针形，质薄。

产我国云南。节间较长，迟落的栗褐色竿箨附于竹竿上，是美丽的观赏竹。傣族群众用其节间制作竹筒饭，故得名。竹浆还可造纸。

粉单竹 *Bambusa chungii*

竿丛生，顶端微弯曲，高3～18m，直径3～7cm，节间幼时被白色蜡粉，竿环平坦；箨环稍隆起，箨耳窄带形，边缘生淡色繸毛，箨舌先端截平或隆起，箨片淡黄绿色，强烈外翻；竿分枝高，末级小枝大都具7叶；叶片质地较厚，披针形。

我国南方特产，华南地区多植于园林绿地；浙江、四川有栽培。竹材韧性强，为优良篾用竹。

车筒竹 *Bambusa sinospinosa*

竿丛生，分枝粗壮近平伸，节具2～3个硬刺，中间硬刺明显大于两侧，排列成"丁"字形。小枝具6～8枚披针形叶片。

产我国华南及西南地区。株丛高大，适应性强，广泛栽植于河流沿岸、路旁或大面积的庭院，由于分枝低、具硬刺，防范作用较好。竹竿密集，根系发达，亦常种于河流两岸。

佛肚竹 （小佛肚竹） *Bambusa ventricosa*

丛生，正常竿圆柱形，高8～10m，直径3～5cm；节间长30～35cm，竿中上部各节多分枝；畸形竿节间短缩、膨大呈瓶状，分枝1～3，叶片条状披针形。

产我国广东，华南常庭院栽培或盆栽。为了获得观赏性强的畸形竿，常采用盆栽或桶栽，地栽则会围以砖石限制其生长。

孝顺竹 *Bambusa multiplex*

丛生，节处稍隆起且多分枝。节间无沟槽，秆近实心，绿色，后变黄。小枝上叶无柄；条状披针形，5～12枚，二列状排列。

原产我国，长江流域及以南地区园林绿化中习见栽培。

'凤尾'竹 *Bambusa multiplex* 'Fernleaf'

孝顺竹品种，株高1～2m，竿细而空，分枝多，小枝略弯曲。叶小，披针形，常10余片，二列状排列似羽片，形如凤尾。

原产我国广东、广西、四川和福建等地，江浙地区有栽培。喜温暖湿润及半阴处，冬季温度不低于0℃，不耐渍水，宜肥沃、疏松和排水良好的壤土。本种株丛密集，枝叶秀丽，耐修剪，常作绿篱。亦可盆栽观赏，点缀庭院。

'小琴丝'竹 （'花'孝顺竹） *Bambusa multiplex* 'Alphonse'

孝顺竹品种，植株颇似孝顺竹，但节间浅黄色，并有不规则深绿色纵条纹；叶绿色。

'大佛肚'竹 *Bambusa vulgaris* 'Wamin'

龙头竹品种。竹丛高2~5m，竿粗，绿色，节部分枝3~5，竿下部节间极为短缩、肿胀。与佛肚竹的主要区别在于节部分枝多，竹竿粗，箨鞘背面密生暗褐色刺毛。

我国华南及云南南部园林绿地有应用，常栽植于庭院或盆栽。

'黄金间碧玉' 竹 *Bambusa vulgaris* 'Vittata'

龙头竹品种。竿黄色，具宽窄不等绿色纵条纹；节部分枝一侧有沟槽；新鲜箨鞘具宽窄不等的黄色纵条纹；叶披针形，叶鞘无毛。笋期5月。

在我国华南庭园中常见栽培观赏。

'七彩红' 竹 *Indosasa hispida* 'Rainbow'

浦竹仔品种。混生竹，竹竿中下部呈不同程度的红色至紫红色，叶具纵条纹，箨鞘宿存，黄色；末级小枝具2～5枚叶，叶片大，具白色至淡黄色宽窄不一条纹。

萌发力强，栽培容易，耐-8℃左右低温。'七彩红'竹紫红色的竹竿在绿色、金黄色竹叶衬托下格外夺目，是应用前景较好的观叶观竿竹类。

西南林业大学杨宇明教授等从浦竹仔*Indosasa hispida*选育而成。

方竹 *Chimonobambusa quadrangularis*

散生竹，竿直立，高可达8m；上部竹竿每节3分枝，秆环强烈隆起；下部竹竿呈钝圆的四棱形，基部数节环生短而下弯的刺状气根。

产我国华东至西南地区，竹竿奇特，常植于庭院观赏。竹笋味美可食。

鹅毛竹 *Shibataea chinensis*

散生或丛生，植株低矮。竿环肿胀，隆起。竿上每节3～5分枝，叶片卵状披针形，两面无毛，叶缘有小锯齿。

产我国江苏、安徽、江西等地。生山坡或林缘或林下；耐寒，喜酸性、中性土壤。鹅毛竹株形紧凑，叶形优美，四季常青，是优良的地被观赏竹。北京和长江中下游等城市均有观赏栽培。

匍匐镰序竹 *Drepanostachyum stoloniforme*

藤本状，竿丛生。节间圆筒形，箨环隆起，箨鞘基部残留；叶片窄披针形，叶缘具细锯齿而粗糙。

厦门植物园、华南植物园等有栽培。喜湿润、土层深厚、疏松、肥沃的砂壤土，忌强光长时照射。耐寒性弱，不耐干旱瘠薄。竹枝细长柔软，姿态优美典雅，可用于花架、绿廊、蔓篱、屋顶、阳台等垂直绿化。

菲白竹 *Pleioblastus fortunei*

小型灌木状，混生竹；株丛低矮；叶片披针形，两面具白色柔毛，上表面尤密，常有淡黄色至白色的纵条纹。

原产日本。喜温暖湿润，阳光充足；耐寒、耐阴，但不耐强光，忌积水。优良观赏竹种，也可盆栽或制作盆景。

菲黄竹 *Pleioblastus viridistriatus*

小型灌木状，混生竹；叶片披针形，幼嫩时淡黄色有深绿色纵条纹，夏季叶色转为绿色具淡黄绿色条纹，正面无毛，背面被灰白色柔毛。

原产日本。中性，偏阳。性喜温暖、湿润、向阳至略荫蔽之地，耐寒、耐旱，不耐热，北京可栽培。园林应用同菲白竹。

烂头苦竹 *Pleioblastus ovatoauritus*

苦竹属新种。竿环隆起，高于箨环，箨鞘基部无毛环圈，新秆暗绿色，密被蜡质白粉和脱落性淡色毛，后无毛，节下白粉环明显；老竿黄绿色至褐红色。节部分枝5～7，末节小枝具2～4叶，叶片长圆状披针形，背面具毛。

在本属中株形较大，笋味苦，经处理后可食。其竿较粗，质坚，嫩竹可制浆造纸，老竹可作柄竿、搭棚架等用。

粽巴箬竹 *Indocalamus herklotsii*

散生或丛生，竿高可达2m，直立或近于直立，全体无毛，光亮；每节分枝1～3，分枝直立与主竿近等粗。箨片宿存、直立。小枝多生3枚叶片。

分布于我国广东、香港等地。竿宜作毛笔杆或竹筷，叶片巨大者可作斗笠，以及船篷等防雨工具，也可用来包裹粽子。

香蒲 *Typha orientalis*

多年生水生或沼生草本。具根状茎。叶片条形，横切面半圆形，海绵状。长圆柱形花序黄褐色，雄花序和雌花序不分离，雄花序在上；雌花柱头宽匙形，白色丝状毛与花柱近等长或超出。花果期5～8月。

我国南北均有分布。生于湖泊、池塘、沟渠、沼泽及河流缓流带。花序似蜡烛，趣味性强，可成丛成片植于人工溪涧和跌水等园林水景。

多年生水生或沼生草本。具根状茎。叶片条形，横切面半圆形，海绵状。花序黄褐色，雌雄花序分离，雄花序在上。

我国多数地方均有分布。植株高大，叶片较长，雌花序粗大，经济价值较高。用途同香蒲。

凤梨 *Ananas comosus*   凤梨科凤梨属

多年生草本。叶莲座状，剑形，全缘或具锐齿，腹面绿色，背面粉绿色，边缘和顶端常带褐红色。头状花序自叶丛抽出，状如松球，花瓣长椭圆形，上部紫红色，下部白色。聚花果肉质。花期夏季至冬季。

原产南美洲热带地区。俗称菠萝，为著名热带水果之一。

松萝凤梨 （松萝铁兰） *Tillandsia usneoides*

　　气生。植株下垂，根系退化成木质纤维。茎细长，茎、叶均密被银灰色鳞片。叶片互生，截面半圆形。花小，芳香，黄绿色，花萼紫色。果实如米粒大小。

　　原产热带美洲。喜温暖、高湿、光照充足的环境。无须土壤等培养基质，通过叶面的鳞片从空气中吸取水，可缠挂在树桩、树枝上，或悬挂于铁丝圈、支架上。因习性酷似地衣植物松萝而得名。日常养护十分方便、简单，间隔数日向其喷水，保持适当的空气湿度即可，户外及室内均可应用。

旅人蕉 *Ravenala madagascariensis*

　　常绿乔木状，高达10m。常丛生。叶大，长椭圆形，具长柄及叶鞘，二列互生呈折扇状。蝎尾状聚伞花序腋生，较叶柄短，佛焰苞10～12枚，二列状；小花5～12朵，花瓣萼片各3，白色。蒴果3裂，种子被蓝色、撕裂状假种皮。全年开花。

　　原产非洲马达加斯加，热带及南亚热带常观赏栽培。喜光照充足、高温多湿及排水良好的砂壤土。树形似折扇，叶似芭蕉，极富热带风光。叶柄富含水分，戳之可流出，供口渴之旅人饮用，故有旅人蕉之名。

大鹤望兰 （尼古拉鹤望兰） *Strelitzia nicolai*

常绿乔木状，高可达8m。叶长圆形，基部圆并偏斜，叶柄长1.8m。花序腋生，花序轴较叶柄为短；佛焰苞大型，常2枚，绿色带红棕色，内含小花4~9朵；萼片3，白色，下方萼片具龙骨状脊突；花瓣浅蓝色，箭头状，中部稍收窄，基部平截；中央花瓣极小，长圆形；雄蕊和花柱线形。蒴果三棱形，种子被红色、条裂状假种皮。花期冬季。

原产非洲南部，我国台湾、广东等地有引种。喜温暖湿润，耐旱，稍耐寒，不耐涝，宜疏松肥沃、排水良好之处。观赏价值高，常植于庭园、建筑物旁或草坪。亦作高档切花，寓意"吉祥""幸福"和"长寿"。

鹤望兰 *Strelitzia reginae*

多年生草本，无茎。叶片长圆状披针形。蝎尾状聚伞花序，下托1枚大型的舟状佛焰苞，佛焰苞绿色或褐绿色，边缘紫红色；花瓣和花萼各3枚，花萼呈花瓣状，橙黄色；花瓣暗蓝色，箭头状，先端狭长，基部具耳状裂片。花期秋冬至翌年春季。

原产非洲南部。我国南方常观赏栽培，北方则温室栽培。花色花形奇特，似仙鹤昂头远望，也是名贵的切花材料。

常绿多年生草本。株高1.5～2m。叶直立、狭披针形。花序自叶腋抽出，下垂，苞片鲜红色，边缘黄绿色，花金黄色。花期5～7月。

分布于热带美洲。性喜高温、湿润和充足的阳光。要求土层深厚、肥沃、排水良好的土壤。暖地优良观赏花卉，庭院、街道及居民区美化良材，也是插花花材。常用于布置热带温室。

艳红赫蕉 *Heliconia humilis /Heliconia psittacorum*　　　　　　　　蝎尾蕉科蝎尾蕉属

常绿多年生草本。株高2m。叶片自茎顶部抽生，长卵圆形，绿色，有光泽。花序顶生，直立，长可达1m，具3～6个大型船形苞片，鲜红色，顶部呈绿色。花期夏季。

原产南美洲。我国南方露地栽培观赏，用于庭院、街道、居民区等美化，也是名贵插花花材。常用于布置热带温室。

黄蝎尾蕉 （黄鸟） *Heliconia subulata*

常绿多年生草本。株高可达3m。叶片深绿色，硕大，长卵圆形。花序直立向上，苞片鲜黄色；花黄绿色。花期夏至冬季。

原产非洲南部。喜温暖湿润气候，忌霜雪。喜阳光充足，夏季稍遮阴。生长期和开花期需水分充足。华南的公园、街道及庭院常见露地观赏栽培，可配置于公园景石、水景和疏林，营造热带风情。是珍贵的切花材料，也可盆栽观赏。

'红鸟' *Heliconia humilis* 'Rubra'

艳红赫蕉品种。船形苞片狭长，5～8枚，红色，管状花黄橙色。花期为6～11月。习性及园林应用同艳红赫蕉。

紫苞芭蕉 （美粉芭蕉/粉苞芭蕉） *Musa ornata*

多年生草本。假茎细长，高1～3m。叶直立，长圆形，叶面深绿，叶背被白粉，基部近心形或耳形。花序直立，苞片紫红色，小花黄色。藏于紫红色苞片下，果长圆形，小，熟时略酸、微香。花期春至秋，长达半年。

原产印度、缅甸及孟加拉国等地。喜湿润，喜光稍耐阴。碧绿欲滴的蕉叶衬托清丽的紫红色花，非常适合亚热带、热带地区庭园及街道种植，也可作家庭盆栽花卉。花、叶均可作插花花材。

红花蕉 （红蕉） *Musa coccinea*

多年生草本。叶片长圆形，叶柄具张开的窄翼。叶鞘紧密层叠成1～2m高的假茎。花序直立，花序轴无毛，苞片外面鲜红而美丽，内面粉红色，皱褶明显；雄花的离生花被片与合生花被片近等长。浆果直，斜向下垂，灰白色。

原产越南及我国云南东南部，广东、广西常栽培。喜水分充足、排水良好之处。植株纤细，花殷红如燃烧的火焰，十分美丽，优良的庭园绿化材料。果实、花、嫩叶及根头有毒。

多年生丛生草本。具根茎。叶大型，叶片长圆形，叶柄伸长，下部增大成抱茎的叶鞘，叶鞘紧密复叠成假茎。穗状花序顶生，下垂或半下垂，苞片大，佛焰苞状，通常红褐色，花序上部为雄花，下部为雌花；花淡黄或乳白色。果实长三棱形，近无柄，内有黑色种子。华南地区可多次开花、结实。

原产琉球群岛，我国台湾可能有野生。秦岭淮河以南地区常植于庭园或农舍附近，尤适栽植于窗前、墙隅。叶、根、花均可入药，叶纤维可为造纸原料。

'矮卡文迪什'香蕉 *Musa acuminata* 'Dwarf Cavendish'/ *Musa nana*　　芭蕉科芭蕉属

与芭蕉形态相近。植株丛生，具根茎，假茎具黑色斑点。叶片深绿色，下面被白粉。花序下垂或半下垂，苞片佛焰苞状，红褐色，花乳白色或淡紫。果实呈弯曲的弓状，熟时黄色，果味甜、香味浓，无种子。

我国栽培历史悠久。野生种已灭绝，栽培种果实无种子。热带、亚热带地区的著名水果之一。

地涌金莲 *Musella lasiocarpa*

　　多年生丛生草本，具水平根状茎。假茎基部的叶鞘宿存。叶片长椭圆形，有白粉。花序直立，生于假茎上，密集如球穗状，苞片干膜质，淡黄色或黄色，宿存，每苞片内有花2列。浆果三棱状卵形，外面密被硬毛，种子扁球形黑褐色或褐色，具白色种脐。

　　产我国云南中部至西部，我国特产。喜光、忌夏日阳光直射，不耐寒，忌涝，喜排水良好的土壤，寒地栽培越冬温度不低于1℃。地涌金莲极具特色，云南乡间、地头常见。可植于庭院、山石旁、窗前和墙隅等处，也应用于寺庙园林。假茎富含淀粉和维生素，可食用或作饲料，花入药，有收敛止血作用。巨大的花序犹如从地面奔涌而出的金莲花，故得名。著名的佛教"五树六花"之一。

艳山姜 *Alpinia zerumbet*

　　多年生草本。具根状茎，株高达3m。叶披针形，缘具柔毛。圆锥花序下垂，长30cm，花序轴紫红色，被柔毛，分枝极短；小苞片椭圆形，长3～3.5cm，白色，顶端粉红色；花萼近钟形，长约2cm，白色，顶粉红色；花冠乳白色，先端粉红色。唇瓣匙状宽卵形，先端皱波状，黄色，有紫红色纹彩；子房被金黄色粗毛。蒴果卵圆形，熟时朱红色。花期4～6月，果期7～10月。

　　产我国东南部至西南部各地；热带亚洲广布。不耐寒，能耐8℃左右低温，全光或半阴均可生长，优良的庭院美化材料，水边、假山及园路、林缘均可种植，也常用于布置热带温室及切花、切叶花材。

'花叶'艳山姜 *Alpinia zerumbet* 'Variegata'

艳山姜品种。叶披针形,有金黄色纵条纹,十分艳丽。习性及园林应用同艳山姜。

宜兰月桃 *Alpinia × ilanensis*

多年生草本。叶长椭圆形至披针形,亚革质,两面密被绒毛。圆锥花序,基部短枝具1~2朵花;花冠白色带浅红色;唇瓣倒卵形,先端凹或圆,底色白至粉红,中间有红色条纹,但条纹未达边缘,边缘为粉白色。蒴果不规则球形。花期夏秋。

天然杂交种,产我国台湾。喜湿耐阴,宜兰月桃株丛繁茂,花叶美丽,是著名的热带庭院、街道美化材料,也是良好的切花、切叶花材。

屈尺月桃 （菱唇山姜） *Alpinia kusshakuensis*

多年生草本。高70cm。根茎横生，分枝。叶片近无柄，叶舌2裂。总状花序顶生，花序轴密生绒毛；总苞片披针形，花通常2朵聚生，花萼棒状，花冠裂片长圆形，白色而具红色脉纹。果球形，种子多角形，有樟脑味。花果期4～12月。

产我国台湾。习性及园林应用与宜兰月桃类似。

草豆蔻 （海南山姜） *Alpinia hainanensis*

多年生草本。株高可达3m。叶片宽带形。总状花序顶生，直立，长达20cm；小苞片乳白色，宽椭圆形；花萼钟状，被毛；唇瓣三角状卵形，先端微2裂，具放射状彩色条纹。蒴果球形成熟时金黄色。花期4～6月，果期5～8月。

产我国广东、海南。阴生植物，喜温暖、阴湿，忌干旱，忌强光直射，耐轻霜，年平均气温18～22℃、年降水量1800～2300mm为宜。适宜腐殖质丰富、质地疏松的微酸性土壤。可盆栽室内观赏，也可作林下观花地被植物。可药用。

多年生草本。株高可达3m。叶披针形。总状花序，未开时包于帽状总苞内，花时总苞脱落；花萼筒状，被柔毛；花冠管裂片长圆形，白色，被疏柔毛；唇瓣倒卵形，粉白色，具红色脉纹，先端边缘皱波状。蒴果球形，干后纺锤形。

产我国海南、广东、广西，近年来云南、福建亦有少量试种。可植于林下阴湿处、水边，或作林下观花地被，也可盆栽观赏。可药用。

多年生草本。株高可达3m，茎散生；根茎匍匐。中部叶片长披针形，上部叶片窄，光滑无毛。穗状花序椭圆形，总花梗被褐色短绒毛；苞片披针形，膜质；小苞片管状，花萼顶端具3浅齿，白色，萼裂片倒卵状长圆形，唇瓣圆匙形，白色。蒴果椭圆形，成熟时紫红色，干后褐色，种子浓香。花期5~6月；果期8~9月。

分布于我国福建、广东、广西和云南。栽培或野生于山地阴湿之处。观赏价值较高，初夏可赏花，盛夏可观果。果实供食用、药用。

常绿多年生草本。植株高大。叶柄粗壮直立，高达6m。花序着生于叶丛基部，高约1m，苞片革质，红色，小花黄色。花期长达半年。

喜温暖湿润气候，喜阴，热带地区可用作林下地被，花序形如玫瑰，闪烁瓷器般光泽，非常美丽。花期非常长，是高级插花材料。

闭鞘姜（水蕉花）*Costus speciosus*

多年生草本。叶螺旋状排列，长圆形，叶鞘宽大、封闭，叶背密被绢毛。穗状花序顶生，椭圆形，苞片革质、红色，被短柔毛；小苞片淡红色，花萼红色；花冠管短，裂片长圆状椭圆形，白色或顶部红色；唇瓣宽喇叭形，纯白色；雄蕊花瓣状，白色，基部橙黄色。蒴果红色；种子黑色光亮。花期7～9月，果期9～11月。

热带亚洲广布。主要作鲜切花、干花和庭院绿化，鲜切花瓶插期长。花序独特，是良好的干花材料可。丛植、片植于庭院小区、公园、花坛等观花观叶。根茎供药用。

闭鞘姜属叶片螺旋状排列，且叶鞘宽大闭合呈管状，与姜科其他属相区别，也是属名的由来。

'斑叶' 闭鞘姜 *Costus speciosus* 'Marginatus'

闭鞘姜品种。叶片具白色纵纹。习性及园林应用同闭鞘姜。

青苞黄瓣闭鞘姜 *Costus barbatus*

多年生草本。根状茎块状、肉质。穗状花序塔状，苞片深红色，覆瓦状排列；管状花金黄色，象牙状，花序形如玲珑宝塔，故又名宝塔姜。

原产哥斯达黎加。喜温暖湿润，光照充足之处，可丛植、片植于庭院小区、公园和花坛等观赏其花叶。

大苞闭鞘姜 *Costus dubius*

多年生宿根草本。叶片长圆形。穗状花序自根茎抽出，椭圆形，苞片绿色，覆瓦状排列，花白色。花期7～10月，果期11月。

产刚果，我国华南等地引种栽培。喜光，喜温暖湿润气候，可丛植、片植于庭院小区、公园、花坛等作林下地被，观花观叶。

红花闭鞘姜 *Costus curvibracteatus*

多年生直立草本。成年后株高约60cm，顶部不分枝，茎圆有节，绿色，小枝上部弯曲成半圆形。穗状花序顶生，长卵形或椭圆形，苞片红色，内有花1～2朵，花冠管状，橙黄色。花期夏秋。

原产美洲和非洲热带地区，我国华南各地均有引种栽培。喜有明亮散射光的半阴处，忌阳光暴晒。花色艳丽，热带地区可用作林下地被，具有很高的观赏价值，也可盆栽观赏，或者和其他花卉混栽于花坛内。

黄姜花 *Hedychium flavum*

多年生草本。叶二列，长圆状披针形，无毛。穗状花序长圆形，苞片覆瓦状排列，每苞片内有花3朵；花冠管长，花冠裂片线形；花黄色，唇瓣倒心形，具橙色斑，顶端微凹；花芳香。花期8～9月。

原产我国西藏、云南、贵州、四川，印度等地也有。喜温暖湿润，喜光。花深黄色，形似蝴蝶，气味芬芳纯正，沁人心脾；每花序花期长约30天。可用作林下地被。佛教寺院"五树六花"中的"六花"之一。

喜马拉雅印度姜 （喜马拉雅蝴蝶姜） *Hedychium thyrsitorme*

多年生草本。叶片长圆状披针形，两面无毛。穗状花序顶生，花白色，花冠管纤细，极长。

原产热带亚洲。喜温暖湿润气候，耐阴，可作林下地被。花形奇特如翩翩起舞的蝴蝶，观赏性强，可丛植、片植于庭园、公园。

蕉藕 *Canna indica*

多年生直立粗壮草本。地下茎块状。植株绿色，高可达1.5m，叶卵状长圆形。总状花序被蜡质粉霜，有苞片，萼片宿存，绿色或染红；花瓣3，披针形，绿或红色，不显著；发育雄蕊仅1枚，半边具花药半边花瓣状，退化雄蕊3枚，1枚狭长，反卷成唇瓣状，其余2枚花瓣状，鲜红色，显著而美丽，花柱扁平。蒴果绿色，卵形，有软刺。花果期3～12月。原产地无休眠，周年开花。

原产印度，我国南北各地常有栽培。性强健，不择土壤，喜光，喜温暖，具一定耐寒力。植株茎叶茂盛，花期长，色艳花奇，易开花，群植、丛植或作花坛、花境及基础栽植均可获得较好的观赏效果。

美人蕉 *Canna × generalis*

多年生草本。根茎粗壮、肉质。茎、叶常被白粉。叶大，阔椭圆形。花序总状，有长梗；花大，径约10cm，有深红、橙红、黄、乳白等色。花期8～10月。

杂交改良育成，主要亲本为 *C. indica*，主要分布于美洲热带、亚洲热带及非洲。性强健，不择土壤，喜温暖炎热气候，耐水涝。忌强风和霜害。美人蕉茎叶茂盛、花大且花期长，适宜大片的自然栽植，布置花境、花坛，也是水岸边及浅水区的良好观花材料。

'紫叶'美人蕉 *Canna × generalis* 'America'

美人蕉品种，叶暗紫色至棕色。习性及应用同美人蕉。

'金脉'美人蕉 *Canna × generalis 'Striatus'*

美人蕉品种。叶黄绿色相间，花橙红色。习性及应用同美人蕉。

粉美人蕉 *Canna glauca*

多年生草本。根状茎长而粗壮，地上部分高可达2m。叶披针形，基部下延。总状花序，稍高于叶丛，花色红色、粉色、黄色或橙色。蒴果长圆形，有软刺。

原产南美洲及西印度群岛，我国南北均有栽培。全光或半阴环境均可生长，园艺品种较多，有粉、黄、红等纯色及带红色斑点品种等。花期从夏至秋，优良的湿地植物。常被称作水生美人蕉，是一类可于水中生长的类群，粉美人蕉是常用的种类。

三色竹芋（锦竹芋）*Ctenanthe oppenheimiana*

常绿多年生草本。丛生状。叶片极多，叶长椭圆形或披针形，叶上有不规则粉色或白色斑纹或斑块，叶背紫红色。

喜温暖、湿润而排水良好的半阴环境；对霜敏感，忌阳光直射。是著名的观叶植物，常用作庭院美化或植于林缘、草地或岸边，也是流行的盆栽观叶花卉。

孔雀竹芋 *Calathea makoyana*

常绿多年生草本。株高可达30～60cm。叶柄紫红色，叶长30cm，薄革质，卵状椭圆形，淡黄绿色，叶面沿主脉交互排列羽状、暗绿色、长椭圆形斑纹，叶背斑纹紫色。花白色。花期夏季。

原产巴西。喜温暖、湿润而排水良好的半阴环境；对霜敏感，不耐寒；全日照下可生长，但忌阳光直射，喜疏松、肥沃的微酸性壤土；生长适温20～28℃；株形紧凑，叶面斑纹精致，状似孔雀开屏，独特美丽，为优良的观叶植物，可植于山石边或角隅点缀，也是布置热带温室的材料。

'天鹅绒'竹芋 *Calathea zebrina* 'Humilis'

常绿多年生草本。叶长圆状披针形，叶面深绿色，间以平行的黄绿色宽条斑，叶背幼时淡灰绿色，老时淡紫红色，叶质感似天鹅绒。头状花序椭球形，花冠紫蓝色或白色。花期5～8月。

原产巴西。忌阳光直射，喜温暖、湿润、半阴的环境，不耐寒。叶面质感温润，是优良的观叶植物，也常作林下、路缘及庭院美化。

多年生常绿草本。有根茎。株形高大，可达3~4m。叶片大，卵形至椭圆形，有光泽，背面被白粉。穗状花序窄长略扁平，花序上苞片螺旋状排列，由淡黄色转为青铜色或红褐色；花紫色或紫褐色，伸出苞片，退化或瓣化雄蕊白色至淡黄色。蒴果卵球形，假种皮橙色，肉质。

原产墨西哥、委内瑞拉和玻利维亚等地。叶片紧凑，大而有光泽，叶背闪闪发光，花序形如巨大的雪茄，深色苞片衬托下的花被片十分醒目，原产地又称作"雪茄竹芋"。喜高温潮湿，全光和半阴处均可，在土壤有机质丰富、排水良好，透气湿润处生长健壮，也可作大型盆栽。是热带地区著名的竹芋科观赏植物。

常绿多年生草本。叶基生，叶柄短，长椭圆状披针形，正面绿色，叶背紫褐色。圆锥花序，花白色。

原产巴西。喜湿润、耐热、耐半阴，也可全光照下生长。适宜疏松、肥沃、排水良好的土壤，不耐寒。因株形美观，叶色美丽，可布置宾馆、商场、大型会场等公众庭院，也常盆栽观赏或布置热带、亚热带温室。

长节竹芋 *Marantochloa loucantha*　　　　　　　　　　　　　竹芋科芦竹芋属

多年生草本。株高可达4m，多分枝，具根状茎。叶椭圆形，叶鞘部分长达20cm以上。花序松散，花乳白色或绿白色。蒴果球形，具光泽，红色或乳白色。

原产西部非洲。耐阴，喜温暖潮湿处。植株秀雅，果实圆润而清丽，可庭院观赏。

多年生草本。根茎块状。叶基生，长圆形或长圆状披针形，两面均无毛，叶柄直而长。头状花序，无梗，自叶鞘内生出，苞片长圆状披针形，紫红色，后期呈破碎纤维状；每苞片内有花3对，花冠深红色。果栗色，光亮。花期5～7月。

亚洲南部广布。耐湿热及荫蔽之处，可作林下地被栽植，全株可入药。

红鞘水竹芋（垂花再力花） *Thalia geniculata*　　　　竹芋科水竹芋属

多年生挺水植物。高1～2m，具根茎。叶片长椭圆形，叶鞘红褐色。穗状花序松散而弯垂，其上小花梗连续排列成"之"字形；花瓣4枚，上部2枚淡紫色，下部2枚白色。蒴果。花期6～11月。

原产中非及美洲。生于沼泽及河岸边。比再力花高大，花序下垂、耐寒性较差。该种因叶鞘红褐色，美丽，故得名。

多年生挺水植物。高1～2m。叶长椭圆形，全缘，叶背被白粉；叶柄基部略膨大。花茎长；复穗状花序，明显高于叶丛，小花梗较红鞘水竹芋短，小花堇紫色。蒴果近圆球形，成熟时顶端开裂。

原产美国南部和墨西哥。株丛细长的花柄可高达3m，茎端开出紫色花朵，花期长，形态飘逸优雅，观赏价值高。

梭鱼草 *Pontederia cordata*

多年生挺水植物。株高20~150cm。叶深绿色，叶形多变，多为广卵状、倒卵状披针形，全缘。穗状花序直立，花密集，蓝紫色带黄斑，花被裂片6。蒴果。花期长，5~10月。

原产北美。喜温暖湿润、光照充足处，常栽于浅水池或塘边，华北地区冬季须进行越冬处理。可于家庭盆栽、池栽，栽植于河道两侧、池塘四周、人工湿地，与其他水生植物搭配。英名Pickerel weed，故译为"梭鱼草"。

水葫芦 *Eichhornia crassipes*

浮水植物。叶宽卵形或宽菱形，具弧形脉，叶柄中部膨大成囊状。穗状花序，花蓝紫色，花瓣6，上方花瓣具带深色条纹的蓝、黄色斑，似眼睛。

须根发达，分蘖繁殖快，管理粗放，是美化环境、净化水质的良好植物。1901年水葫芦作为观赏植物引入到我国，一度在我国南方水域泛滥，目前已得到有效治理。

假叶树 *Ruscus aculeatus*

常绿灌木。雌雄异株，根状茎粗壮，横走。茎绿色，多分枝。枝呈扁平的叶片状，卵形，先端针刺，长1.5～3.5cm。叶退化成小鳞片状。花小，单性异株，绿白色，生于叶状枝上表面中脉的下部。浆果球形，红色或黄色。1～4月开花，果期9～11月。

原产南欧及小亚细亚，我国有引种栽培。喜温暖、潮湿及半阴环境。枝叶浓绿，花、果直接生于叶上，但不易结果。华南可于庭园配植，北方城市常于温室盆栽观赏。

凤尾兰 *Yucca gloriosa*

常绿灌木。植株具茎，茎有时分枝，高可达2.5m。叶剑形，硬直，顶端硬尖，边缘光滑，老叶边缘有时具疏丝。圆锥花序，高1m以上，大型，小花乳白色。蒴果。夏、秋开花。

原产北美东部及东南部，我国南北园林中常栽培观赏。有一定耐寒性，北京可露地栽培。

'金边'富贵竹 （'金边'万年竹蕉） *Dracaena sanderiana* 'Celica'

常绿灌木。茎秆纤细直立，具环状叶痕；秆皮淡黄绿色。叶轮生或近对生，长椭圆状披针形，全缘，叶面中脉两侧黄色，叶柄短。伞形花序，小花钟状，白色，花瓣6。浆果近球形，黑色。

原产加那利群岛及非洲和亚洲热带。喜高温多湿、阳光充足环境，喜疏松、肥沃、耕作层厚、保水保肥力强的土壤；不耐寒，耐修剪，夏季忌强光直射，土壤以疏松的砂壤土为好。可盆栽或水养，摆放于案头、茶几。

'金边'百合竹 *Dracaena reflexa* 'Variegata'

百合竹品种，常绿灌木。茎秆较纤细，长高后茎秆易弯斜。叶剑状披针形，丛生于茎端，革质，叶色浓绿，本品种叶缘有金黄色纵条纹，无叶柄。花白色。浆果橘红色。

原产马达加斯加、毛里求斯和印度洋附近。习性强健，喜高温多湿，耐旱也耐湿。宜半阴，忌强烈阳光直射。很适应室内环境，可作室内观赏花卉。

'金心'百合竹 *Dracaena reflexa* 'Song of Jamaica'

百合竹品种。叶缘绿色，中央金黄色带绿条纹。花序单生或分枝，小花白色。习性及园林应用同金边百合竹。

巴西木 （香龙血树） *Dracaena fragrans*

常绿灌木。叶弯曲成弓形，集生茎端，长椭圆状披针形，无柄；叶缘呈波状起伏，叶尖稍钝；鲜绿色，有光泽。穗状花序或排列成狭长圆锥状，花小，黄绿色，花瓣6，芳香。季节性开花。

原产非洲的加那利群岛和几内亚等地。我国广泛栽培。喜阳光充足、高温、多湿环境，喜肥沃疏松、排水良好的钙质土。不耐寒，忌水涝，养护成本低。株型整齐优美，树姿挺拔、清雅，富热带情调，通常由数个高低不一的茎干组成大型盆栽，是美丽的室内观叶植物。

'金边'香龙血树 （'金边'巴西木） *Dracaena fragrans* 'Lindenii'

香龙血树品种。叶大部分为金黄色，中间有黄绿色和白色条纹。习性及园林应用同巴西木。

'密叶'竹蕉 （'太阳神'） *Dracaena fragrans* 'Compacta' / *Dracaena deremensis* 'Compacta'

常绿直立灌木。生长慢。分枝稀少。叶集生茎端，短宽而密集，暗绿色，有光泽。大型圆锥花序，小花花冠外面暗红色，里面白色。花期夏季。

原产热带非洲。喜高温多湿气候。不耐寒，耐旱，耐阴性强，忌阳光直射。是美丽的室内观叶植物。

'紫红密叶'竹蕉 （'紫红太阳神'） *Dracaena fragrans* 'Virens compacta' / *Dracaena deremensis* 'Virens compacta'

百合科香龙血树属

常绿木本植物。叶紫红色。习性及园林应用同密叶竹蕉。

剑叶龙血树 （岩棕剑叶木） *Dracaena cochinchinensis*

百合科香龙血树属

乔木状。高可达5～15m；老干皮部灰褐色，片状剥落，幼枝有环状叶痕。叶聚生在顶端，剑形，薄革质。圆锥花序长40cm以上；小花2～5朵簇生，乳白色。浆果球形，橘黄色。

产我国云南、广西南部，越南、老挝有分布。可作庭院观赏。

'花斑' 星点木 *Dracaena godseffiana* 'Florida Beauty'

星点千年木品种。常绿灌木。植株丛生，秆细长挺拔如竹。叶对生或3叶轮生，长椭圆形，浓绿色，密生黄白色或白色大斑点。总状花序具长梗，下垂。花小，长筒形，淡绿黄色，长1.5~2cm，有香味。浆果红色。

原产热带非洲西部。喜光耐阴，喜高温多湿，耐旱不耐寒。庭园或盆栽观赏。

马尾铁 *Dracaena marginata*

常绿灌木。高可达3~10m，茎细圆，布满环状叶痕，具明显主干和分枝。叶狭剑形，无叶柄，中脉明显；灰绿色，边缘紫红色，新叶硬直向上伸展，老叶常悬垂状。圆锥花序较长，花小，花被片6，白色。

原产马达加斯加。美丽的室内观叶植物。习性类似巴西木，园林应用同巴西木。

龙血树 *Dracaena draco*

常绿乔木。干多分枝，树液深红色。叶集生茎端，剑形，较硬直，灰绿色，基部抱茎而无叶柄。圆锥花序，花两性，花小，黄绿色，下部合生成管状。花期3~5月，果期7~8月。

原产非洲加那利群岛。喜光，喜排水良好的土壤，耐干旱和高温，较耐寒；生长缓慢，寿命极长。是常见的盆栽植物，华南地区也露地植于庭园。

狭叶龙血树 （长花龙血树） *Dracaena angustifolia*

常绿灌木。茎灰色，环状叶痕较稀疏。叶拱形下垂或斜向下伸展，疏生茎上部或近顶端，带状倒披针形，中部以下中脉明显。圆锥花序，花序轴无毛，小花绿白色。花期3～5月，果期6～8月。

产我国广东、云南及台湾；东南亚及大洋洲有分布。喜疏松透气土壤，喜高温，喜光，也耐阴。叶翠绿秀美，挺拔素雅，富热带风情，适于盆栽装饰室内空间；也可植于庭园观赏。

柬埔寨龙血树 （海南龙血树） *Dracaena cambodiana*

乔木状常绿灌木。叶聚生枝端，薄革质，带状披针形，基部抱茎，互相套迭，无柄。圆锥花序，花序轴有毛或近无毛。花小，黄白色，有香味。花期3月，果期7～8月。

产我国海南，印度、柬埔寨也有。喜暖热气候，耐旱，喜钙质土。为美丽的庭园及室内观叶植物。茎干受伤后流出的树脂可提取血竭，有止血、活血、生肌功能。

细枝百合竹 （细枝龙血树） *Dracaena gracilis / Dracaena elliptica*

常绿大灌木。分枝多而细，环状叶痕稀。叶生于分枝上部或近顶端，叶间距明显，狭椭圆状披针形，中脉明显，有叶柄。圆锥花序较短，分枝顶生；花通常单生，花白色、芳香。浆果球形，黄色。

我国特有，产广西南部。喜高温多湿，喜光，光照充足时叶片色彩艳丽。不耐寒，最低温度5~10℃，温度过低时叶尖及叶缘出现黄褐色斑块。喜疏松、排水良好、含腐殖质丰富的土壤，可作公园绿化或栽植于庭院。

'金边短叶'百合竹 （'金边短叶'龙血树） *Dracaena gracilis* 'Variegata'

细枝龙血树品种。叶较短，边缘有淡黄色斑纹。习性及用途同原种。

油点木 *Dracaena surculosa* var. *maculata*

常绿灌木。株高约1m。叶对生或轮生，长椭圆形或披针形，上表面具油渍状斑纹。头状花序，花冠细长，白色，芳香。

原产非洲西部。热带地区可露地观赏，耐阴，耐旱也耐湿。可庭院栽培或盆栽观赏。

绿叶朱蕉 *Cordyline fruticosa*

常绿灌木。单干或少分枝。叶聚生茎端，披针状长椭圆形，基部抱茎，叶片绿色或紫红色。顶生圆锥花序，花冠管状，6裂，淡红色至青紫色，稀淡黄色。花期11月至翌年3月。

原产地不详，今广泛应用于亚洲温暖地区。喜温暖湿润，喜光、耐阴，不耐受北方烈日暴晒，完全蔽荫处叶片易发黄。冬季室内须高于10℃。株形优雅，叶色美丽，我国华南城市常植于庭园观赏，长江流域及其以北地区常温室盆栽观赏。

'红条'朱蕉 *Cordyline fruticosa* 'Rubro Striata'

绿叶朱蕉品种。叶有红色条纹。习性及园林应用同绿叶朱蕉。

'红边'朱蕉 *Cordyline fruticosa* 'Red Edge'

绿叶朱蕉品种。株形低矮，株高约40cm。叶缘红色，中央淡紫红色和绿色的斜条纹相间。习性及园林应用同绿叶朱蕉。

'紫叶'朱蕉 *Cordyline fruticosa* 'Purple Compacta'

百合科朱蕉属

　　绿叶朱蕉品种。叶较短宽，密生，深红色、暗紫色至绿紫色。花白色。习性及园林应用同绿叶朱蕉。

'狭叶'朱蕉 *Cordyline fruticosa* 'Bella'

百合科朱蕉属

　　绿叶朱蕉品种。叶较狭，剑形，叶缘有不明显的锯齿，暗绿色，有紫红色条纹。习性及园林应用同绿叶朱蕉。

'白马'朱蕉

Cordyline fruticosa 'Hakuba'　　百合科朱蕉属

　　绿叶朱蕉品种。叶阔披针形，深绿色具白色纵条纹。习性及园林应用同绿叶朱蕉。

'三色'朱蕉（'五彩千年木'）

Cordyline fruticosa 'Tricolor'　　百合科朱蕉属

　　绿叶朱蕉品种。叶片窄，披针状椭圆形，叶具绿、黄和红色细条纹。习性及园林应用同绿叶朱蕉。

绿叶朱蕉品种。叶聚生于茎或枝的上端，抱茎，阔椭圆形，嫩叶鲜粉红色；老叶紫红色、褐红色交织。圆锥花序生于叶腋。浆果球形。春季开花。

习性及园林应用同绿叶朱蕉。

常绿灌木状。茎单生，高1～2m。叶线状，深绿色，截面方形，长可达2m。圆锥花序。果椭圆形，有不明显缺刻。

原产墨西哥。我国应用较少，可作华南地区庭院绿化。

棕榈叶火百合 （矛花火百合） *Doryanthes palmeri*　　　　　　　　　百合科矛花属

灌木。可高达3m。叶剑形，呈莲座状。花葶可高达5m；花序直径可达10cm，花橙红色或红色。果实卵形，淡红褐色。

原产澳大利亚。花独特醒目，适宜南方露地栽培观花。

一叶兰（蜘蛛抱蛋）*Aspidistra elatior*

常绿多年生草本。根状茎横出，叶单生或数枚簇生于根状茎，矩圆状披针形、披针形至近椭圆形，中脉粗，在叶背显著突出。总花梗直接从根状茎生出，较短，仅1朵花，钟状，紫色或带紫色。浆果球形。

原产东亚和东南亚，我国长江流域及华南各地公园多有栽培。性喜温暖、湿润的半阴环境。耐阴性强，耐寒。可布置假山、草地，也可作地被，园林应用广泛。

'嵌玉'一叶兰（'嵌玉'蜘蛛抱蛋）*Aspidistra elatior* 'Variegata'

一叶兰品种。叶面具有浅黄色至乳白色、宽窄不一的条纹。习性及园林应用同一叶兰。

'斑叶'一叶兰（'斑叶'蜘蛛抱蛋）*Aspidistra elatior* 'Punctata'

一叶兰品种。叶深绿，上有浅黄至乳白色、大小不一的斑点。习性及园林应用同一叶兰。

鹭鸶草 （鹭丝草） *Diuranthera major*

多年生草本。根状茎较短。叶质软、基生；条形或舌状，先端长渐尖，锯齿极细。花葶直立，不分枝或少分枝，有1～2枚苞片状叶，向上过渡为苞片；总状花序，小花2，白色，小花梗具明显关节；花被片条形，2轮，外轮3枚较内轮狭窄。蒴果三棱形，种子黑色，扁圆形。花果期7～10月。

我国特有属、种，产四川、云南和贵州。喜温暖湿润，对土壤要求不严，但以疏松、肥沃、排水良好处为好。鹭鸶草花朵精致、花色洁白，风中摇摆时形如鹭鸶飞过，是优美的地被草本花卉。根可以入药。

'花叶'阔叶麦冬 （'花叶'麦冬/'银边'麦冬） *Liriope muscari* 'Variegata'

常绿多年生草本。具纺锤形小块根，根状茎短。叶丛生，革质，带形，宽1～3.5cm，叶缘白色。花序高于叶丛，长（12～）25～40cm，小花密集，3～8朵簇生苞片内，花被片长圆状披针形，紫或红紫色，种子球形，初绿色，熟时黑紫色，花期7～8月，果期9～10月。

国内产长江流域及西南、华南各地，日本有分布。生山地、山谷的疏林下或潮湿处。喜光，耐半阴，是亚热带地区常见的彩叶地被。

'银边'吊兰 *Chlorophytum comosum* 'Variegatum'

吊兰品种。多年生常绿草本。具根茎和肉质根。叶基生，花葶常变为匍匐枝，并在近顶部着生叶丛或小植株。叶带形，边缘白色。总状花序，花小，白色。花期春夏。

原产非洲南部，各地广泛栽培。喜温暖、湿润和半阴，不耐寒，不耐旱。我国北方常盆栽悬吊观赏，长江流域及华南常用作地被或花境。

'金心' 吊兰 *Chlorophytum comosum* 'Pieturatum'

吊兰变种。叶细长，中央有金色纵条纹。花白色。花期春夏。习性及园林应用同吊兰。

山菅兰 *Dianella ensifolia*

多年生。根状茎圆柱状，横走。叶狭条状披针形。圆锥花序，花被片条状披针形，绿白色、淡黄色至青紫色。浆果近球形，深蓝色。

产亚洲热带地区至非洲的马达加斯加岛。喜高温湿润气候，喜半阴或光线充足环境，不耐旱。是华南常见的地被植物。

'银边' 山菅兰 *Dianella ensifolia* 'Slivery Stripe'

山菅兰品种。叶具有淡黄色纵条纹。习性及园林应用同山菅兰。

'假金丝马尾'沿阶草 *Ophiopogon jaburan* 'Aurea Variegatus'

　　剑叶沿阶草品种。常绿多年生草本。具根状茎，植株可抽生匍匐茎。叶基生、线形，叶鞘膜质；叶绿色，本品种有白色纵纹，叶缘白、条纹较宽。总状花序，花葶比叶短，花白色、紫色、淡紫色或淡绿白色。果蓝黑色。夏季开花。

　　原种原产东亚。喜光照，喜湿润，不耐干旱和盐碱。叶美观，为优良的观叶植物，常用作地被植物观赏，也适合林缘、路边、山石边或水岸边丛植或片植。

'银纹'阔叶沿阶草 *Ophiopogon jaburan* 'Argenteivittatus'

　　剑叶沿阶草品种。叶丛生，革质，狭长带形，具银白色纵纹，叶端弯垂。花梗短，花小、白色。花期夏季。

　　性强健，耐阴、耐旱，喜温暖至高温气候，生长适温15～28℃。适于片植、群植，可植于草坪、花境边缘、林缘，建筑背阴面或点缀假山石景。也可盆栽室内观赏。

'矮' 沿阶草 （'玉龙'） *Ophiopogon japonicus* 'Nanus'

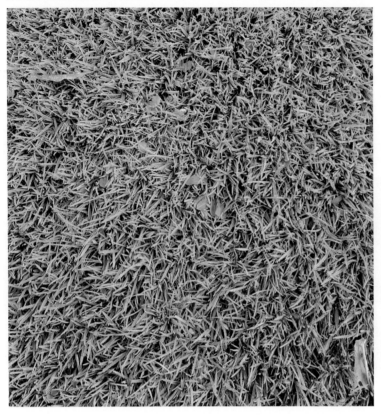

沿阶草品种。常绿多年生草本，地下具小块根和细长走茎。植株矮小，高5～10cm，叶墨绿色、条带形且密集丛生、弯垂。花葶藏于叶丛，总状花序，小花单生或成对生于苞片内，花淡蓝色，果实球形，熟时蓝色。花期5～8月，果期8～9月。

原种产我国陕西（南部）和河北（北京以南）、华南及西南、华东南部等省区；日本、越南、印度也有分布。

耐阴性强，常植于路边、点缀假山石或盆栽，林下及建筑背阴处皆可应用，因植株低矮，叶色墨绿，可作地被观赏。

对叶黄精 （对生叶玉竹） *Polygonatum oppositifolium*

多年生草本，具根状茎。叶对生，近革质有光泽，卵状矩圆形至卵状披针形，弧形三主脉，叶柄短。花序具（2）3～5花，俯垂，总花梗长5～12mm；花被片6，白色或淡黄绿色，下部合生成筒。浆果近球形，红色。花期5月，果期8～10月。

产我国西藏南部，尼泊尔及印度北部也有分布。喜温暖，耐阴。可作林下地被观赏。

万年青 *Rohdea japonica*

多年生草本。叶基生，厚纸质，矩圆形，纵脉明显浮凸；花葶极短，淡黄色的肉质穗状花序于叶腋抽出。浆果红色。花期5～6月，果期9～11月。

产我国长江流域及西南地区，日本也有分布。喜高温高湿及半阴处。不耐寒，忌强光直射，要求疏松肥沃、排水良好的砂质壤土。本种叶片宽大苍绿，浆果红润可爱，是产地百姓十分喜爱的传统的观叶、观果花卉。常盆栽置于书房条案或画幅下，也常点缀客厅、书房。可作园林地被植于疏林下或林地路缘。

鬼切芦荟（山地芦荟）*Aloe marlothii*

大型单茎类芦荟，茎粗壮。叶聚生茎顶，质地厚重略内凹，表面被白粉，灰绿色；叶背及叶缘具粗刺。花序高大，可达1～1.5m，小花密生于中上部，花色橙红，后期转为黄色。

原产南非、博茨瓦纳、莫桑比克、津巴布韦。可用于园景布置、观赏。

银芽锦芦荟 （银芳锦芦荟／珊瑚芦荟） *Aloe striata*

植株莲座状，吸芽多。叶宽阔肥厚，无锯齿，具细长条纹；全光下叶边缘常粉红，光照不足时，叶蓝灰色。花序梗长约60cm，黑褐或紫褐色，分枝多，花橙红色。花期冬末至早春。

产南非，比大多数芦荟耐寒。喜生于沙质、砾石及排水良好的土壤中，全光及遮阴处皆可生长。耐旱耐盐，需水量少，生长季可浇灌2～3次稀薄液肥。本种花色鲜艳、花量大，常群植或丛植，非常美丽。

菊花芦荟 *Aloe chabaudii*

茎较短，植株簇生成莲座状。叶肥厚，条状宽披针形，粉绿色，顶端和边缘疏生刺状细齿。总状花序高50～70cm，分枝多；花集生枝顶，橙红色，花蕾先端绿色；雄蕊与花被近等长或略长，花柱明显伸出花被外。

原产南非、赞比亚等地。耐旱，喜炎热夏季，全光及半阴均可，冬天有雨水即可生存，栽培容易。萌蘖能力强，很快即可覆盖地面，是典型的"低碳型园林植物"。优良地被、盆栽植物.

大树芦荟 *Aloe barberae*

大乔木状。单干，上部分枝。干基部明显膨大，表皮粗糙坚硬，灰褐色或深褐色。叶大型，聚生枝端，肉质坚韧，深绿色，内弯，边缘有白色齿刺。冬季开花，花葶腋生，分枝常2~4；总状花序大型，小花簇生，淡粉红色或淡橘红色，先端绿色。

原产南非。可作珍贵园林观赏树种。

条纹十二卷 *Haworthia fasciata*

低矮丛生，茎短。叶长三角状，先端急尖，叶背横生白色瘤状突起。总状花序，小花绿白色。

我国各地广泛栽培，常室内盆栽。

熊草 （麦草／印第安篮草） *Xerophyllum tenax*

株形似草，具木质根茎。叶暗绿，细长、质地硬而粗糙。总状花序，远高于出叶丛；花白色或奶油色，微香。春夏开花。

原产北美干旱山区。叶子干后转为白色并且坚韧耐用，当地土著用于编篮。

百子莲 *Agapanthus africanus*

常绿多年生草本。具鳞茎，叶带形。伞形花序，花葶粗壮直立，花冠漏斗状，蓝色或白色，裂片长圆形。蒴果。花期7~8月，果期秋季。

原产非洲南部。花色优雅，花形秀丽，可于公园、绿地、庭院路边、山石边和墙垣等处栽植，也可盆栽于阳台和天台等处。

君子兰 *Clivia nobilis*

常绿多年生草本。根肉质。叶质厚，深绿色具光泽，宽带形、基部渐狭。伞形花序有花10~20朵，花葶直立向上，花冠宽漏斗形，鲜红色，内面略带黄色。浆果紫红色，宽卵形。花期为春夏季，有时冬季也可开花。

原产非洲南部。我国北方著名盆栽花卉，华南可露地栽培观赏。

文殊兰 *Crinum asiaticum var. sinicum*

常绿多年生草本。鳞茎较大，长圆柱形。叶多数，基生，带状披针形。花葶高可达1m，伞形花序具2个佛焰状大苞片；花被筒纤细，花被裂片6，线形，白色，有香气。花期春、夏季。

产印度尼西亚苏门答腊等地，我国华南地区常见观赏栽培。喜温暖湿润、光照充足环境，能耐盐碱，不耐寒。文殊兰叶色青翠、花朵洁白大方且满堂生香，赏心悦目。华南地区可用于园林景区、校园、单位绿地、居民区绿地和寺庙园林中，还可作房舍周边的绿篱，也适宜布置厅堂、会场。著名的佛教"五树六花"之一。

'金叶'文殊兰 *Crinum asiaticum* 'Golden Leaves'

文殊兰品种。新叶翠绿色，老叶金黄色，色泽明艳。

习性及园林应用同文殊兰。

'白纹'文殊兰 *Crinum asiaticum* 'Silver-Stripe'

文殊兰品种。叶具白色纵纹，清新脱俗。花期夏秋。

喜明亮的散射光，不耐强光直射。园林应用同文殊兰。

红花文殊兰 *Crinum amabile*

　　常绿多年生草本。植株高近1m，具鳞茎。叶片大型，宽带形或箭形，基部抱茎。花葶自鳞茎抽出，顶生伞形花序，花被筒裂片6，背面紫色，内面浅粉色，中间有较深紫色条纹。几乎全年开花。

　　产亚洲热带。性喜温暖及湿润环境，喜光，不耐荫蔽，耐热、不耐寒；喜疏松、肥沃、富含腐殖质的砂质壤土；生长适温15～28℃。株形紧凑，花序大，花色雅致，具有热带风情，多丛植于林下、路边、角隅、池塘边或庭院等处点缀观赏。

仙茅 *Curculigo orchioides*

　　常绿多年生草本。根状茎圆柱状。叶线形或披针形，大小变异大。总状花序呈稍伞房状，花茎短，大部包于鞘状叶柄内，苞片披针形，4～6花；花黄色。浆果近纺锤状。花果期4～9月。

　　产我国长江流域部分地区，也分布于东南亚至日本。株形美观，叶色翠绿，是优美的室内观叶植物，也可庭院栽培观赏。根状茎可入药。

多年生草本。有皮鳞茎。叶基生，叶片阔椭圆形而伸展。伞形花序，花葶近圆筒形，花冠筒纤细，裂片6，张开呈星状，白色，芳香，略下倾；雄蕊着生于喉部，花丝宽展相连，呈杯状。花期冬、春季。花后短暂休眠。

原产哥伦比亚。喜温暖潮湿的热带雨林气候及富含腐殖质、排水良好的土壤。冬暖地适宜花坛、花境及庭园花卉栽培，或盆栽供室内装饰。

蜘蛛兰（水鬼蕉）*Hymenocallis littoralis / Hymenocallis americana*　　　　　石蒜科蟹花属

常绿多年生草本。具鳞茎。叶基生，长圆状椭圆形，先端急尖。花葶高30～70cm；伞形花序，花被裂片，细窄而长，绿白色，有香气。花期夏、秋季。

原产南美洲。生长势强，喜温暖湿润气候，耐阴，黏质土壤仍生长良好。可列植，或草地、灌木前丛植作花境、花径，也可植于高架桥下、林下作地被。蜘蛛兰叶姿健美，花形酷似蜘蛛，又具芳香，是优良的观花赏叶植物。

凤蝶朱顶红 *Hippeastrum papilio*

多年生球根花卉。叶带形。花葶中空；伞形花序有花1～2，下有佛焰苞状总苞片2枚，花大，漏斗状，花被裂片3大3小，色深，表面有白色细纹，如同凤蝶翅膀。蒴果球形。花期4～6月。

原产巴西。著名的春季开花球根花卉，性喜温暖、湿润，生长适温18～25℃，不喜酷热及强光，忌水涝。冬季休眠温度10～12℃，不得低于5℃。喜富含腐殖质、排水良好的砂质壤土。花葶亭亭玉立，叶厚而具光泽，花朵硕大，花瓣肥厚，花色艳丽悦目，盆栽、庭院栽培均十分适宜，园林用途广，观赏价值高。

韭兰 *Zephyranthes grandiflora*

常绿多年生草本。鳞茎卵球形，直径2～3cm；叶簇生，线形，扁平。花单生于花葶顶端，下有佛焰苞状淡紫红色总苞，小花梗长2～3cm，花玫瑰红色或粉红色。蒴果近球形。花期夏秋。

原产南美，我国引种栽培供观赏。盆栽、地被均可。

葱兰 *Zephyranthes candida*

常绿多年生草本。叶狭线形，肥厚，亮绿色。花葶中空；花白色，花被片6。蒴果近球形。花期夏秋。

原产南美。喜肥沃土壤，喜阳光充足，全光下生长良好，也耐半阴与低湿，较耐寒。优良的园林地被，用途广泛。

婚礼鸢尾（豪勋爵岛离瓣鸢尾）*Dietes robinsoniana*

多年生。株高1.5m；叶片剑形或线形，花淡黄白色，花瓣6，其中3枚宽大的花瓣具黄色斑块。单花花期仅1天，花期9~12月。

原产澳大利亚豪勋爵岛，不耐低温，耐旱。美丽的庭院观赏植物。

扁竹兰 *Iris confuse*

多年生。地上茎圆柱形，节明显。叶宽剑形，基部鞘状，两面略带白粉。花序总状分枝，花浅蓝色或白色，花被片6，2轮，外花被裂片椭圆形，边缘波状皱褶，有疏齿，内花被裂片倒宽披针形。蒴果椭圆形。种子黑色，无附属物。花期4月。

原产亚洲。喜阳光充足，也耐阴；对土壤和水分的适应性极强，栽培管理简便，适应性强，可在园林中丛植，用作花境或在草地、林缘种植，也可点缀于路边或用作林下地被。

双色野鸢尾 *Libertia bicolor*

多年生。叶片细长，剑形，革质，具明显中肋。花茎细长，花白色至黄色，外轮花被片基部褐色斑块具橙色边缘。花期春夏。

原产南非。可水生、地栽，喜阳，耐旱，耐半阴。花瓣上的褐色斑吸引昆虫授粉。阳光充足处生长旺盛，开花多，可植于庭园、路旁、沟边、池畔绿化，亦用于花坛、花境。

新西兰鸢尾（大花丽白花）*Libertia grandiflora*

多年生。叶细剑形、革质。花葶高于叶丛，可达120cm，圆锥花序，花瓣6枚，外轮3枚小，褐色，内轮3枚，白色。花期5～7月。

新西兰特有种。喜排水良好的土壤，全日照。丛植、片植均可，是庭院绿化、美化材料。

美丽鸢尾 （巴西鸢尾） *Neomarica gracilis*

常绿多年生。叶自短茎处抽生，带状剑形。花葶扁平而宽，极似带形叶，花单生于其上部鞘状苞片内。花被片6，外3枚白色，基部褐色，具浅黄色斑纹，内3枚前端蓝紫色，带白色条纹，基部褐色，具褐色斑纹。花期春夏。

原产巴西、墨西哥。喜高温及湿润气候，喜光耐半阴；喜疏松、排水良好的壤土。优良的庭院绿化美化材料。

华南引种观赏栽培较多，公园及街道均有应用。

条纹庭菖蒲 *Sisyrinchium striatum*

多年生草本。株高80cm，叶灰绿色，线状倒披针形，成扇形排列。花葶直立，花淡黄色，中部颜色加深，花被片先端突尖，有纵行脉纹，背面脉纹呈紫色。花期5～6月。

原产阿根廷、智利。地被观赏。

多年生常绿植物。茎明显。叶莲座状排列，肉质，大而肥厚，被白粉，边缘无刺，顶端有硬刺尖。大型圆锥花序，稠密，弯垂似狐尾，长可达2m；花黄绿色。蒴果长椭圆形。

原产墨西哥。观赏性极佳，喜光亦稍耐阴，宜阳光充足和排水良好处，可丛植于路边、沙地中或草丛中，也可孤植用于假山石边、角隅点缀；可盆栽。

金边龙舌兰 *Agave americana* var. *marginata*　　　　　　　　　　　　龙舌兰科龙舌兰属

常绿植物。无茎或极短，剑形叶莲座状排列。叶缘黄白色，具疏刺；叶端硬尖刺暗褐色。圆锥花序大型，高4.5～8m，直立，具分枝；小花淡黄绿色，有浓烈臭味。蒴果长圆形。开花后花序上生成的珠芽极少。

原产美洲，我国主要分布于西南和华南等热带地区。常见园林观赏植物。叶纤维供制船缆、绳索、麻袋等，是生产甾体激素药物的重要原料。

银边龙舌兰 *Agave americana var. marginata-alba*

与金边龙舌兰形态相似，仅叶缘白色与之不同。习性及园林应用与金边龙舌兰相同。

'银边'狭叶龙舌兰 （'白缘'菠萝麻） *Agave angustifolia* 'Marginata'

常绿植物。老株之茎明显。剑形叶莲座状排列，肥厚，两端渐窄，叶缘银白色。圆锥花序大型，高可5～7m。蒴果近球形，花期夏季。

园艺品种，华南有栽培。

乱雪 （姬乱雪） *Agave filifera*

多年生。株形小巧。叶狭披针形，暗绿色，叶端刺灰褐色；叶缘可见较多白色卷曲细丝。穗状花序长，花黄色或黄绿色，生于花茎上部，似火炬，秋冬开花。

原产墨西哥中部。以叶缘卷曲的白丝得名。可作室内或小庭院栽培。

笹之雪 （鬼脚掌） *Agave victoriae-reginae*

株型小巧，高不足50cm。叶肉质、密集莲座状排列，腹面扁平，背面呈龙骨状凸起；具不规则的白色斑纹或线条，叶顶端具黑色硬刺。

原产美洲热带干旱地区。室内小型盆栽，观赏价值高。

常见品种'黄覆轮'（*A.victoriae-reginae* 'Golden Princess'），与笹之雪区别为：叶片具黄、白色条纹或斑纹（左图）。

大美龙 *Agave lophantha*

多年生常绿植物。具短茎。剑叶莲座状，深绿色，中央纵纹浅绿色，叶缘具白色角质锯齿；先端顶刺灰褐色。花序高可达3~4m，小花白绿色至黄色。

产墨西哥，我国热带地区有引种栽培。用于园林观赏。

'五色万代' *Agave lophantha* 'Quadricolor'

大美龙品种。植株莲座状，叶略凹；中央到边缘依次为黄绿、墨绿、金黄色条纹，色彩对比强烈；叶尖及叶缘具排列整齐的褐色硬刺。

习性与应用同大美龙，较珍贵，适合盆栽。

'王妃'雷神

Agave potatorum var. *verschaffelti* 'Compacta'　　**龙舌兰科龙舌兰属**

　　雷神品种。多年生肉质草本。高15~30cm，茎短。叶基生，短而宽，排列紧凑的莲座状，边缘具疏刺。

　　原种原产墨西哥中部等地。喜光、耐旱，宜砂质土；适宜盆栽观赏。

'姬'吹上　　*Agave striata* 'Nana'

龙舌兰科龙舌兰属

　　吹上的小型品种。多年生草本。茎极短。叶基生，密集，莲座状排列；细长而坚硬，背面隆起，先端硬尖刺褐色，叶边缘疏生小齿。

　　原产墨西哥。喜光，耐干旱。盆栽或庭院布置等。

万年麻 （花叶大福克兰） *Furcraea gigantea* var. *medio-picta*

龙舌兰科福克兰属

　　常绿灌木。茎不明显。叶披针状剑形，全缘或具钩状刺；新叶近金黄色，具绿色纵纹，老叶绿，具金黄色纵纹。栽培10数年后始花，圆锥花序大型，小花绿白色，浓香；花期30天以上，花后花梗上萌生珠芽，落地后生根形成新植株。开花后植株逐渐老化死亡。

　　原产热带美洲。喜光，极耐热、耐旱而不耐寒，忌积水。叶色美丽，黄绿相间，观赏性极佳；可盆栽，也适合植于庭院、路边、墙垣，亦可群植造景；叶可用作切叶。

'金边'万年麻 （'金边'马里求斯麻） *Furcraea foetida* 'Variegata'

龙舌兰科福克兰属

　　多年生，万年麻品种。叶呈放射状生长，剑形，先端尖；叶绿色，叶缘具金黄色纵纹；伞形花序大型，可高达5m以上，小花黄绿色，花梗上常有珠芽萌生形成的幼株。

　　初夏开花。习性及园林应用与万年麻相近。

万年麻品种。多年生。新叶金黄色和绿色纵纹相间，老叶转绿，可见金黄色纵纹。花序、花期与'金边'万年麻相近。

原产美洲，习性及园林应用与万年麻相近。

酒瓶兰 *Beaucarnea recurvata* / *Nolina recurvata*　　　　　　　　　　　　　　**龙舌兰科酒瓶兰属**

小乔木状。茎单生、挺直，基部膨大；树皮厚，灰白色或褐色，龟裂成小方块。革质叶狭长，叶缘具细锯齿，簇生于茎端且下垂。圆锥花序顶生，小花黄白色、松散。

原产墨西哥干热地区。性喜阳光充足，不耐寒。因茎基部酷似酒瓶而得名。室内大型盆栽，极富热带风情。

贝氏酒瓶兰 *Nolina beldingii*

乔木状，高可达5～7m，干径可达50cm。树皮灰色，开裂，老树深棕色。叶窄线形，聚生干顶，长可达1m以上，宽1cm左右。上表面深绿光滑，叶背有时红色，叶缘锯齿细小，老叶黄棕色，宿存于枝干。花序圆锥状，高2～3m，松散，小花钟状，雌雄异花，花色淡黄色到奶油色，中脉略带红色。

产墨西哥南部，庭院观赏。

'金边'虎尾兰 *Sansevieria trifasciata* 'Laurentii'

虎尾兰品种。多年生草本植物，具横走根状茎。叶基生，直立，硬革质，扁平带状，具绿白相间横纹，叶缘黄色；总状花序，花淡绿色或白色，芳香，花期11～12月。浆果。

原种产非洲西部和亚洲南部，我国各地广泛栽培，优良室内盆栽观赏植物。本品种叶缘黄色与原种区别。

'金边短叶'虎尾兰 *Sansevieria trifasciata* 'Golden Hahnii'

虎尾兰品种。植株低矮，高可至40cm，叶片短、宽。习性及应用同'金边'虎尾兰。

'银脉'虎尾兰 *Sansevieria trifasciata* 'Bantel's Sensation' 龙舌兰科虎尾兰属

虎尾兰品种。叶具宽窄不等白色或浅黄色纵条纹。习性及应用同金边虎尾兰。

圆叶虎尾兰 （棒叶虎尾兰） *Sansevieria cylindrica* 龙舌兰科虎尾兰属

多年生草本。根状茎平卧。叶片圆筒形，有隆起、浑圆的纵棱，坚挺直立或稍弯，先端稍尖；叶面暗绿色，具灰白和深绿色相间的横纹。花绿白色，簇生或单生花序上部。花期11～12月。

原产非洲及亚洲南部干旱地区，我国各地均有栽培。喜温暖湿润、耐干旱，喜光、耐阴。对土壤要求不严，以排水良好的砂质壤土较好。生长适温20～30℃，室外越冬温度为10℃。本种叶片坚挺直立、姿态刚毅，适应性广，易栽培，露地观赏。

'艾莉森黑男人'新西兰麻 *Phormium* 'Alison Blackman' 龙舌兰科新西兰麻属

新西兰麻属品种。常绿多年生。丛生，株高可达1.2m。叶橄榄绿色、青铜色至金黄色，具奶油黄色宽条纹，叶缘橙红色。花黄绿色。花期夏季。

耐寒、耐旱也耐半阴；喜湿润、排水良好且肥沃的土壤；适用于建筑物、道路、沿海、街区、岩石园等边界绿化。

'紫雾' 新西兰麻 *Phormium* 'Purple Haze'

新西兰麻属品种。叶剑形，质坚硬，叶背直，紫色。

习性及园林应用同'艾莉森黑男人'新西兰麻。

'滑稽家' 新西兰麻 *Phormium* 'Jasret'

新西兰麻属品种。叶橙红色，叶缘绿色，中脉亦偶有绿色。

习性及园林应用同'艾莉森黑男人'新西兰麻。

'黑暴' 新西兰麻 *Phormium* 'Black Rage'

新西兰麻属品种。叶剑形，黑褐、灰蓝色。低维护植物，全光到半阴处生长。

习性及园林应用同'艾莉森黑男人'新西兰麻。

小新西兰麻 *Phormium cookianum*

常绿多年生。叶基生，剑形，厚革质，绿色。穗状花序紫红色，向外倾斜下垂。花期春夏季。

原产新西兰。漂亮的大型地被植物，常作切叶，适用于公园、街头绿地，亦可盆栽观赏。

新西兰麻 *Phormium tenax*

常绿多年生草本。叶丛生，质硬，剑形。花序自叶丛中抽出，着生多数黄红色的花。花期夏季。

原产温带及亚热带。品种较多，有红条彩斑、粉红彩斑等不同叶色。可作地被、插花的衬叶使用，深受市场欢迎。

'特奥·戴维斯' 新西兰麻 *Phormium tenax* 'Te Aue Davis'

新西兰麻品种。叶宽剑形，上表面上部橙色或棕褐色，叶背绿色。

习性及园林应用同新西兰麻。

澳洲黄脂木 （普通草树 / 南方草树 / 南方黄脂木） *Xanthorrhoea australis*

常绿木本植物。茎粗短，粗糙，黑褐色，不分枝或分枝。叶丛生茎顶，灰绿色至深绿色，狭线形、革质，叶缘具细绒毛，截面近菱形或楔形，基部稍宽。叶幼时直立，后拱形下垂，老叶常宿存形成厚重浓密的"草裙"状。穗状花序圆柱形，木质，顶生，长可1-3米，开花前褐色。花小，花瓣5，白色或乳黄色，苞片硬、狭长；蒴果密集、簇生。成熟期每2-3年开花1次，常春季开花，甜香。

澳大利亚特有植物，东北及西部干旱地区分布。为黄脂木属在澳大利亚最常见的种类。喜光、喜干热，生于干燥岩石山坡及酸性至中性的沙壤土中。

黄脂木属植物地下茎粗壮，生长缓慢、寿命长，在原产地，是火灾后最先恢复生长的植物。其花序高耸而细长，树形和叶丛特色鲜明，常用于营造多肉或沙生植物景观。花、叶可做插花材料，也是吸引鸟类、昆虫的蜜源植物，花蜜可制甜饮料。我国20世纪90年代首次引种，植于广州市云台花园。

约翰逊黄脂木 （昆士兰禾木胶 / 禾木胶草） *Xanthorrhoea johnsonii*

茎干黑色。高约2m；叶亮绿色，近草质，纤长且韧；穗状花序木质，巨大，高可达3m。花淡黄色。

澳大利亚特有，习性及园林应用同南方黄脂木。

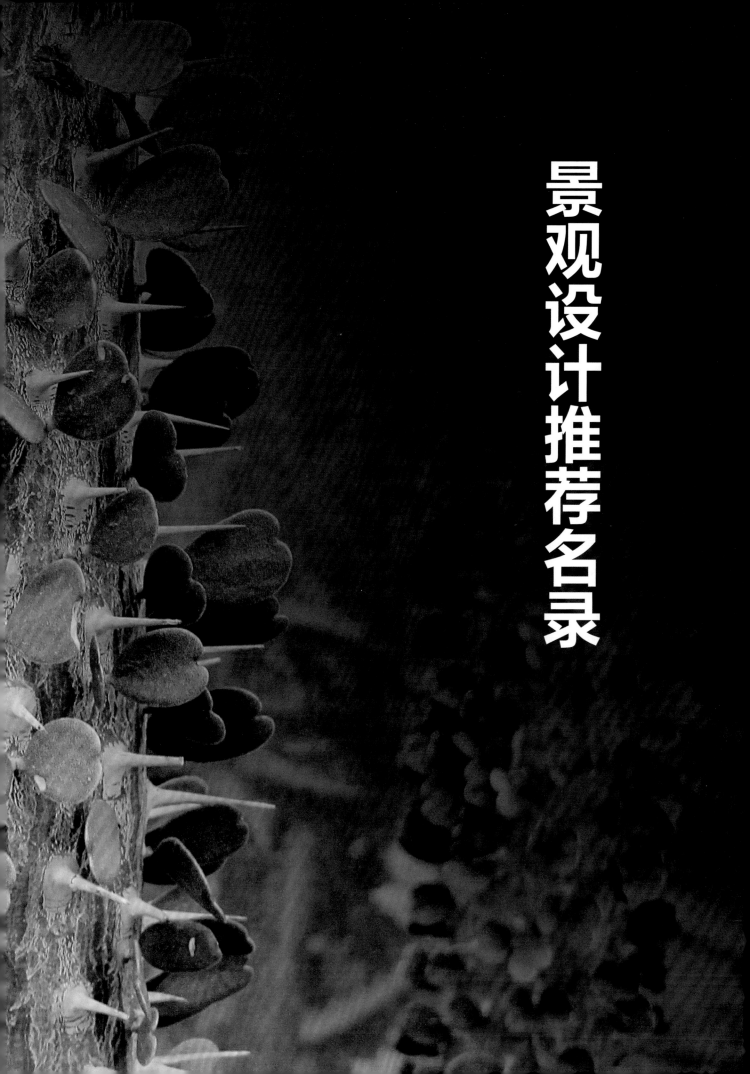

景观设计推荐名录

热带、南亚热带园林地被、彩叶植物、果树和珍奇植物

一、园林地被

卷柏科 Selaginellaceae

翠云草 *Selaginella uncinata*
江南卷柏 *S. moellendorffii*

金粟兰科 Chloranthaceae

草珊瑚 *Sarcandra glabra*
金粟兰 *Chloranthus spicatus*

胡椒科 Piperaceae

假蒟 *Piper sarmentosum*
豆瓣绿 *Peperomia obtusifolia*

肾蕨科 Nephrolepiaceae

肾蕨 *Nephrolepis auriculata*

桑科 Moraceae

‘黄金’榕 *Ficus microcarpa* ‘Golden Leaves’
地果 *F. ticoua*
蔓榕 *F. pedunculosa* var. *pedunculosa*

荨麻科 Urticaceae

花叶冷水花 *Pilea cardierei*

藜科 Chenopodiaceae

红恭菜 *Beta vulgaris* var. *cicla*

苋科 Amaranthaceae

血苋 *Iresine herbstii*
‘红龙’草 *Alternanthera dentata* ‘Ruliginosa’
红莲子草 *A. purpurea*

山茶科 Theaceae

茶梅 *Camellia sasanqua*

杜鹃花科 Ericaceae

杜鹃花 *Rhododendron simsii*

蔷薇科 Rosaceae

红叶石楠 *Photinia* × *fraseri* ‘Red Robin’
平枝栒子 *Cotoneaster horizontalis*

含羞草科 Mimosaceae

美蕊花 *Calliandra haematocephala*

蝶形花科 Papilionaceae

蔓花生 *Arachis duranensis*

千屈菜科 Lythraceae

萼距花 *Cuphea ignea*
细叶萼距花 *C. hyssopifolia*
‘白花’萼距花 *C. hyssopifolia* ‘Alba’

野牡丹科 Melastomataceae

多花蔓性野牡丹 *Heterocentron elegans*

冬青科 Aquifoliaceae

‘龟甲’冬青 *Ilex crenata* ‘Convexa’

大戟科 Euphorbiaceae

雪花木 *Breynia disticha*
‘彩叶’山漆茎 *B. disticha* ‘Roseo-picta’
红背桂 *Excoecaria cochinchinensis*
猫尾红 *Acalypha pendula*
红桑 *A. wikesiana*
‘洒金’变叶木 *Codiaeum variegatum* ‘Aucubifolium’
锡兰叶下珠 *Phyllanthus myrtifolius*

芸香科 Rutaceae

胡椒木 *Zanthoxylum piperitum*

酢浆草科 Oxaliaceae

紫酢浆草 *Oxalis triangularis*

凤仙花科 Balsaminaceae

新几内亚凤仙 *Impatiens hawkeri*
非洲凤仙 *I. walleriana*

五加科 Araliaceae

‘金叶’鹅掌藤 *Schefflera arboricola* ‘Aurea’
洋常春藤 *Hedera helix*

伞形科 Umbelliferae

香菇草 *Hydrocotyle vulgaris*

马钱科 Loganiaceae

非洲茉莉 *Fagraea ceilanica*

夹竹桃科 Apocynaceae

长春花 *Catharanthus roseus*

旋花科 Convolvulaceae

‘金叶’薯 *Ipomoea batatas* ‘Aurea’
‘紫叶’薯 *I. batatas* ‘Atropurpurea’
‘花叶’薯 *I. batatas* ‘Rainbow’
马蹄金 *Dichondra micrantha*

紫草科 Boraginaceae

福建茶 *Carmona microphylla*

马鞭草科 Verbenaceae

‘金叶’假连翘 *Duranta repens* ‘Golden Leaves’

'金边'假连翘 *D. repens* 'Marginata'
'花叶'假连翘 *D. repens* 'Variegata'
蔓马缨丹 *Lantana montevidensis*
细叶美女樱 *Verbena tenera*

唇形科 Lamiaceae

彩叶草 *Coleus blumei*
'花叶'野芝麻 *Lamium maculatum* 'Silver'
'特丽沙'香茶菜 *Plectranthus* 'Plepalila'
墨西哥鼠尾草 *Salvia leucantha*

鸭跖草科 Commelinaceae

吊竹梅 *Tradescantia zebrina*
蚌花 *T. spathacea*
'小'蚌花 *T. spathacea* 'Compacta'
'条纹小'蚌花 *T. spathacea* 'Dwarf Variegata'
紫露草 *T. relfexa*
紫鸭跖草 *T. allida*

木樨科 Oleaceae

'斑叶'小蜡 *Ligustrum siunense* 'Variegatum'

苦苣苔科 Gesneriaceae

'银彩'喜荫花 *Episcia cupreata* 'Silver Sheen'

爵床科 Acanthaceae

金苞花 *Pachystachya lutea*
翼叶山牵牛 *Thunbergia alata*
金脉爵床 *Sanchezia speciosa*
大花芦莉 *Ruellia elegans*
芦莉草 *R. simplex*
'粉花'翠芦莉 *R. simplex* 'Pink'
红苞花 *Odontonema strictum*
喜花草 *Frathemum pulchellum*
叉花草 *Strobilanthes hamiltoniana*
金翎花 *Schaueria flavicoma*
灵枝草 *Rhinacanthus nasutus*
可爱花 *Eranthemum pulchellum*
网纹草 *Fittonia albivenis*
虾衣花 *Justicia betonica*
火焰爵床 *J. floribunda*

茜草科 Rubiaceae

龙船花 *Ixora chinensis*
'大王'龙船花 *I. duffii* 'Super King'
五星花 *Pentas lanceolata*
'红'五星花 *P. lanceolata* 'Coccinea'
'粉'五星花 *P. lanceolata* 'Bright Pink'
'金边'六月雪 *Serissa japonica* 'Variegata'

菊科 Asteraceae

蟛蜞菊 *Wedelia chinensis*
'金百万'黄帝菊 *Melampodium paludosum* 'Million Gold'
芙蓉菊 *Crossostephium chinensis*
大吴风草 *Farfugium japonicum*
'花叶'大吴风草 *F. japonicum* 'Aureo-maculatum'
巨大吴风草 *F. japonicum* var. *giganteum*

天南星科 Araceae

'白斑'亮丝草 *Aglaonema vommutatum* 'Albo-variegatum'
'银王'亮丝草 *A. commutatum* 'Silver King'
'小天使'喜林芋 *Philodendron* 'Xanadu'

'白蝶'合果芋 *Syngonium podophyllum* 'White Butterfly'
红掌 *Anthurium andraeanum*
白掌 *Spathiphyllum floribundum*
绿巨人 *S. candicans*
石菖蒲 *Acorus tatarinowii*
菖蒲 *A. calamus*
随手香 *A. gramineus* var. *pusillus* f. *suaveolens*
'花叶'金钱石菖蒲 *A. gramineus* 'Variegatus'
千年健 *Homalomena occulta*
黑叶观音莲 *Herba amazonica*
'红宝石'喜林芋 *Philodendron* × 'Red Emerald'
'花叶'绿萝 *Scindapsus aureus* 'All Gold'
'白玉'黛粉叶 *Dieffenbachia* 'Camilla'
大王黛粉叶 *D. amoena*
'夏雪'黛粉叶 *D. amoena* 'Trople Snow'
花叶芋 *Caladium bicolor*
水晶花烛 *Anthurium crystallinum*

禾本科 Poaceae

菲白竹 *Pleioblastus fortunei*
菲黄竹 *P. viridistriatus*
鹅毛竹 *Shibataea chinensis*
钝叶草 *Stenotaphrum helferi*
两耳草 *Paspalum cobjugatum*

凤梨科 Bromeliaceae

凤梨 *Ananas comosus*

姜科 Zingiberaceae

'花叶'艳山姜 *Alpinia zerumbet* 'Variegata'

美人蕉科 Cannaceae

蕉藕 *Canna indica*
美人蕉 *C.* × *generalis*
'紫叶'美人蕉 *C.* × *generalis* 'America'
'金脉'美人蕉 *C.* × *generalis* 'Striatus'

竹芋科 Marantaceae

柊叶 *Phrynium rheedei*
三色竹芋 *Ctenanthe oppenheimiana*
紫背竹芋 *Stromanthe sanguinea*
'天鹅绒'竹芋 *Calathea zebrina* 'Humilis'
孔雀竹芋 *C. makoyana*

百合科 Liliaceae

一叶兰 *Aspidistra elatior*
'银边'吊兰 *Chlorophytum comosum* 'Variegatum'
'金心'吊兰 *C. comosum* 'Pieturatum'
山菅兰 *Dianella ensifolia*
'金边'山菅兰 *D. ensifolia* 'Aurea-Marginata'
'银边'山菅兰 *D. ensifolia* 'Silvery Stripe'
万年青 *Rohdea japonica*
鹭鸶草 *Diuranthera major*
'假金丝马尾'沿阶草 *Ophiopogon jaburan* 'Aurea Variegatus'
'银纹阔叶'沿阶草 *O. jaburan* 'Argenteivittatus'
'矮'沿阶草 *O. japonicus* 'Nanus'
'密叶'竹蕉 *Dracaena fragrans* 'Compacta'
'紫红密叶'竹蕉 *D. fragrans* 'Virens-Compacta'
'金边'香龙血树 *D. fragrans* 'Victoria'
'金边'富贵竹 *D. sanderiana* 'Celica'
绿叶朱蕉 *Cordyline fruticosa*
'亮红'朱蕉 *C. fruticosa* 'Aichiaka'

'红条'朱蕉 *C. fruticosa* 'Rubro Striata'
'狭叶'朱蕉 *C. fruticosa* 'Bella'
'紫叶'朱蕉 *C. fruticosa* 'Purple Compacta'
'白马'朱蕉 *C. fruticosa* 'Hakuba'
'红边'朱蕉 *C. fruticosa* 'Red Edge'
'三色'朱蕉 *C. fruticosa* 'Tricolor'

石蒜科 Amarylliaceae

蜘蛛兰 *Hymenocallis americana*
韭兰 *Zephyranthes grandiflora*
葱兰 *Z. candida*
文殊兰 *Crinum asiaticum* var. *sinicum*
'白纹'文殊兰 *C. asiaticum* var. *japonicum* 'Variegatum'
'金叶'文殊兰 *C. asiaticum* 'Golden Leaves'
红花文殊兰 *C. amabile*
仙茅 *Curculigo orchioides*
南美水仙 *Eucharia grandiflora*

鸢尾科 Iridaceae

扁竹兰 *Iris confuse*
美丽鸢尾 *Neomarica gracilis*
双色野鸢尾 *Libertia bicolor*
新西兰鸢尾 *L. grandiflora*
条纹庭菖蒲 *Sisyrinchium striatum*

二、彩叶植物

凤尾蕨科 Pteridaceae

银脉凤尾蕨 *Pteris cretica* var. *nervosa*

柏科 Cupressaceae

'金叶'鹿角桧 *Sabina chinensis* 'Aureo Pfitzeriana'
'金线'柏 *Chamaecyparis pisifera* 'Filifera Aurea'

樟科 Lauraceae

钝叶桂 *Cinnamomum bejolghota*

胡椒科 Piperaceae

'花叶'豆瓣绿 *Peperomia obtusifolia* 'Variegata'

金缕梅科 Hamamelidaceae

红花檵木 *Loropetalum chinense* f. *rubrum*

桑科 Moraceae

'斑叶'橡皮树 *Ficus elastica* 'Variegata'
'三色'橡皮树 *F. elastica* 'Decora Tricolor'
'黑紫'胶榕 *F. elastica* 'Decora Burgundy'
'斑叶'高山榕 *F. altissima* 'Golden Edged'
'黄金'榕 *F. microcarpa* 'Golden Leaves'
'乳斑'榕 *F. microcarpa* 'Milky Stripe'
'斑叶'垂榕 *F. benjamina* 'Variegata'

荨麻科 Urticaceae

花叶冷水花 *Pilea cadierei*

紫茉莉科 Nyctaginaceae

'花叶'三角花 *Bougainville spectabilis* 'Variegata'

藜科 Chenopodiaceae

红荞菜 *Beta vulgaris* var. *cicla*

苋科 Amaranthaceae

'红龙'草 *Alternanthera dentata* 'Rubigimosa'
红莲子草 *A. purpurse*
血苋 *Iresine herbstii*

马齿苋科 Portulacaceae

'雅乐之舞'*Portulacaria afra* 'Variegata'

蓼科 Polygonaceae

赤胫散 *Polygonum runcinatum* var. *sinense*

锦葵科 Malvaceae

'锦叶'扶桑 *Hibiscus rosa-sinensis* 'Cooperii'

杨柳科 Salicaceae

'花叶'杞柳 *Salix integra* 'Hakuro Nishiki'

紫金牛科 Myrsinaceae

'花叶'紫金牛 *Ardisia japonica* 'Variegata'

海桐科 Pittosporaceae

'斑叶'海桐 *Pittosporum tobira* 'Variegata'
'花叶'兰屿海桐 *P. molucanum* 'Variegated Leaves'

虎耳草科 Saxifragaceae

'花叶'八仙花 *Hydrangea macrophylla* 'Maculata'
'斑叶'溲疏 *Deutzia scabra* 'Variegata'

蔷薇科 Rosaceae

'红叶'石楠 *Photinia* × *fraseri* 'Red Robin'

含羞草科 Mimosaceae

银叶金合欢 *Acacea podalyriifolia*
'斑叶'牛蹄豆 *Pithecellobium dulce* 'Variegatum'
美蕊花 *Calliandra haematocephala*

苏木科 Caesalpiniaceae

'紫叶'加拿大紫荆 *Cercis canadensis* 'Forst Pansy'
'金边'黄槐 *Cassia surattensis* 'Golden Edged'

胡颓子科 Elaeagnaceae

'金边'胡颓子 *Elaeagnus pungens* 'Aureo-marginata'

桃金娘科 Myrtaceae

'黄金串钱柳'*Melaleuca bracteata* 'Revolutiou Gold'
'红车木'*Syzygium rehderianum*
'女王红'松红梅 *Leptospermum scoparium* 'Burgundy Queen'
'快乐女孩'松红梅 *L. scoparicum* 'Gaiety Girl'
'盛花苹果'松红梅 *L. scoparium* 'Apple Blossom'
'黑罗宾'松红梅 *L. scoparium* 'Black Robin'
'鹦鹉'松红梅 *L. scoparium* 'Kea'
'蔷薇女王'松红梅 *L. scoparium* 'Rose Queen'

野牡丹科 Melastomataceae

银毛野牡丹 *Tibouchina aspera* var. *asperrima*

使君子科 Combretaceae

榄仁 *Terminalia catappa*
'锦叶'小叶榄仁 *T. mantaly* 'Tricolor'

大戟科 Euphorbiaceae

肖黄栌 *Euphorbia cotinifolia*
白雪木 *E. leucocephala*
'彩叶'红雀珊瑚 *Pedilanthus tilhymalaides* 'Variegatus'
'花叶'木薯 *Manihot esculenta* var. *variegata*
'黄纹'变叶木 *Codiaeum variegatum* 'Andreanum'
'雉鸡尾'变叶木 *C. variegatum* 'Delicatissimum'
'洒金'变叶木 *C. variegatum* 'Aucubifolium'
'蜂腰'变叶木 *C. variegatum* 'Interruptum'
'仙戟'变叶木 *C. variegatum* 'Excellent'
'彩霞'变叶木 *C. variegatum* 'Indian Blanket'
'紫红叶'变叶木 *C. variegatum* 'The Red King'
'金光'变叶木 *C. variegatum* 'Chrysophyllum'
'红'蓖麻 *Ricinus communis* 'Sanguineus'
红背桂 *Excoecaria cochinchinensis*
'草莓奶油'红背桂 *E. cochinchinensis* 'Strawberry Cream'
'斑叶'牛蹄豆 *Pithecellobium dulce* 'Variegata'
雪花木 *Breynia disticha*
'彩叶'山漆茎 *B. disticha* 'Rosco-picta'
红桑 *Acalypha wikesiana*
乳桑 *A. ikesiana* 'Java White'
'银边'红桑 *A. wilkesiana* 'Mustrata'
'线叶'红桑 *A. wilkesiana* 'Heterophylla'
'镶边旋叶'铁苋 *A. wilkesiana* 'Hoffmanii'
'红旋'铁苋 *A. wilksiana* 'Willinckii'
'彩叶'红桑 *A. wilkesiana* 'Musaica'
'花叶'木薯 *Manihot esculenta* 'Variegata'
龙脷叶 *Sauropus spatulifolius*
'彩叶'红雀珊瑚 *Pedilanthus tithymaloides* 'Variegata'

葡萄科 Vitaceae

三叶爬山虎 *Parthenocissus semicordata*

酢浆草科 Oxalidaceae

'紫叶'酢浆草 *Oxalis triangularis* 'Purpurea'

五加科 Araliaceae

'金叶'鹅掌藤 *Schefflera arboricola* 'Aurea'
孔雀木 *S. elegantissima*
'斑叶'圆叶南洋森 *Polyscias scutellaria* 'Variegata'
'银边'圆叶南洋森 *P. scutellaria* 'Marginata'
'芹叶'南洋森 *P. guilfoylei* 'Quinquifolia'
'斑叶芹叶'南洋森 *P. guilfoylei* 'Variegata-Quinquifolia'

马钱科 Loganiaceae

'斑叶'灰莉 *Fagraea ceilanica* 'Variegata'

夹竹桃科 Apocynaceae

'斑叶'夹竹桃 *Nerium indicum* 'Variegatum'

旋花科 Convolvulaceae

'紫叶'薯 *Ipomoea batatas* 'Atropurpurea'
'金叶'薯 *I. batatas* 'Aurea'
'花叶'薯 *I. batatas* 'Rainbow'

马鞭草科 Verbenaceae

'花叶'假连翘 *Duranta repens* 'Variegata'
'金叶'假连翘 *D. repens* 'Golden leaves'
'金边'假连翘 *D. repens* 'Marginata'
烟火树 *Clerodendrum quadriloculare*

唇形科 Labiatae

彩叶草 *Coleus scutellarioides*
'花叶'野芝麻 *Lamium maculatum* 'Silvery'
'特丽沙'香茶菜 *Plectranthus* 'Plepalila'
银叶香茶菜 *P. rgentatus*
绵毛水苏 *Stachys lanata*

木樨科 Oleaceae

'斑叶'小蜡 *Ligustrum sinense* 'Variegatum'
'金边'卵叶女贞 *L. ovalifolium* 'Aureo-marginatum'

玄参科 Scrophulariaceae

'尼罗河宝石'赫柏木 *Hebe* 'Jewel of the Nile'
'阳光纹'赫柏木 *H.* 'Sun Streak'
'黑豹'赫柏木 *H.* 'Black Panther'
'白云'赫柏木 *H.* 'White Cloud'

苦苣苔科 Gesneriaceae

'银彩'喜荫花 *Episcia cupreata* 'Silver Sheen'

爵床科 Acanthaceae

彩叶木 *Graptophyllum pictum*
黄叶拟美花 *Pseuderanthemum carruthersii* var. *reticulatum*
紫叶拟美花 *P. carruthersii* var. *atropurpurea*
金脉爵床 *Sanchezia speciosa*
网纹草 *Fittonia verschaffeltii*

草海桐科 Goodeniaceae

'南湾'草海桐 *Scaevola ericea* 'Nan-Wan'

茜草科 Rubiaceae

'金边'六月雪 *Serissa japonica* 'Variegata'

忍冬科 Caprifoliaceae

'金叶'加拿大接骨木 *Sambucus canadensis* 'Adams'

菊科 Compositae

木蒿 *Artemisia arborescent*
亚菊 *Ajania pacifica*
芙蓉菊 *Crossostephium chinensis*
雪叶菊 *Senecio cineraria*
'花叶'大吴风草 *Farfugium japonicum* 'Aureo-maculatum'

棕榈科 Arecaceae

布迪椰子 *Butia capitata*
'蓝'霸王棕 *Bismarckia nobilis* 'Silver'
红叶青春桐 *Chambeyronia macrocarpa*
猩红椰子 *Cyrtostachys lakka*
红叶迪普丝棕 *Dypsis catatiana*
黄脉葵 *Latania verschaffeltii*

蓝脉葵 *L. loddigesii*
红棕榈 *L. lontaroides*
红鞘椰子 *Neodypsis leptocheilos*

露兜树科 Pandanaceae

'金边'露兜 *Pandanus sanderi* 'Rochrsianus'
'花叶'露兜 *P. veitchii*
'狭叶金边'露兜 *P. pygmaeus* 'Gold Pygmy'

天南星科 Araceae

'白蝶'合果芋 *Syngonium podophyllum* 'White Butterfly'
'红宝石'喜林芋 *Philodendron* × 'Red Emerald'
'黑叶'蔓绿绒 *P. mandaianum* 'Red Duchess'
'花叶'绿萝 *Scindapsus aureus* 'All Gold'
'白玉'黛粉叶 *Dieffenbachia* 'Camilla'
大王黛粉叶 *D. amoena*
'夏雪'黛粉叶 *D. amoena* 'Trople Snow'
黑叶观音莲 *Alocasia amazonica*
花叶芋 *Caladium bicolor*
'白斑'亮丝草 *Aglaonema commutatum* 'Albo-variegatum'
'银王'亮丝草 *A. commutatum* 'Silver King'
水晶花烛 *Anthurium crystallinum*
'紫'芋 *Colocasia sculenta* 'Tonoimo'

鸭跖草科 Commelinaceae

吊竹梅 *Tradescantia zebrina*
紫露草 *T. relfexa*
蚌花 *T. spathacea*
'条纹小'蚌花 *T. spathacea* 'Dwarf Variegata'
'小'蚌花 *T. spathacea* 'Compacta'
紫鸭跖草 *T. pallida*

禾本科 Poaceae

菲白竹 *Pleioblastus fortunei*
菲黄竹 *P. viridistriatus*
'小琴丝'竹 *Bambusa multiplex* 'Alphonse'
粉单竹 *B. chungii*
'黄金间碧玉'竹 *B. vulgalis* 'Vittata'
'七彩红'竹 *Indosasa hispida* 'Rainbow'
钝叶草 *Stenotaphrum helferi*
'花叶'芦竹 *Arundo donax* 'Versicolor'
玉带草 *Phalaris arundinacea* var. *picta*

凤梨科 Bromeliaceae

凤梨 *Ananas comosus*
'斑叶'闭鞘姜 *Costus speciosus* 'Marginatus'

姜科 Zingiberaceae

'花叶'艳山姜 *Alpinia zerumbet* 'Variegata'

美人蕉科 Cannaceae

'紫叶'美人蕉 *Canna generalis* 'America'
'金脉'美人蕉 *C. generalis* 'Strialis'

竹芋科 Marantaceae

三色竹芋 *Ctenanthe oppenheimiana*
孔雀竹芋 *Calathea mekoyana*
'天鹅绒'竹芋 *C. zebrina* 'Humilis'
紫背竹芋 *Stromanthe sanguinea*

百合科 Liliaceae

'假金丝马尾'沿阶草 *Ophiopogon jaburan* 'Aurea Variegatus'
'银纹'阔叶沿阶草 *O. jaburan* 'Argenteivittatus'
'花叶'麦冬 *Liriope muscari* 'Variegata'
'银'山菅兰 *Dianella ensifolia* 'Silvery Stripe'
'金边'山菅兰 *D. ensifolia* 'Aurea-Marginata'
'金心'吊兰 *Chlorophytum comosum* 'Picturatum'
'银边'吊兰 *C. comosum* 'Variegatum'
'斑叶'一叶兰 *Aspidistra elatior* var. *punctata*
'嵌玉'一叶兰 *A. elatior* 'Variegata'
'金边'香龙血树 *Dracaena fragrans* 'Victoria'
'紫红密竹'竹蕉 *Dracaena fragrans* 'Virens compacta'
'金边短叶'百合竹 *D. gracilis* 'Variegata'
'金边'百合竹 *D. reflexa* 'Variegata'
'金心'百合竹 *D. reflexa* 'Song of Jamaica'
'金边'富贵竹 *D. sanderiana* 'Celica'
'花斑'星点木 *D. godseffiana* 'Florida Beauty'
'亮红'朱蕉 *Cordyline fruticosa* 'Aichiaka'
'红条'朱蕉 *C. fruticosa* 'Rubro Striata'
'狭叶'朱蕉 *C. fruticosa* 'Bella'
'紫叶'朱蕉 *C. fruticosa* 'Purple Compacta'
'白马'朱蕉 *C. fruticosa* 'Hakuba'
'红边'朱蕉 *C. fruticosa* 'Red Edge'
'三色'朱蕉 *C. fruticosa* 'Tricolor'

石蒜科 Amaryllidaceae

'金叶'文殊兰 *Crinum asiaticum* 'Golden Leaves'
'白纹'文殊兰 *C. asiaticum* 'Silver Stripe'

龙舌兰科 Agavaceae

'黄纹'万年麻 *Furcraea foetida* 'Striata'
'金边'麻 *F. gigantea* 'Variegata'
'金边'龙舌兰 *Agave americana* var. *marginata*
'银边'龙舌兰 *A. americana* var. *marginata-alba*
'金边'虎尾兰 *Sanevieria trifasciata* 'Laurentii'
'金边短叶'虎尾兰 *S. trifasciata* 'Golden Hahnii'
'银脉'虎尾兰 *S. trifasciata* 'Bantel's Sensation'
'黄纹'万年麻 *Furcraea foetida* 'Striata'
'金边'万年麻 *F. foetida* 'Variegata'
小新西兰麻 *Phormium cookianum*
新西兰麻 *P. tenax*
'特·奥·戴维斯'新西兰麻 *P. tenax* 'Te Aue Davis'
'紫雾'新西兰麻 *P.* 'Purple'
'艾莉森黑男人'新西兰麻 *P.* 'Alison Blackman'
'滑稽家'新西兰麻 *P.* 'Jasret'
'黑暴'新西兰麻 *P.* 'Black Rage'

三、果树

番荔枝科 Annonaceae

番荔枝 *Annona squamosa*
红毛榴莲 *A. montana*

樟科 Lauraceae

鳄梨 *Persea americana*

胡椒科 Peperaceae

胡椒 *Piper nigrum*

桑科 Moraceae

树波萝 *Artocarpus heterophyllus*
面包树 *A. altilis*
尖蜜拉 *A. integer*
大果榕 *Ficus auriculata*

杨梅科 Myricaceae

杨梅 *Myrica rubra*

仙人掌科 Cactaceae

火龙果 *Hylocereus undatus*
仙人掌 *Opuntia stricta*

五桠果科 Dilleniaceae

大花第伦桃 *Dillenia turbinata*
第伦桃 *D. indica*

藤黄科 Clusiaceae

山竹子 *Garcinia managostana*

梧桐科 Sterculiaceae

可可 *Theobroma cacao*
苹婆 *Sterculia nobililis*
可拉 *Cola acuminata*

木棉科 Bomtacaceae

榴莲 *Durio zibethinus*
马拉巴瓜栗 *Pachira macrocarpa*

西番莲科 Passifloraceae

百香果 *Passiflora edulis*

番木瓜科 Caricaceae

番木瓜 *Carica papaya*

山榄科 Sapotaceae

人心果 *Manilkara zapota*
蛋黄果 *Lucuma nervosa*
金星果 *Chrysophyllum caimito*
神秘果 *Synsepalum dulcificum*

柿树科 Ebenaceae

法国柿 *Dyospyros argentea*
异色柿 *D. philippinensis*

蔷薇科 Rosaceae

枇杷 *Eryobotria japonica*
台湾枇把 *E. deflexa*

云实科 Caesalpiniaceae

罗望子 *Tamarindus indica*

胡颓子科 Elaeagnaceae

羊奶果 *Elaeagnus conferta*

山龙眼科 Proteaceae

澳洲坚果 *Macadamia tetraphylla*
光果澳州坚果 *M. integrifolia*

桃金娘科 Myrtaceae

洋蒲桃 *Syzygium samarangense*
红花蒲桃 *S. malaccense*
印度水苹果 *S. aqueum*
番石榴 *Psidium guajava*
红果仔 *Eugenia uniflora*

使君子科 Combretaceae

榄仁 *Terminalia catappa*

鼠李科 Rhamnaceae

枣 *Ziziphus jujuba*

大戟科 Euphorbiaceae

余甘子 *Phyllanthus emblica*

无患子科 Sapindaceae

龙眼 *Dimocarpus longan*
荔枝 *Litchi chinensis*
红毛丹 *Nephelium lappaceum*

橄榄科 Burseraceae

橄榄 *Canarium album*

漆树科 Anacardiaceae

杧果 *Mangifera indica*
扁桃 *M. persiciforma*
腰果 *Anacardium occidentale*
加椰芒 *Spondias cythera*
仙都果 *Sandoricum koetiape*

芸香科 Rutaceae

柑橘 *Citrus reticulata*
金橘 *C. japonica*
柚子 *C. maxima*
黎檬 *C. limonia*
柠檬 *C. limon*
波斯来檬 *C. × latifolia*
黄皮 *Clausena lansium*

酢浆草科 Oxaliaceae

杨桃 *Averrhoa carambola*

茄科 Solaneceae

大树番茄 *Cyphomadra betacea*

茜草科 Rubiaceae

咖啡 *Coffea arabica*
大粒咖啡 *C. liberica*

棕榈科 Arecaceae

椰子 *Cocos nucifera*
油棕 *Elaeis guineensis*
槟榔 *Areca catechu*
蛇皮果 *Salacca edulis*
滇西蛇皮果 *S. griffithii*

芭蕉科 Musaceae

香蕉 *Musa nana*
芭蕉 *M. basjoo*

四、珍奇植物

莲座蕨科 Angiopteridaceae

观音座莲 *Angiopteris evecta*

紫萁科 Osmondaceae

华南紫萁 *Osmunda vachellii*

蚌壳蕨科 Dicksoniaceae

金毛狗 *Cibotium barometz*

桫椤科 Cyatheaceae

黑桫椤 *Gymnosphaera podophylla*
白桫椤 *Sphaeroter brunoniana*
笔筒树 *Sphaeropteris lepifera*

铁角蕨科 Aspleniaceae

巢蕨 *Neottopteris nidus*

乌毛蕨科 Blechnaceae

苏铁蕨 *Brainea insignis*

肾蕨科 Nyphrolepidaceae

肾蕨 *Nephrolepis cordifolia*

骨碎补科 Davalliaceae

圆盖阴石蕨 *Humata tyermanni*

槲蕨科 Drynariaceae

崖姜 *Pseudodrynaria coronans*

鹿角蕨科 Platyceriaceae

二歧鹿角蕨 *Platycerium bifurcatum*
女王鹿角蕨 *P. wandae*
象耳鹿角蕨 *P. elephantotis*
巨大鹿角蕨 *P. superbum*
三角鹿角蕨 *P. stemaria*

苏铁科 Cycadaceae

越南篦齿苏铁 *Cycas elongate*
篦齿苏铁 *C. pectinat*
石山苏铁 *C. sexseminifera*

泽米铁科 Zamiaceae

南美苏铁 *Zamia furfuracea*

杉科 Taxodiaceae

水松 *Glyptostrobus pensilis*

罗汉松科 Podocarpaceae

鸡毛松 *Dacrycarpus imbricatus*
陆均松 *Dacrydium pectinatum*

红豆杉科 Taxaceae

南方红豆杉 *Taxus wallichiana* var. *mairei*

百岁兰科 Welwitschiaceae

千岁兰 *Welwitschia mirabilis*

木兰科 Magnoliaceae

夜合 *Magnolia coco*
大叶木莲 *Manglietia megaphylla*
大花木莲 *M. grandis*
云南拟单性木兰 *Parakmeria yunnanensis*
观光木 *Tsoongiodendron odorum*
晚春含笑 *Michelia* × 'Wangchun Hanxiao'

番荔枝科 Annonaceae

伊兰香 *Cananga odorata*
矮依兰 *C. odorata* var. *fruticosa*
'垂枝'暗罗 *Polyalthia longifolia* 'Pendula'

胡椒科 Piperaceae

皱叶椒草 *Peperomia caperata*

马兜铃科 Aristolochiaceae

美丽马兜铃 *Aristolochia elegans*
巨花马兜铃 *A. gigantea*

防己科 Menispermaceae

山乌龟 *Stephania epigaea*

金缕梅科 Hamamelidaceae

红花荷 *Rhodoleia championii*

桑科 Moraceae

箭毒木 *Antiaris toxicaria*
面包树 *Artocarpus altilis*

荨麻科 Urticaceae

深裂号角树 *Cecropia adenepus*

壳斗科 Fagaceae

烟斗柯 *Lithocarpus corneus*

仙人掌科 Cactaceae

火龙果 *Hylocereus undatus*
锯齿昙花 *Epiphyllum anguliger*
姬月下美人 *E. pumilum*

龙脑香科 Dipterocarpaceae

青梅 *Vatica mangachapei*
版纳青梅 *V. xishuangbannaensis*
望天树 *Parashorea chinensis*
锡兰龙脑香 *Dipterocarpus zeylanicus*
羯布罗香 *D. turbenatus*
娑罗双 *Shorea assamica*

山茶科 Theaceae

金花茶 *Camellia chrysantha*
杜鹃红山茶 *C. azalea*

藤黄科 Clusiaceae

铁力木 *Mesua ferrea*
琼崖海棠树 *Calophyllum inophyllum*

梧桐科 Sterculiaceae

可拉 *Cola acuminata*
瓶干树 *Brachychiton rupestris*
胖大海 *Sterculia lychnophora*
银叶树 *Heritiera littoralis*
非洲芙蓉 *Dombeya calanthe*

木棉科 Bombacaceae

龟纹木棉 *Bombax ellipticum*
猴面包树 *Adansonia digitata*

玉蕊科 Lecythidaceae

炮弹树 *Couroupita guianensis*
玉蕊 *Barringtonia racemosa*
大果玉蕊 *B. macrocarpa*

瓶子草科 Sarraceniaceae

长叶瓶子草 *Sarracenia leucophylla*

猪笼草科 Nepenthaceae

猪笼草 *Nepenthes morabilis*

茅膏菜科 Droseraceae

捕蝇草 *Dionaea muscipula*

大风子科 Flacourtiaceae

红花天料木 *Homalium hainanense*

胭脂树科 Bixaceae

胭脂树 *Bixa orellana*

四数木科 Tetramelaceae

四数木 *Tetrameles nudiflora*

辣木科 Moringaceae

象腿树 *Moringa drouhadii*

山榄科 Sapotaceae

人心果 *Manilkara zapota*
金星果 *Chrysophyllum caimito*
神秘果 *Synsepalum dulcificum*

含羞草科 Mimosaceae

榼藤子 *Entada phaseoloides*

云实科 Caesalpiniaceae

腊肠树 *Cassia fistula*
美丽山扁豆 *C. spectabilis*
忘忧树 *Saraca dives*
格木 *Erythrophloeum fordii*
双翼豆 *Peltophorum pterocarpum*
黄花羊蹄甲 *Bauhinia tomentosa*
马蹄豆 *B. acuminata*
嘉氏羊蹄甲 *B. galpinii*

蝶形花科 Papilionaceae

鄂西红豆 *Ormosia hosiei*
海南红豆 *O. pinnata*
跳舞草 *Codariocalyx motorius*
蝙蝠草 *Christia vespertilionis*

山龙眼科 Proteaceae

澳洲坚果 *Macadamia tetraphylla*
光果澳洲坚果 *M. integrifolia*

小二仙草科 Haloragidaceae

大叶蚁塔 *Gunnera manicata*

瑞香科 Thymelaeaceae

土沉香 *Aquilaria sinensis*

桃金娘科 Myrtaceae

金蒲桃 *Xanthostemon chrysanthus*

野牡丹科 Melastomataceae

宝莲灯 *Medinilla magnifica*

大戟科 Euphorbiaceae

白雪木 *Euphorbia leucocephala*
光棍树 *Euphorbia tirucalli*
'斑叶'牛蹄豆 *Pithecellobium dulce* 'Variegata'
雪花木 *Breynia disticha*
棉叶珊瑚 *Jatropha gossypiifolia*
细裂叶珊瑚桐 *J. multifida*
麻疯树 *J. curcas*

葡萄科 Vitaceae

锦屏藤 *Cissus sicyoides*
扁担藤 *Tetrastigma planicaule*

漆树科 Anacandiaceae

人面子 *Dracontomelon duperreanum*

苦木科 Simarubaceae

常绿臭椿 *Ailanthus fordii*

五加科 Araliaceae

幌伞枫 *Heteropanax fragrans*
澳洲鸭脚木 *Schefflera macorostachya*
通脱木 *Tetrapanax papyrifer*
刺通草 *Trevesia palmata*
孔雀木 *Schefflera elegantissima*
'斑叶'圆叶福禄桐 *Polyscias balfouriana* 'Variegata'
柏那参 *Brassaiopsi glomerulata*
粗齿假人参 *Pseudopanax ferox*
雷苏假人参 *P. lessonii*

夹竹桃科 Apocynaceae

盆架树 *Winchia calophylla*
海芒果 *Cerbera manghas*
玫瑰桉 *Ochrosia borbonica*
非洲霸王树 *Pachypodium lamerei*
沙漠玫瑰 *Adenium obesum*
清明花 *Beaumontia grandiflora*
单瓣狗牙花 *Tabernaemontana divaricata*
旋花羊角拗 *Strophanthus gratus*
贵州络石 *Trachelospermum bodinieri*
飘香藤 *Mandevilla* × *amabilis*

萝藦科 Asclepiadaceae

牛角瓜 *Calotropis gigantean*
唐棉 *Gomphocarpus fruticosus*
大花犀角 *Stapelia grandiflora*

茄科 Solanaceae

大花茄 *Solanum wrightii*
乳茄 *S. mammosum*
木本大花曼陀罗 *Brugmansia arborea*

马鞭草科 Verbenaceae

冬红 *Holmskioldia sanguinea*
绒苞藤 *Congea tomentosa*
蓝花藤 *Petrea volubilis*
垂茉莉 *Clerodendrum wallichii*
长管深裂垂茉莉 *C. incisum*
烟火树 *C. quadriloculare*
美丽赪桐 *C. speciosissimum*
龙吐珠 *C. thomsonae*
红花龙吐珠 *C. splendens*
杂种红花龙吐珠 *C. × speciosum*

唇形科 Lamiaceae

肾茶 *Clerodendranthus spicatus*

苦苣苔科 Gesneriaceae

'银彩'喜荫花 *Episcia cupreata* 'Sliver Sheen'

爵床科 Acanthaceae

虾蟆花 *Acanthus mollis*
弯花焰爵床 *Phlogacanthus curviflorus*
金翎花 *Schaueria flavicoma*
火焰爵床 *Justicia floribunda*
虾衣花 *J. brandegeeana*

紫葳科 Bignoniaceae

木蝴蝶 *Oroxylum indicum*
猫尾木 *Markhamia cauda-felina*
炮弹树 *Crescentia cujete*
吊瓜木 *Kigelia africana*
黄花风铃木 *Tabebuia chrysantha*
蔷薇风铃木 *T. rosea*
海南菜豆树 *Radermachera hainanensis*
火烧花 *Mayodendron igneum*
蓝花楹 *Jacaranda mimosifoia*
'白花'蓝花楹 *J. mimosifolia* 'White Christmsa'
叉叶木 *Crescentia alata*
蒜香藤 *Saritaea magnifica*
连理藤 *Clytostoma callistegioides*

茜草科 Rubiaceae

团花 *Neolamarckia cadifiora*

菊科 Compositea

蔓黄金菊 *Senecio confuses*
巨大吴风草 *Farfugium japonicum* var. *giganteum*

棕榈科 Arecaceae

象鼻棕 *Raphia vinifera*
贝叶棕 *Corypha umbraculifera*
酒瓶椰 *Hyophore lagenicaulis*
盾轴榈 *Licuala peltate*
虎克桃榔 *Arenga kookeriana*

猩红椰子 *Cyrtostachys lakka*
沼地棕 *Acoelorraphe wrightii*
鱼尾椰子 *Chamaedorea metallica*
何威棕 *Howea forsteriana*
琼棕 *Chuniophoenix hainanensis*
小琼棕 *C. nana*
老人棕 *Coccothrinax crinite*
贝加利椰 *Beccariophoenix madagascariensis*
香棕 *Rhopalostylis sapida*

天南星科 Araceae

黑叶观音莲 *Herba amazonica*
水晶花烛 *Anthurium crystallinum*
疣柄魔芋 *Amorphophallus virosus*
巨魔芋 *A. titanium*

凤梨科 Bromeliaceae

松萝凤梨 *Tillandsia usneoides*

鹤望兰科 Strelitziaceae

旅人蕉 *Ravenala madagascariensis*
鹤望兰 *Strelitzia reginae*
大鹤望兰 *S. nicolai*

蝎尾蕉科 Heliconiaceae

垂花赫蕉 *Heliconia rostrata*
艳红赫蕉 *H. humilis*
黄蝎尾蕉 *H. subulata*
'红鸟'*H. psittacorum* 'Rubra'

芭蕉科 Musaceae

紫苞芭蕉 *Musa ornata*
红花蕉 *M. coccinea*
地涌金莲 *Musella lasiocarpa*

姜科 Zingiberaceae

青苞黄瓣闭鞘姜 *Costus barbatus*
大苞闭鞘姜 *C. dubius*
红花闭鞘姜 *C. curvibracteatus*
'斑叶'闭鞘姜 *C. speciosus* 'Marginatus'
'瓷玫瑰'*Etlingera elatior* 'Red Fulip'

竹芋科 Marantaceae

长节竹芋 *Marantochloa loucantha*
黄花竹芋 *Calathea lutea*

石蒜科 Amaryllidaceae

南美水仙 *Eucharia grandiflora*

禾木胶科 Xanthorrhoeaceae

澳洲黄脂木 *Xanthorrhoea australis*
约翰逊黄脂木 *X. johnsonii*

编后记

　　苏雪痕教授是我国当代植物景观设计"创导者"之一。20世纪80年代，他在英国皇家植物园进修期间，花影相伴晨暮，华夏花事常绕心间，有感于植物景观在园林中的重要性，结合当时我国当代园林设计和教育实际，提出园林植物种植设计要以植物分类、植物生理及生态学为主体，科学性、艺术性、文化性和实用性并重。回国后苏先生于1990年在国内最早开设了"植物配置与造景"和"野生园林植物资源调查、采集与鉴定"两门研究生课程，课程以师法自然为本，强调户外实践经验，后在课程基础上，出版了我国第一部植物造景专著——《植物造景》（中国林业出版社，1994），2012年8月又出版了《植物景观规划设计》一书，成为很多院校研究生教学用书。

　　从北京林业大学园林学院退休后，苏先生先后带多名研究生和青年科技人员调研我国主要气候带的植物园和名山名园，从东北长白山、河北张家口高原草甸、内蒙古草原、广州、深圳、上海、杭州、宁波普陀山、昆明、大理、丽江、西双版纳和香格里拉到海口、三亚天涯海角，认知我国丰富的园林植物和园林景观，为培养风景园林人才探索新路。

　　2008年年底，我们非常有幸与苏先生、张天麟先生及研究生十余人到广东，从广州流花湖公园、黄花岗烈士陵园和云台公园等名园一直走访到中国科学院华南植物园。苏先生是永远不知疲倦的领路人和拍摄者，对乔木、灌木、藤木和草本，无论栽培品种还是野生种，都予以识别、关注，带我们确定树种、科属和学名，张先生则将这些树种的识别特征准确道来。由于我们久处温带地区求学和工作，对热带植物缺乏直接的认知，常困惑于公园、道路上的各种"椰子"和"海枣"。这一次学习，我们收获满满，初步认识了典型的热带、南亚热带园林植物主要种类。两位老先生为我们打开了热带、亚热带植物的大门。

　　之后一发不可收拾，我们和园林学院部分青年教师跟随苏先生先后参访中国科学院昆明植物研究所植物园、中国科学院西双版纳热带植物园、厦门市园林植物园以及海南海口、兴隆等地数个热带植物园、著名花园以及部分寺庙，苏先生甚至远赴台湾调研，在苏先生指导下，我们进一步掌握了热带和南亚热带主要园林植物的识别和应用特征。

　　苏先生还远赴美国洛杉矶树木园、亨廷顿植物园、迈阿密植物园、新加坡植物园、印度尼西亚茂物植物园、澳大利亚墨尔本皇家植物园、悉尼皇家植物园、新西兰奥克兰植物园及国内所有热带、亚热带地区的植物园，此外多次考察海南尖峰岭的热带雨林、季雨林及霸王岭的林区，西双版纳热带雨林、澳大利亚凯恩斯热带雨林和悉尼蓝山国家公园等，积累了大量的热带、南亚热带植物资料。

几年前，当我接过苏先生多达 69G 的图片和一份学名准确、且逾千种植物的手写名录时，深感苏先生对园林植物的执着和热爱，苏先生将每一张图片都标注了中文名和学名，并按园林景观应用特点进行分类，这些都是后期我们整理编校工作进行的基础和前提。

数年前苏先生患病，医嘱不宜再伏案工作，故委托我和罗乐编写本书，之后王雁和蔡明也参加。如何核实国外和引进树种的准确信息、突出重点并辨析近似种类的区别特征以及在海量照片中如何取舍的"选择困难症"，都是我们面临的挑战。在整理编校过程中，因新冠疫情肆虐，我们多次困于现实而被迫搁置又数次提笔。期间也不断地收到苏先生发来的补充资料和修改意见，并得到张天麟先生的建议和关心，在克服重重困难后，本书最终得以顺利交稿。

"师引一条路，烛照万里程"。得益于华南之行，我们获益良多。当年跟随苏先生的脚步走访华南名园的学生和青年教师，多数已成为单位的骨干，部分教师承担了北京林业大学园林学院梁希班园林植物应用方向华南植物综合实习的教学，2022 年部分教师联合广州规划设计院等中标"福州三江口植物园规划设计"项目等等。恩师传承的知识、给予的信任和鼓励，会永远留存在我们心底，并继续传承下去。

感谢中国林业出版社贾麦娥编辑的鼓励和督促，感谢协助本书整理的王心怡、唐亚星、徐珂、袁雪、郭可为、吴璐瑶等在读研究生，在此一并致以谢意。

北京林业大学 袁涛 执笔

2024 年 1 月 14 日

中文名索引

学名索引